"十二五"普通高等教育本科国家级规划教材

C语言程序设计
（第4版）

何钦铭　颜晖　主编

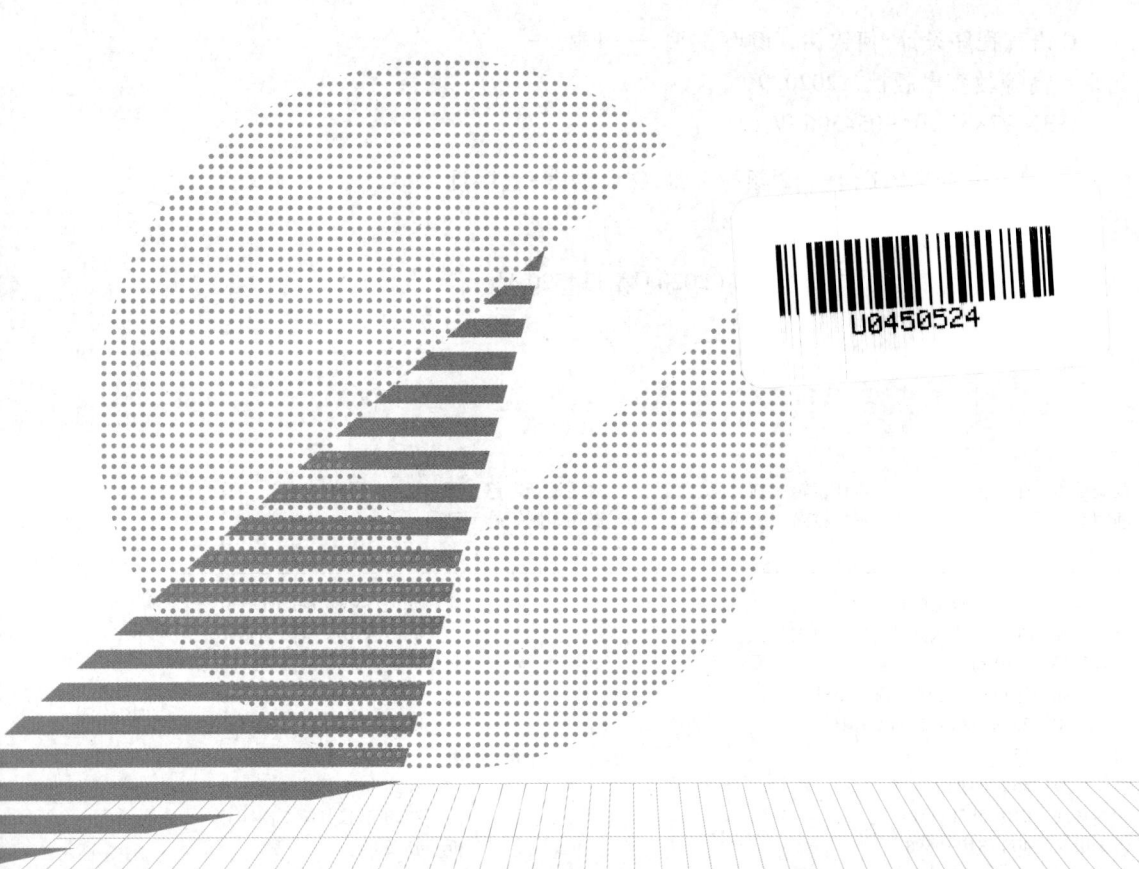

高等教育出版社·北京

内容提要

本书是为将 C 语言作为入门语言的程序设计课程编写的以培养学生程序设计基本能力为目标的教材。本书以程序设计为主线，以编程应用为驱动，通过案例和问题引入内容，重点讲解程序设计的思想和方法，并结合相关的语言知识的介绍。全书主要包括 3 方面的内容：基本内容（数据表达、数据处理和流程控制），常用算法和程序设计风格，以及 C 语言应用中的一些处理机制（编译预处理和命令行参数等）。

为了满足读者对在线开放学习的需求，对读者在学习中常常感到困惑的循环、函数、指针等难点增加了 MOOC 微视频讲解；本书的练习和习题中的程序设计题目部署在具有在线判题功能的 PTA（Programming Teaching Assistant，又称"拼题 A"）平台上，读者输入书后的验证码即可进行在线练习。

本书可以作为高等院校和计算机等级考试的教学用书，也可作为对 C 程序设计感兴趣的读者的自学用书。

图书在版编目（CIP）数据

C 语言程序设计 / 何钦铭，颜晖主编 . --4 版 . --北京：高等教育出版社，2020.9
ISBN 978-7-04-054506-7

Ⅰ. ①C… Ⅱ. ①何… ②颜… Ⅲ. ①C 语言-程序设计-高等学校-教材 Ⅳ. ①TP312.8

中国版本图书馆 CIP 数据核字（2020）第 114520 号

策划编辑	张　龙	责任编辑	刘　茜	封面设计	赵　阳	版式设计	马　云
插图绘制	于　博	责任校对	窦丽娜	责任印制	韩　刚		

出版发行	高等教育出版社		网　　址	http://www.hep.edu.cn
社　　址	北京市西城区德外大街 4 号			http://www.hep.com.cn
邮政编码	100120		网上订购	http://www.hepmall.com.cn
印　　刷	运河（唐山）印务有限公司			http://www.hepmall.com
开　　本	787mm×1092mm　1/16			http://www.hepmall.cn
印　　张	23		版　　次	2008 年 1 月第 1 版
字　　数	550 千字			2020 年 9 月第 4 版
购书热线	010-58581118		印　　次	2020 年 12 月第 2 次印刷
咨询电话	400-810-0598		定　　价	45.50 元

本书如有缺页、倒页、脱页等质量问题，请到所购图书销售部门联系调换
版权所有　侵权必究
物　料　号　54506-00

C语言
程序设计

(第4版)

何钦铭
颜　晖　主编

1. 计算机访问 http://abook.hep.com.cn/1865453，或手机扫描二维码、下载并安装 Abook 应用。
2. 注册并登录，进入"我的课程"。
3. 输入封底数字课程账号（20位密码，刮开涂层可见），或通过 Abook 应用扫描封底数字课程账号二维码，完成课程绑定。
4. 单击"进入课程"按钮，开始本数字课程的学习。

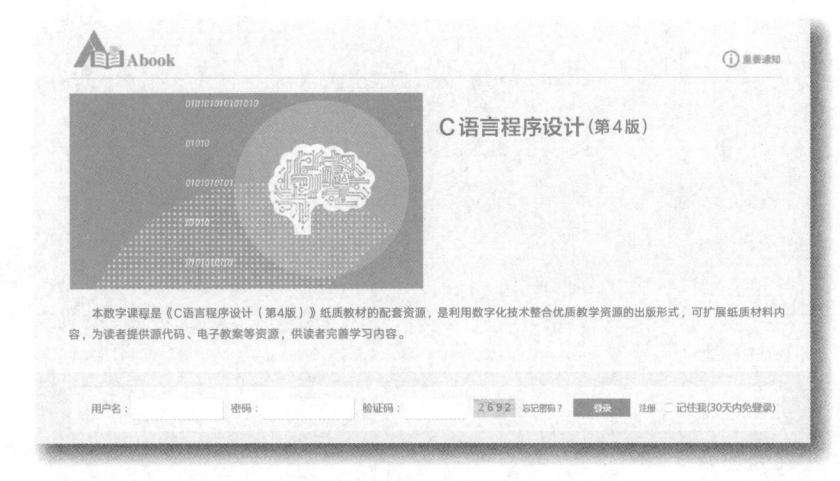

本数字课程是《C语言程序设计（第4版）》纸质教材的配套资源，是利用数字化技术整合优质教学资源的出版形式，可扩展纸质材料内容，为读者提供源代码、电子教案等资源，供读者完善学习内容。

课程绑定后一年为数字课程使用有效期。受硬件限制，部分内容无法在手机端显示，请按提示通过计算机访问学习。

如有使用问题，请发邮件至 abook@hep.com.cn。

扫描二维码
下载 Abook 应用

http://abook.hep.com.cn/1865453

前　　言

　　程序设计是高校重要的计算机基础课程，它以编程语言为平台，介绍程序设计的思想和方法。通过该课程的学习，学生不仅要掌握高级程序设计语言的知识，更重要的是在实践中逐步掌握程序设计的思想和方法，培养问题求解能力。因此，这是一门以培养学生程序设计基本方法和技能为目标，以实践能力为重点的特色鲜明的课程。

　　C 语言是得到广泛使用的程序设计语言之一，它既具备高级语言的特性，又具有直接操纵计算机硬件的能力，并以其丰富灵活的控制和数据结构、简洁而高效的语句表达、清晰的程序结构和良好的可移植性拥有大量的使用者。目前，C 语言被许多高校列为程序设计课程的首选语言。

　　"C 语言程序设计"是一门实践性很强的课程，该课程的学习有其自身的特点，听不会，也看不会，只能练会。学习者必须通过大量的编程训练，在实践中培养程序设计的基本能力，并逐步理解和掌握程序设计的思想和方法。因此，C 语言程序设计课程的教学重点应该是培养学生的实践编程能力，教材也要以程序设计为中心来组织内容。

　　虽然目前介绍 C 语言的教材很多，但在多年教学实践中，发现较适合大学程序设计入门课程教学要求的书并不多。现有的教材一般围绕语言本身的体系展开内容，以讲解语言知识，特别是语法知识为主，辅以一些编程技巧的介绍，不利于培养学生的程序设计能力和语言应用能力。

　　好的教材源于教学改革和教学实践，并能体现教学改革的成果。浙江大学从 1997 年起，就开始实施全方位的程序设计课程的教学改革，目的就是培养学生的程序设计能力，以适应新世纪人才培养的需求。经过多年的建设，在教学内容、教学方法、教学手段和考核方式上，已经基本形成一套比较完整的体系："C 程序设计基础及实验"课程 2004 年被评为国家精品课程，2013 年被评为国家级精品资源共享课；"以强化实践教学和激发自主学习为手段，提高大学生程序设计能力"的教学改革成果 2005 年获得浙江省教学成果一等奖；"程序设计入门——C 语言"课程 2015 年 3 月在"中国大学 MOOC"平台上线，注册学习的人数超过 100 万人。教材《C 语言程序设计》充分展示了浙江大学在程序设计课程教学改革中取得的以上成果，出版后在近百所高校得到广泛采用，并于 2008 年被教育部评为普通高等教育精品教材，2011 年入选"十二五"普通高等教育本科国家级规划教材。

　　在不断深入的课程改革基础上，结合读者反馈意见，特别是对在线开放学习以及线上线下混合式教学的迫切需求，我们对教材的第 3 版进行了修订并推出了第 4 版。第 4 版保持了第 3 版的内容组织结构，修订了教材中的引例和示例，以及练习和习题，进一步强化以程序设计为主线，以案例和问题引入内容，加强编程实践的教学设计理念。

　　本书以程序设计为主线，以编程应用为驱动，通过案例和问题引入内容，重点讲解程序设计的思想和方法,并穿插介绍相关的语言知识。全书共 12 章,主要包括 3 方面的内容:基本内容(数据表达、数据处理和流程控制)、常用算法和程序设计风格,以及 C 语言应用中的一些处理机制(编译预处理和命令行参数等)。其中第 1—8 章侧重基本知识和基本编程能力,包括数据表达中的基本数据类型、简单构造类型和指针、数据处理中的表达式,以及流程控制中的顺序、分支、循环 3 种语句级控制方式和函数的使用这一单位级控制手段。第 9—12 章包括指针和各种构造类型的混合运用、文件的使用、用结构化程序设计思想实现复杂问题的编程和基本算法等内容。

本书在结构设计上强调实践,使学生从第 1 周起就练习编程,并贯穿始终。在前两章中,简单介绍一些背景知识和利用计算机求解问题的过程,然后从实例出发,介绍顺序、分支和循环 3 种控制结构以及函数的使用,使学生对 C 语言有一个总体的了解,并学习编写简单的程序,培养学习兴趣。从第 3 章开始,逐步深入讲解程序设计的思想和方法,说明如何应用语言解决问题。

为了提高读者的学习兴趣,对语言知识的介绍一般通过实例程序引入,还将程序设计的技巧、方法,以及编程中的常见错误分散在每节的内容中,以"√"(编程风格)和"☞"(提示)的形式给出。为了鼓励学生多思考、多练习,提高综合能力,本书设计了多种形式的练习题目,做到每节有练习、每章有习题。节后的练习针对本节涉及的概念和编程,题型多样,难度较低,学生可以即学即练,加深理解,提高兴趣;章后的习题主要是综合性的题目,包括本章的综合,以及从第 1 章到本章的综合,以程序设计题为主。

本书的第 1 章介绍程序与程序设计语言的知识以及利用计算机求解问题的过程;第 2 章从实例出发,简单介绍顺序、分支和循环 3 种控制结构及函数的使用,以及在实例程序中用到的语言知识;第 3 章、第 4 章和第 5 章通过大量的例题,分别讲解分支、循环结构以及函数程序设计的思路和方法;第 6 章介绍数据类型和表达式的作用;第 7 章通过 3 个典型示例介绍一维数组、二维数组和字符串的应用;第 8 章介绍指针的基本概念;第 9 章用案例说明结构类型在编程中的应用;第 10 章讲解函数和程序结构方面有一定深度的内容;第 11 章介绍指针和数组、指针与结构以及其他构造类型的概念及其在编程中的应用;第 12 章介绍文件的使用。附录 A 将散布在全书各个章节中的数据类型、表达式和控制结构等内容作了归纳性的汇总,使读者对 C 语言的数据表达、数据处理和流程控制有一个清楚的认识。在书中,标题带星号表示该部分为选读内容。

在课程教学中,建议将内容分为 16 个教学单元,第 1 章和第 2 章使用 3~4 个单元,第 3—12 章一般每章使用 1~2 个单元。

本书提供了丰富的教学资源,主要有以下几种。

1.《C 语言程序设计实验与习题指导(第 4 版)》。实验指导部分有 13 个实验,包括 20 个实验项目和一个综合实验,每个实验都提供精心设计的编程示例或调试示例,以及实验题(编程题和改错题)。读者可以先模仿示例操作,然后再做实验题,通过"模仿-改写-编写"的上机实践过程,在循序渐进的引导中逐步熟悉编程环境,理解和掌握程序设计的思想、方法和技巧,以及基本的程序调试方法。习题部分则包括与教材配套的选择题、填空题及参考答案，以帮助读者巩固各章节知识点。

2.《C语言程序设计经典实验案例集》。这是我们参与教育部高等学校计算机基础课程教学指导委员会的"计算机基础课程经典实验案例集"工作的成果，可以作为本课程学习的辅助资料，特别是对于"课程设计"环节的学习有很好的指导作用。

3.《C语言程序设计教师用书(第4版)》。包括教材各章的教学要点、PPT讲稿，以及练习与习题答案3部分内容。教师用书只提供电子版，采用本书作为教材使用的教师可以发送邮件(jsj@pub.hep.cn)免费获取。

4. MOOC资源。本书建立了与MOOC资源的关联，对读者在学习中常常感到困惑的循环、函数、指针等难点，书中使用二维码的形式引用了翁恺老师主讲的"程序设计入门——C语言"中的微视频，读者使用手机扫描二维码即可观看。当然，读者也可以在阅读本书的过程中，在相关平台上系统选修这门MOOC课程，取得更好的学习效果。

5. PTA平台。本书练习和习题中的程序设计题目部署在具有在线判题功能的PTA(Programming Teaching Assistant，又称"拼题A")平台上，使用说明请阅读附录C，读者使用本书封四提供的验证码即可登录PTA平台进行在线练习。

6. 其他数字资源。读者可以访问浙江大学ACM程序设计网站参加具有较高难度的程序设计训练和竞赛，开阔眼界，锻炼能力。

本书由何钦铭教授和颜晖教授主编并统稿，何钦铭、颜晖、张泳、张高燕、吴明晖、柳俊、杨起帆、陈建海共同参加了编写工作，翁恺提供了MOOC微视频，陈越审核了部署在PTA平台上的本书练习和习题的程序设计题目集，沈睿、徐镜春、张彤彧、白洪欢、冯晓霞、肖少拥、王云武提供了案例和习题的素材。在此，一并向以上所有为本书做出贡献的教师表示衷心的感谢！

计算机科学和技术在不断发展，计算机教学的研究和改革也从未停顿。希望在从事计算机基础教学的各位同仁的共同努力下，能不断提高我国高等学校C语言程序设计课程的教学质量和水平。

由于作者水平所限，书中难免存在谬误之处，敬请读者指正并与我们联系：yanhui@zju.edu.cn。

编 者
2020年5月

目 录

第1章 引 言

1.1 一个C语言程序 …………………… 002
1.2 程序与程序设计语言 ……………… 003
   1.2.1 程序与指令 ………………… 003
   1.2.2 程序设计语言的功能 ……… 005
   1.2.3 程序设计语言的语法 ……… 007
   1.2.4 程序的编译与编程环境 …… 010
1.3 C语言的发展历史与特点 ………… 011
1.4 实现问题求解的过程 ……………… 012
习题1 ……………………………………… 016

第2章 用C语言编写程序

2.1 在屏幕上显示Hello World! …… 018
2.2 求华氏温度100°F对应的
    摄氏温度 …………………………… 020
   2.2.1 程序解析 …………………… 020
   2.2.2 常量、变量和数据类型 …… 021
   2.2.3 算术运算和赋值运算 ……… 022
   2.2.4 格式化输出函数printf() … 023
2.3 计算分段函数 ……………………… 024
   2.3.1 程序解析 …………………… 024
   2.3.2 关系运算 …………………… 025
   2.3.3 if-else语句 ………………… 026
   2.3.4 格式化输入函数scanf() …… 027
   2.3.5 常用数学函数 ……………… 028
2.4 输出华氏-摄氏温度转换表 ……… 030
   2.4.1 程序解析 …………………… 030
   2.4.2 for语句 ……………………… 031
   2.4.3 指定次数的循环程序设计 … 033
2.5 生成乘方表与阶乘表 ……………… 037
习题2 ……………………………………… 040

第3章 分支结构

3.1 简单的猜数游戏 …………………… 046
   3.1.1 程序解析 …………………… 046
   3.1.2 二分支结构和if-else语句 … 047
   3.1.3 多分支结构和else-if语句 … 049
3.2 四则运算 …………………………… 051
   3.2.1 程序解析 …………………… 051
   3.2.2 字符型数据 ………………… 053
   3.2.3 字符型数据的输入和输出 … 053
   3.2.4 逻辑运算 …………………… 054
3.3 查询自动售货机中商品的价格 … 057
   3.3.1 程序解析 …………………… 057
   3.3.2 switch语句 ………………… 058
   3.3.3 多分支结构 ………………… 062
习题3 ……………………………………… 064

第4章 循环结构

4.1 用格雷戈里公式求π的近似值 … 070
   4.1.1 程序解析 …………………… 070
   4.1.2 while语句 …………………… 071
4.2 统计一个整数的位数 ……………… 074
   4.2.1 程序解析 …………………… 074
   4.2.2 do-while语句 ……………… 075
4.3 判断素数 …………………………… 077
   4.3.1 程序解析 …………………… 077
   4.3.2 break语句和continue语句 … 079
4.4 求1!+2!+…+n! …………………… 081

4.4.1 程序解析 …………………… 081	4.5 循环结构程序设计 …………… 085
4.4.2 嵌套循环 …………………… 083	习题 4 …………………………………… 092

第5章 函　　数

5.1 计算圆柱体积 ………………… 100	5.2.2 不返回结果的函数 …………… 109
5.1.1 程序解析 …………………… 100	5.2.3 结构化程序设计思想 ………… 109
5.1.2 函数的定义 ………………… 101	5.3 复数运算 ……………………… 111
5.1.3 函数的调用 ………………… 102	5.3.1 程序解析 …………………… 111
5.1.4 函数程序设计 ……………… 104	5.3.2 局部变量和全局变量 ………… 113
5.2 数字金字塔 …………………… 108	5.3.3 变量生存周期和静态局部变量 … 115
5.2.1 程序解析 …………………… 108	习题 5 …………………………………… 118

第6章 回顾数据类型和表达式

6.1 数据的存储和基本数据 　　类型 …………………………… 124	6.4 表达式 ………………………… 134
	6.4.1 算术表达式 ………………… 135
6.1.1 数据的存储 ………………… 124	6.4.2 赋值表达式 ………………… 137
6.1.2 基本数据类型 ……………… 126	6.4.3 关系表达式 ………………… 138
6.2 数据的输入和输出 …………… 129	6.4.4 逻辑表达式 ………………… 139
6.2.1 整型数据的输入和输出 …… 129	6.4.5 条件表达式 ………………… 142
6.2.2 实型数据的输入和输出 …… 130	6.4.6 逗号表达式 ………………… 143
6.2.3 字符型数据的输入和输出 … 131	6.4.7 位运算 ……………………… 143
6.3 类型转换 ……………………… 133	6.4.8 其他运算 …………………… 145
6.3.1 自动类型转换 ……………… 133	6.4.9 程序解析 …………………… 146
6.3.2 强制类型转换 ……………… 134	习题 6 …………………………………… 147

第7章 数　　组

7.1 输出所有大于平均值的数 …… 152	7.2.3 二维数组的初始化 …………… 167
7.1.1 程序解析 …………………… 152	7.2.4 使用二维数组编程 …………… 168
7.1.2 一维数组的定义和引用 …… 153	7.3 判断回文 ……………………… 172
7.1.3 一维数组的初始化 ………… 155	7.3.1 程序解析 …………………… 172
7.1.4 使用一维数组编程 ………… 156	7.3.2 一维字符数组 ……………… 174
7.2 找出矩阵中最大值所在的位置 … 165	7.3.3 字符串 ……………………… 174
7.2.1 程序解析 …………………… 165	7.3.4 使用字符串编程 …………… 176
7.2.2 二维数组的定义和引用 …… 167	习题 7 …………………………………… 181

第8章 指　　针

8.1 密码开锁 ……………………… 186	8.1.5 指针变量的初始化 …………… 192
8.1.1 程序解析 …………………… 186	8.2 角色互换 ……………………… 193
8.1.2 地址和指针 ………………… 187	8.2.1 程序解析 …………………… 193
8.1.3 指针变量的定义 …………… 188	8.2.2 指针作为函数的参数 ………… 194
8.1.4 指针的基本运算 …………… 190	8.3 冒泡排序 ……………………… 197

8.3.1　程序解析 ·························· 197
　　8.3.2　指针、数组和地址间的关系 ······ 198
　　8.3.3　数组名作为函数的参数 ········· 201
　　8.3.4　冒泡排序算法分析 ·············· 202
8.4　字符串压缩 ································ 203
　　8.4.1　程序解析 ·························· 204
　　8.4.2　字符串和字符指针 ·············· 205
　　8.4.3　常用的字符串处理函数 ········· 207
*8.5　任意个整数求和 ·························· 211
　　8.5.1　程序解析 ·························· 211
　　8.5.2　用指针实现内存动态分配 ······ 212
习题 8 ··· 214

第 9 章　结　　构

9.1　输出平均分最高的学生信息 ··· 220
　　9.1.1　程序解析 ·························· 220
　　9.1.2　结构的概念与定义 ·············· 221
　　9.1.3　结构的嵌套定义 ·················· 222
　　9.1.4　结构变量的定义和初始化 ······ 223
　　9.1.5　结构变量的使用 ·················· 225
9.2　学生成绩排序 ···························· 226
　　9.2.1　程序解析 ·························· 226
　　9.2.2　结构数组操作 ·················· 228
9.3　修改学生成绩 ···························· 229
　　9.3.1　程序解析 ·························· 229
　　9.3.2　结构指针的概念 ·················· 231
　　9.3.3　结构指针作为函数参数 ········· 232
习题 9 ··· 232

第 10 章　函数与程序结构

10.1　有序表的操作 ·························· 238
　　10.1.1　程序解析 ························ 238
　　10.1.2　函数的嵌套调用 ··············· 242
10.2　汉诺塔问题 ···························· 243
　　10.2.1　问题解析 ························ 243
　　10.2.2　递归函数基本概念 ············ 244
　　10.2.3　递归程序设计 ················· 247
10.3　长度单位转换 ·························· 250
　　10.3.1　程序解析 ························ 250
　　10.3.2　宏基本定义 ···················· 251
　　10.3.3　带参数的宏定义 ··············· 252
　　10.3.4　文件包含 ························ 254
　　10.3.5　编译预处理 ···················· 255
10.4　大程序构成——多文件模块的
　　　学生信息库系统 ······················ 257
　　10.4.1　分模块设计学生信息库系统 ······ 257
　　10.4.2　程序文件模块 ················· 259
　　10.4.3　文件模块间的通信 ············ 259
习题 10 ··· 261

第 11 章　指　针　进　阶

11.1　单词索引 ······························· 266
　　11.1.1　程序解析 ························ 266
　　11.1.2　指针数组的概念 ··············· 267
　　11.1.3　指向指针的指针 ··············· 268
　　11.1.4　用指针数组处理多个字符串 ··· 271
*11.1.5　命令行参数 ······················ 276
11.2　字符定位 ······························· 279
　　11.2.1　程序解析 ························ 279
　　11.2.2　指针作为函数的返回值 ······· 280
*11.2.3　指向函数的指针 ··············· 281
11.3　用链表构建学生信息库 ············ 283
　　11.3.1　程序解析 ························ 283
　　11.3.2　链表的概念 ···················· 287
　　11.3.3　单向链表的常用操作 ········· 288
习题 11 ··· 293

第 12 章　文　　件

12.1　素数文件 ······························· 298
　　12.1.1　程序解析 ························ 298
　　12.1.2　文件的概念 ···················· 299
　　12.1.3　文本文件和二进制文件 ······ 299

12.1.4　缓冲文件系统 …………………… 300
　　12.1.5　文件结构与文件类型指针 ……… 301
*　12.1.6　文件控制块 …………………… 303
　　12.1.7　文件处理步骤 ………………… 304
12.2　用户信息加密和校验 …………… 304
　　12.2.1　程序解析 ……………………… 304
　　12.2.2　打开文件和关闭文件 ………… 306
　　12.2.3　文件读写 ……………………… 308
　　12.2.4　其他相关函数 ………………… 316
12.3　文件综合应用：资金账户
　　　　管理 ……………………………… 317
　　12.3.1　顺序文件和随机文件 ………… 317
　　12.3.2　个人资金账户管理 …………… 318
习题12 ……………………………………… 321

附录A　C语言基本语法 ……………………………………………………………… 324

附录B　ASCII码集 …………………………………………………………………… 349

附录C　PTA使用说明 ………………………………………………………………… 351

参考文献 ………………………………………………………………………………… 355

第 1 章
引 言

本章要点

- 什么是程序？程序设计语言一般包含哪些功能？

- 程序设计语言在语法上一般包含哪些内容？

- 结构化程序设计有哪些基本的控制结构？

- C 语言有哪些特点？

- C 语言程序的基本框架是怎样的？

- 形成一个可运行的 C 语言程序需要经过哪些步骤？

- 如何应用流程图描述简单的算法？

对于将 C 语言作为第一门编程语言(Programming Language)的读者来说,最关心的问题是如何尽快学会用 C 语言进行程序设计。要做到这一点,对程序设计语言(如 C 语言)要有所了解,更重要的是通过不断的编程实践,逐步领会和掌握程序设计的基本思想和方法。

熟练的编程技能是在知识与经验不断积累的基础上培养出来的。初学者一开始由于缺乏足够的语言知识和编程经验,对于很简单的问题往往也会感到无所适从,不知如何下手编写程序。本书建议读者从一开始学习 C 语言起就要试着编写程序,可以先模仿教材中的程序,试着改写它并循序渐进,直到会独立地编写程序解决比较复杂的问题。

为了使读者能逐步从简单的模仿中体会程序设计的基本思想和方法,而不是拘泥于具体的语法细节,本章作为教材的引言,将简要介绍程序设计语言的功能、语法要素、C 语言的特点以及程序设计求解问题的一般步骤等。

1.1 一个 C 语言程序

为了让读者对 C 语言有一个感性认识,首先来看一下用 C 语言编写的一个程序。

【例 1-1】求阶乘问题。输入一个正整数 n,输出 $n!$。

源程序

```c
#include <stdio.h>                          /*编译预处理命令*/
int factorial(int n);                       /*函数声明*/
int main(void)                              /*主函数*/
{
    int n;                                  /*变量定义*/
    
    scanf("%d", &n);                        /*输入一个整数*/
    printf("%d\n", factorial(n));           /*调用函数计算阶乘*/
    
    return 0;
}

int factorial(int n)                        /*定义计算 n! 的函数*/
{
    int i, fact = 1;
    
    for(i=1; i<=n; i++){
        fact = fact * i;
    }
    
    return fact;
}
```

运行程序,输入 4,输出 24,即 4 的阶乘。

上述程序并不要求初学者能完全理解，但希望读者能对 C 程序有个初步的印象。该程序中的许多内容将会在随后各章中逐步介绍。

C 程序由函数（Function，一种子程序）所组成。上述程序涉及 4 个函数：main( )、factorial( )、scanf( )和 printf( )。其中，scanf( )和 printf( )是系统事先设计好的函数，分别用于数据的输入和输出；factorial( )是程序中定义的函数，主要目的是求 $n!$，并将 n 作为函数的参数；main( )函数是程序的主函数。

所有的 C 程序都有且只有一个 main( )函数。C 程序从 main( )函数处开始运行，当 main( )函数结束时，程序也就结束了。对于上述例子，程序先执行 main( )函数中的 scanf( )函数调用，输入数据 n，然后调用 printf( )函数，输出结果。当调用 printf( )函数时，必须要先知道所要输出的数据，即 factorial(n)。因此，此时发生了对 factorial( )函数的调用（Call），调用该函数所获得的结果作为 printf( )函数的参数（Argument），由 printf( )函数负责将该值按十进制整数（%d）的形式输出。

程序最根本的功能是对数据的处理，为此，首先要解决待处理数据的表示问题。在 factorial( )函数中，用整数类型变量（Variable）n 表示要求阶乘的整数，同样在 main( )函数中也用 n 来表示（用别的变量名字也可以，如 m）。同时，在 factorial( )函数中，用 fact 存储计算的结果，用 i 表示 1 到 n 之间的某个整数。

程序还需要对数据处理的过程进行控制。上述程序中，最主要的控制是将 1 到 n 的每个整数 i 乘到结果变量 fact 中。这个控制通过 for 循环语句（Loop Statement）来实现。

☞ 变量都有类型（如整数类型 int），并在内存中占有一定的空间，例如在 Dev-C++中，整数变量占用 4 个字节的空间。因此，每个整数都有一定的取值范围。运行上述程序，输入整数 13，其结果（13!）就超出了整数的取值范围，会输出一个错误的结果。

1.2　程序与程序设计语言

计算机程序（Program）是人们为解决某种问题用计算机可以识别的代码编排的一系列加工步骤。计算机能严格按照这些步骤去做，包括计算机对数据的处理。程序的执行过程实际上是对程序所表示的数据进行处理的过程。一方面，程序设计语言提供了一种表示数据与处理数据的功能；另一方面，编程人员必须按照语言所要求的规范（即语法规则）进行编程。

微视频：
计算机与编程语言

1.2.1　程序与指令

计算机最基本的处理数据的单元应该就是计算机的指令了。单独的一条指令本身只能完成计算机的一个最基本的功能，如实现一次加法运算或实现一次大小的判别。计算机所能实现的指令的集合称为计算机的指令系统。

虽然计算机指令所能完成的功能很基本，并且指令系统中指令的个数也很有限。但一系列指令的组合却能完成一些很复杂的功能，这也就是计算机的奇妙与强大功能所在。一系列计算机指令的有序组合就构成了程序。

假设某台虚拟的计算机指令系统有以下 7 条指令，每条指令的第一部分是指令名（如 Store，Add 等），随后的几个部分是指令处理所涉及的数据（如 X，Y，Z，P 等）。

指令 1：Input X；将当前输入数据存储到内存的 X 单元。

指令 2：Output X；将内存 X 单元的数据输出。

指令 3：Add X Y Z；将内存 X 单元的数据与 Y 单元的数据相加并将结果存储到 Z 单元。

指令 4：Sub X Y Z；将内存 X 单元的数据与 Y 单元的数据相减并将结果存储到 Z 单元。

指令 5：BranchEq X Y P；比较 X 与 Y，若相等则程序跳转到 P 处执行，否则继续执行下一条指令。

指令 6：Jump P；程序跳转到 P 处执行。

指令 7：Set X Y；将内存 Y 单元的值设为 X。

对上述 7 条简单的指令进行不同的组合就可以实现多项功能。

【例 1-2】编写由上述指令组成的虚拟的程序，实现以下功能：
（1）输入 3 个数 A，B 和 C，求 A+B+C 的结果。
（2）输入 2 个数 A 和 B，求 A*B 的结果。

虚拟程序 1

Input A;	输入第 1 个数据到存储单元 A 中
Input B;	输入第 2 个数据到存储单元 B 中
Input C;	输入第 3 个数据到存储单元 C 中
Add A B D;	将 A、B 相加并将结果存在 D 中
Add C D D;	将 C、D 相加并将结果存在 D 中
Output D;	输出 D 的内容

虚拟程序 2

1. Input A;	输入第 1 个数据到存储单元 A 中
2. Input B;	输入第 2 个数据到存储单元 B 中
3. Set 0 X;	将 X 设为 0，此处 X 用以统计 A 累加的次数
4. Set 0 Z;	将 Z 设为 0，此处 Z 用以存放 A*B 的结果
5. BranchEq X B 9;	判别 X 与 B 是否相等；若相等说明 A 已累加了 B 次，程序跳转到第 9 条指令，输出结果
6. Add Z A Z;	Z=Z+A
7. Add 1 X X;	X=X+1
8. Jump 5;	程序跳转到第 5 条指令，继续循环执行第 6 条、7 条指令
9. Output Z;	输出 Z 的值，该值等于 A*B

把 A 累加 B 次就可以获得 A*B 的结果，虚拟程序 2 反复执行加法运算 Z=Z+A，实现两个整数 A 和 B 的乘法功能。A 和 B 用于存储准备相乘的两个数（第 1 和第 2 条指令），Z 用于存储乘法运算的结果，开始时 Z 初始化为 0（第 4 条指令），随后不断将 A 累加到 Z 上（第 6 条指令）。累加次数的控制通过 X 来实现，X 开始时设为 0（第 3 条指令），随后 A 每累加一次就将 X 加 1（第 7 条指令），当 X 被累加 B 次时（第 5 条指令），Z 的值就是 A*B 的结果，最后输出结果 Z（第 9 条指令）。

一般情况下程序是按指令排列的顺序一条一条地执行，但稍微复杂一点的程序往往需要通过判断不同的情况执行不同的指令分支，如第 5 条指令（BranchEq），还有些指令需要被反复地执行，如第 6、7 两条指令，这时就需要强行改变程序中指令执行的顺序，如第 8 条指令（Jump）。

程序在计算机中是以 0、1 组成的指令码来表示的，即程序是 0、1 组成的序列，这个序列能够被计算机所识别。程序与数据一样，共同存放在存储器中。当程序要运行时，当前准备运行的指令从内存被调入 CPU 中，由 CPU 处理这条指令。这种将程序与数据共同存储的思想就是目前绝大多数计算机采用的冯·诺依曼模型的存储程序概念。

为什么程序一定要由计算机中的指令组成呢？一方面，通过定义计算机可直接实现的指令集使得程序在计算机中的执行变得简单，计算机硬件系统只要实现了指令就能方便地实现相应的程序功能；另一方面，需要计算机实现的任务成千上万，如果每一个任务都相对独立，与其他程序之间没有公共的内容，编程工作将十分困难。这就是计算机科学中一个很重要的概念"重用"的体现。

如果程序设计直接用 0、1 序列的计算机指令来写，那将是一件难以忍受的事。所以，人们设计了程序设计语言，用这种语言来描述程序，同时应用一种软件（如编译程序）将用程序设计语言描述的程序转换成计算机能直接执行的指令序列。

总的来说，计算机程序是人们为解决某种问题用计算机可以识别的代码编排的一系列数据处理步骤，计算机能严格按照这些步骤去做。

1.2.2 程序设计语言的功能

程序设计语言是人用来编写程序的手段，是人与计算机交流的语言。人为了让计算机按自己的意愿处理数据，必须用程序设计语言表达所要处理的数据和数据处理的流程。因此，程序设计语言必须具有数据表达和数据处理（称为控制）的能力。

1. 数据表达（Data Representation）

世界上的数据多种多样，而语言本身的描述能力总是有限的。为了使程序设计语言能充分、有效地表达各种各样的数据，一般将数据抽象为若干种类型。数据类型（Data Type）就是对某些具有共同特点的数据集合的总称。如人们常说的整数、实数就是数据类型的例子。数据类型涉及两方面的内容：该数据类型代表的数据是什么（数据类型的定义域）？能在这些数据上做什么（即操作，或称运算）？例如，我们熟悉的整数类型所包含的数据是 {…，-2，-1，0，1，2，…}，而+、-、*、/ 就是作用在整数上的运算。

在程序设计语言中，一般都事先定义几种基本的数据类型，供程序员直接使用，如整型、实型（浮点型）、字符型等。这些基本数据类型在程序中的具体对象主要是两种形式：常量（又称常数，Constant）和变量（Variable）。常量值在程序中是不变的，例如 123 是一个整型常量，12.3 是一个实型常量，'a' 是一个字符型常量。变量则可对它做一些相关的操作，改变它的值。例如，在 C 语言中可以通过 int i 来定义一个新的变量 i，然后就可以对该变量进行某种操作，如赋值 i = 20。

同时，为了使程序员能更充分地表达各种复杂的数据，程序设计语言还提供了构造新的具体数据类型的手段，如数组（Array）、结构（Structure）、文件（File）、指针（Pointer）等。例如，在 C 语言中可以通过 int a[10] 来定义一个由 10 个整数组成的数组变量。这时，变量 a 所代表的就不是一个整数,而是 10 个整数组成的有序序列,其中的每一个整数都称作 a 的分量。

程序设计语言提供的基本数据类型以及构造复杂类型(如数组、结构等)的手段,为有限能力的程序设计语言表达客观世界中多种多样的数据提供了良好的基础。

2. 流程控制(Flow Control)

程序设计语言除了能表达各种各样的数据外,还必须提供一种手段来表达数据处理的过程,即程序的控制过程。程序的控制过程通过程序中的一系列语句来实现。

当要解决的问题比较复杂时,程序的控制过程也会变得十分复杂。一种比较典型的程序设计方法是:将复杂程序划分为若干个相互独立的模块(Module),使完成每个模块的工作变得单纯而明确,在设计一个模块时不受其他模块的牵连。同时,通过现有模块积木式的扩展就可以形成复杂的、更大的程序模块或程序。这种程序设计方法就是结构化的程序设计方法(Structured Programming)。C 语言就是支持这种设计方法的典型语言。

在结构化程序设计方法中,一个模块可以是一条语句(Statement)、一段程序或一个函数等。

一般来说,从程序流程的角度看,模块只有一个入口和一个出口。这种单入单出的结构为程序的调试(Debug,又称查错)提供了良好的条件。多入多出的模块结构将使得程序的调试变得非常困难。

按照结构化程序设计的观点,任何程序都可以将模块通过 3 种基本的控制结构进行组合来实现。这 3 种基本的控制结构是顺序、分支和循环。

(1) 顺序控制结构(Sequential Control Structure):一个程序模块执行完后,按自然顺序执行下一个模块。

(2) 分支控制结构(Branch Control Structure):又称选择结构。计算机在执行程序时,一般按照语句的顺序执行,但在许多情况下需要根据不同的条件来选择所要执行的模块,即判断某种条件,如果条件满足就执行某个模块,否则就执行另一个模块。例如,在周末,我们根据天气情况决定是去郊游还是在房间里学习,这就是一种分支控制。

(3) 循环控制结构(Loop Control Structure):有时,需要反复地执行某些相同的处理过程,即重复执行某个模块。重复执行这些模块一般是有条件的,即检测某些条件,如果条件满足就重复执行相应的模块。

顺序结构是一种自然的控制结构,通过安排语句或模块的顺序就能实现。所以,对一般程序设计语言来说,需要提供表达分支控制和循环控制的手段。

例 1-2 中求两个整数 A 和 B 的乘积,该程序实际上存在着一个问题:当 B 为负数时,该程序将不能终止!当 B 是负数时,要得到正确的结果,可以将 A 和 B 均乘上 -1,再应用例 1-2 中的思路求解。其求解过程描述如下:

① 分别输入两个数到 A、B 两个变量
② 如果 B 是负数,那么 B = B * (-1),A = A * (-1)
③ 设 X = 0,Z = 0
④ 当 X 不等于 B 时,重复做以下操作:

  Z = Z + A;
  X = X + 1;

⑤ 输出 Z

上述处理过程从步骤①顺序做到步骤⑤,其中步骤②是分支控制,而步骤④是循环控制。

以上 3 种控制方式称为语句级控制,实现了程序在语句间的跳转。当要处理的问题比较复杂时,为了增强程序的可读性和可维护性,常常将程序分为若干个相对独立的子程序,在 C 语言中,子程序的作用由函数完成。函数通过一系列语句的组合来完成某种特定的功能(如求整数 n 的阶乘)。当程序需要相应功能时,不用重新写一系列代码,而是直接调用函数,并根据需要传递不同的参数(如求阶乘函数中的 n)。同一个函数可以被一个或多个函数(包括自己)多次调用。函数调用时可传递零个或多个参数,函数被调用的结果将返回给调用函数。这种涉及函数定义和调用的控制称为单位级控制。所以,程序设计语言的另一个功能就是提供单位级控制的手段,即函数的定义(Definition)与调用手段。

1.2.3 程序设计语言的语法

程序员用程序设计语言编写程序以处理相应的问题。在程序中,一般要表达数据,包括定义用于存储数据的变量;还要描述数据处理的过程,包括语句级的控制和单位级的控制。为了让计算机能理解程序员在程序中所描述的这些工作,用程序设计语言所写的程序必须符合相应语言的语法(Grammar)。

编写程序就像用某种自然语言(如中文)来写文章,首先语法要通,即要符合语言所规定的语法规则。当然,语法通了并不意味着你的文章就符合要求了,你有可能词不达意、离题万里。后者就是在程序调试(查错)时需要发现的事,即找出程序中的错误(非语法错误)。这是一个需要耐心和经验的过程。而语法错误的检查则相对容易得多。

一般把用程序设计语言编写的未经编译的程序称为源程序(Source Code,又称源代码)。从语法的角度看,源程序实际上是一个字符序列。这些字符序列按顺序分别组成了一系列"单词"。这些"单词"包括语言事先约定好的保留字(Reserved Words,如用于描述分支控制的 if、else,用于描述数据类型的 int 等)、常量、运算符(Operator)、分隔符以及程序员自己定义的变量名、函数名等。

在这些"单词"中,除了运算符(如+、-、*、/)、普通常量(如-12、12.34、'a')、分隔符(如;、(、)等)外,其他主要是一些用来标识(表示)变量、函数、数据类型、语句等的符号,这些标识符号称为标识符(Identifier)。任何程序设计语言对标识符都有一定的定义规范,只有满足这些规范的字符组合才能构成该语言所能识别的标识符。

例 1-1 程序中,include、int、factorial、n、fact、for、i、return 等都是标识符。

"单词"的组合形成了语言有意义的语法单位,如变量定义、表达式(Expression)、语句、函数定义等。一些简单语法单位的组合又形成了更复杂的语法单位,最后一系列语法单位组合成程序。就像在作文中,单词组合成主语、谓语、宾语等,而主语、谓语、宾语又组合成句子,简单的句子又可以组合成更复杂的句子,句子又组合成段落,段落组合成文章(相当于程序)。

例 1-1 程序中,"int i, fact=1;"是若干"单词"组合成的变量定义语句,fact=fact*i 是若干"单词"组成的表达式,后面加分号就形成了一个简单语句,而该语句又与 for(i=1; i<=n; i++)组合成一个循环语句。

计算机要理解程序，首先要识别出程序中的"单词"，继而识别出各种语法单位。当计算机无法识别程序中的"单词"和语法单位时，说明该程序出现了语法错误。这些识别工作由编译程序完成。

下面以 C 语言为例，简要说明程序设计语言最主要的语法要素。

1. C 语言的主要"单词"

（1）标识符

C 语言的标识符由字母、数字和下划线组成，其中第一个字符必须是字母或下划线。例如，_name 是一个合法的标识符，而 left&right 就是非法的。在 C 语言中，标识符中英文字母的大小写形式是有区别的，例如，sum 和 Sum 是不同的标识符。

C 语言中，最主要的标识符是保留字和用户自定义标识符。

① 保留字，又称关键字，是 C 语言规定的、赋予特定含义和有专门用途的标识符，它们主要与数据类型和语句有关。如 int(整数类型)、float(实数类型)、char(字符类型)、typedef(自定义类型)，以及与语句相关的 if、else、while、for、break 等。

② 用户自定义标识符。用户自定义标识符包括程序中定义的变量名、数据类型名、函数名和符号常量名。一般来说，为了便于程序阅读，经常取有意义的英文单词作为用户自定义标识符(如前面程序中定义的 n、fact 等)。

（2）常量

常量是有数据类型的，例如，整型常量 123、实型常量 12.34、字符常量 'a'、字符串常量"hello world!"等。

（3）运算符

运算符表示对各种数据类型数据对象的运算。如，+(加)、-(减)、*(乘)、/(除)、%(求余)、>(大于)、>=(大于等于)、==(等于)、=(赋值)等。运算一般多为双目运算(涉及两个运算对象)，也有单目(涉及一个运算对象)和三目(涉及三个运算对象)运算。如 C 语言中的条件运算?：就是一个三目运算符。

（4）分隔符

如；、［、］、（、）和#等都是分隔符。

2. C 语言的主要语法单位

（1）表达式

运算符与运算对象(可以是常量、函数、变量等)的有意义组合就形成了表达式，如 2+3*4 和 i+2<j 等。表达式中可以包含多种数据类型的运算符，运算符有运算优先级。例如，i+2<j 中，+比<先算。

（2）变量定义

变量也有数据类型，所以在定义变量时要说明相应变量的类型。变量的类型不同，它在内存中所占的存储空间的大小也会有所不同。变量定义的最基本形式是：

   类型名 变量名；

如 int i；就定义了一个整型变量 i。

（3）语句

语句是程序最基本的执行单位，程序的功能就是通过执行一系列语句来实现的。C 语言中的语句有多种形式。

① 最简单的语句(表达式语句)

最简单的语句就是表达式加分号";"。在 C 语言中赋值也被认为是一种运算，如 i=j+2(把 j 加 2 的结果赋给变量 i)就是一个包含+和=两种运算的表达式，+的优先级较高。在上述表达式后加";"就成了一个执行赋值过程的语句。

② 分支语句

分支语句实现分支控制过程，根据不同的条件执行不同的语句(或语句模块)。具体有两种形式，即双路分支的 if-else 语句与多路分支的 switch 语句。例如，下列 if-else 语句求变量 a 和 b 的较大值，并把它赋给 x。这个 if-else 语句首先判别 if 后面的表达式(a>b)，如果条件成立，执行 x=a；否则执行 x=b；。

```
if (a>b){
    x=a;
}else{
    x=b;
}
```

③ 循环语句

C 语言实现循环控制的过程具体有 3 种形式，即 while 语句、for 语句和 do-while 语句。例如，下列 while 循环语句求 1 到 100 的和，并把结果存在变量 sum 中。其中 i<=100 是循环执行的条件，只要这个条件被满足，一对大括号{}中的循环体就会一直反复执行。应该注意到，由于循环体每循环一次，i 被加 1(i=i+1)，所以，当循环到一定的时候，i 的值就会超过 100，即循环条件 i<=100 不再满足了。此时，循环结束。

```
sum=0;                  /*初始化 sum 和 i*/
i=1;
while (i<=100){         /*通过循环把 1, 2, …, 100 分别加到 sum 中*/
    sum=sum+i;
    i=i+1;
}
```

④ 复合语句(Compound statement)

用一对大括号{}将若干语句顺序组合在一起就形成了一个复合语句。例如，上述 while 语句中的{ sum=sum+i; i=i+1;}。

(4) 函数定义与调用

函数是完成特定任务的独立模块，是 C 语言唯一的一种子程序形式。函数的目的通常是接收 0 个或多个数据(称为函数的参数)，并返回 0 个或 1 个结果(称为函数的返回值)。函数的使用主要涉及函数的定义与调用。

函数定义的主要内容是通过编写一系列语句来规定其所完成的功能。完整的函数定义涉及函数头和函数体。其中，函数头包括函数的返回值类型、函数名、参数类型；而函数体是一个程序模块，规定了函数所具有的功能。函数调用则通过传递函数的参数并执行函数定义所规定的程序过程，以实现相应功能。以下是函数定义的一个简单的例子。函数 max 求两个整数(作为参数)的较大值(作为返回值)。

```
    int  max(int a, int b)       /* 函数头：函数类型 函数名（函数参数列表）*/
    {                             /* 函数体开始 */
       int x;                     /* 函数中要用到的临时变量 */

       if (a>b){
          x = a;
       }else{
          x = b;
       }

       return x;                  /* 结束函数调用并返回 x */
    }                             /* 函数体结束 */
```

定义函数后，就可以在程序的其他地方调用这个函数。例如，程序中有 result = max(2, 3)，当程序执行到这里时，首先调用函数 max( )，并把实际参数 2 和 3 分别传给函数定义中的形式参数 a 和 b，使 a 和 b 的值分别为 2 和 3；然后，开始执行函数 max( )所定义的语句；当函数执行到 return x；时，函数结束运行并把 x 的值 3 作为返回值；随后，程序的控制回到函数调用的地方，即 result = max(2, 3)，从而 result 获得结果 3。

（5）输入与输出

C 语言没有输入输出语句，它通过调用系统库函数中的有关函数（如 printf( )和 scanf( )函数）实现数据的输入与输出。这种处理方式为 C 语言在不同硬件平台上的可移植性提供了良好的基础。例如：

```
    printf("This integer value is %d", 123);
```

将输出：

```
    This integer value is 123
```

printf( )函数的第一个参数是输出格式说明，%d 表示将后面的数据 123 按十进制整数形式输出，其他字符串按原样输出。又如，以下输入语句：

```
    scanf("%d", &i);
```

将从键盘输入中读进一个整数，并把它存到变量 i 中。其中，scanf( )函数的第一个参数是输入格式说明。

1.2.4　程序的编译与编程环境

1. 程序的编译

计算机硬件能理解的只有计算机的指令，用程序设计语言编写的程序不能被计算机直接接受，这就需要一个软件将相应的程序转换成计算机能直接理解的指令序列。对 C 语言等许多高级程序设计语言来说，这种软件就是编译程序（Compiler，又称为编译器）。编译程序首先要对源程序进行词法分析，然后进行语法与语义分析，最后生成可执行的代码。如果程序中有语法错误，编译器会直接指出程序中的语法错误。但是，编译程序能生成可执行的代码并不意味着程序就没有错误了。对于程序中的逻辑错误，编译程序是发现不了的，必须通过程序的调试才能发现。

2. 编程环境

编写一个程序需要做很多工作，包括编辑程序（Edit）、编译（Compile）和调试等过程。所以，许多程序设计语言都有相应的编程环境。程序员可以直接在该环境中完成上述工作，以提高编程的效率。

总的来说，要掌握一门程序设计语言，最基本的是要根据程序设计语言的语法要求，掌握表达数据、实现程序的控制的方法和手段，并会使用编程环境进行程序设计。

1.3　C语言的发展历史与特点

C语言作为计算机编程语言，具有功能强、语句表达简练、控制和数据结构丰富灵活、程序时空开销小的特点。它既具有诸如Pascal、FORTRAN、COBOL等通用程序设计语言的特点，又具有汇编语言（Assemble Language）中的位（bit）、地址（Address）、寄存器（Register）等概念，拥有其他许多高级语言所没有的低层操作能力；它既适合于编写系统软件，又可用来编写应用软件。C语言的这些特点与其发展过程是密不可分的。

早期的系统软件（包括操作系统）主要用汇编语言编写，因而程序与计算机硬件的关系十分密切，使程序编写难度大、可读性差、难于移植。这样就要求有一种与硬件关系不紧密的高级语言（High-level Programming Language）用于编程，但早期高级语言缺少汇编语言的某些操作功能，使系统软件的编写十分困难。

1972年，工作于贝尔实验室的Dennis Ritchie在B语言的基础上设计并实现了C语言。随后，Dennis Ritchie又和Ken Thompson一起设想使用C语言来构造一批软件工具作为软件工作者的开发平台，这些平台包括不太依赖于计算机硬件的操作系统和语言编译软件。UNIX操作系统就是由他们两人用汇编语言编写而成的，并成为一种典型的分时操作系统。他们在1973年对UNIX作了重写，其中90%以上的代码是用C语言改写的，增加了多道程序设计能力，同时大大提高了UNIX操作系统的可移植性和可读性。

在以后的若干年中，C语言经过多次修改，渐渐形成了不依赖于具体机器的C语言编译软件，成为如今广泛应用的计算机语言之一。

目前，在各种类型的计算机和操作系统下，有不同版本的C语言编译程序，这些C编译程序有各自的特点。一般来说，1978年B. W. Kernighan和Dennis Ritchie（简称K & R）合著的 *The C Programming Language* 是各种C语言版本的基础，称之为旧标准C语言。1983年，美国国家标准化协会（ANSI）制定了新的C语言标准，称ANSI C。目前使用的如Microsoft C、Turbo C等版本把ANSI C作为一个子集，并在此基础上做了合乎它们各自特点的扩充。

无论是哪种版本的C语言，都具有如下一些共同的特点。

（1）C语言是一种结构化语言

C语言的主要成分是函数。函数是C语言程序的基本结构模块，程序的许多操作可由不同功能的函数有机组装而成，从而容易达到结构化程序设计中模块的要求。另外，C语言还提供了一套完整的控制语句(如循环、分支等)和构造数据类型机制(如结构、数组等),使程序流程与数据描述也具有良好的结构性。

(2) C 语言语句简洁紧凑,使用方便灵活

C 语言一共只有 32 个保留字和 9 种控制语句,程序书写形式自由,压缩了一切不必要的成分。例如,用大括号{和}代替复合语句的开始与结束,用运算符++和--表示加 1 和减 1,用三目运算符?:来表示一个简单的 if-else 语句,一行中可书写多个语句,一个语句可书写在不同行上,可采用宏定义和文件包含等预处理语句,等等。这些都使 C 语言显得非常简洁紧凑。

(3) C 语言程序易于移植

C 语言将与硬件有关的因素从语言主体中分离出来,通过库函数或其他实用程序实现它们。这特别体现在输入输出操作上,因为 C 语言不把输入输出作为语言的一部分,而是作为库函数由具体实用程序实现,这大大提高了程序的可移植性(Portability)。

(4) C 语言有强大的处理能力

由于 C 语言引入了结构、指针(Pointer)、地址、位运算、寄存器存储等功能,在许多方面具有汇编语言的特点,从而大大提高了语言的处理能力。

(5) 生成的目标代码质量高,运行效率高

用 C 语言编写的程序,经编译后生成的可执行代码比用汇编语言直接编写的代码运行效率仅低不到 20%。这是其他高级语言无法比拟的。

当然,C 语言也有一些不足之处,这主要表现在数据类型检查不严格,表达式出现二义性,不能自动检查数据越界,初学者较难掌握运算符的优先级与结合性的概念等。读者在学习 C 语言时要充分注意到这些不足,否则在编程中经常会出现一些问题,而且对这些错误的查找也较为困难。

1.4 实现问题求解的过程

本节通过求解一个具体的例子来说明程序设计的主要过程。

问题:求 1~100 间所有偶数的和。

1. 问题分析与算法设计

本问题求在一定范围内(1~100)、满足一定条件(偶数)的若干整数的和,是一个求累加和的问题。

这类问题的基本求解方法是:设置一个变量(如 sum),将其初值置为 0,再在指定的范围(1~100)内寻找满足条件(偶数)的整数,将它们一个一个累加到 sum 中。为了处理方便,将正在查找的整数也用一个变量表示(如 i)。所以,一次累加过程的 C 语言语句为:

```
sum = sum+i;
```

它表示把 sum 的值加上 i 后再重新赋给 sum。

这个累加过程要反复做,就要用程序设计语言的循环控制语句来实现。在循环过程中:

① 需要判别 i 是否满足问题要求的条件（偶数）。可以用分支控制语句实现只把满足条件的整数累加到 sum 中。

② 需要对循环次数进行控制。这可通过 i 值的变化进行控制，即 i 的初值设为 1，每循环一次加 1，一直加到 100 为止。

基于上述解决问题的思路，就可以逐步明确解决问题的步骤，即确定解决问题的算法。

算法（Algorithm）是一组明确的解决问题的步骤，它产生结果并可在有限的时间内终止。可以用多种方式来描述算法，包括用自然语言、伪代码（Pseudo Code）或流程图（Flow Chart）。下面主要介绍流程图的使用。

流程图是算法的图形表示法，它用图的形式掩盖了算法的所有细节，只显示算法从开始到结束的整个流程。例如，1.2.2 节中 3 种控制结构可以用流程图表示（如图 1.1 所示）。

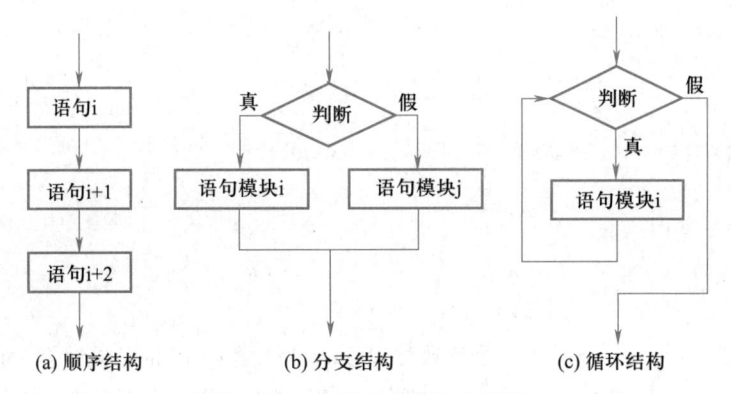

(a) 顺序结构　　(b) 分支结构　　(c) 循环结构

图 1.1　3 种控制结构的流程图

对于求 1~100 偶数和的问题，基于前面的分析，可以用流程图来描述解决步骤（算法），如图 1.2 所示。

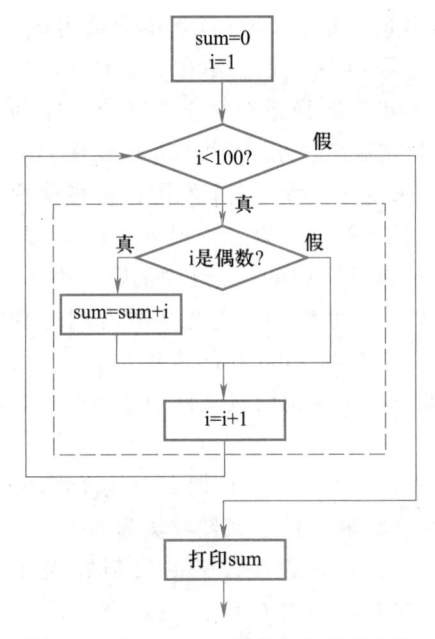

图 1.2　"求 1~100 偶数和"的流程图

2. 编辑程序

当确定了解决问题的步骤后,就可以开始编写程序了。一般是在编程环境中,应用其中的编辑功能直接来编写程序,生成源程序(对 C 语言来说,一般源程序的后缀为 c)。相应的程序如下:

```c
#include <stdio.h>
int main(void)
{
    int i, sum = 0;                    /*①*/

    for(i = 1; i <= 100; i++){         /*②*/
      if(i%2 == 0){                    /*③*/
        sum = sum + i;
      }
    }
    printf("%d", sum);                 /*④*/

    return 0;
}
```

说明:

① "int i, sum = 0;"定义了两个整数类型(int)的变量 i 和 sum,同时把 sum 初值赋为 0。

② for(i = 1; i <= 100; i++)是一个循环,它表示从 i 等于 1 的时候开始循环,每循环一次 i 加上 1(i++),只要 i 的值小于等于 100,这个循环就一直进行(也就是说 i 等于 101 时就退出循环了)。每次循环执行的内容就是它后面的 if 语句。

③ "if(i%2 == 0){sum = sum + i};"表示:如果 i 是偶数,就将 i 累加到 sum 中。% 是一个针对整数的运算,代表求余,如果 i 被 2 除后的余数为 0,则说明它是一个偶数。在 C 语言中,相等的判断用两个等号 == 来表示,不相等的判断用!= 来表示。

④ 当循环退出时,就调用 C 编译系统事先定义好的函数 printf()将所要的结果值(sum)输出。输出时要求按十进制整数方式(由 %d 来说明)输出。

许多程序设计语言(包括 C 语言)都有一个原则:若想使用一个对象,需要先说明(或定义)该对象,除非有某种默认规则。所以,一般变量的定义放在具体语句的前面,在调用一个函数前先声明(Declare)或定义(Define)这个函数。由于编程时会经常使用编译系统事先定义好的一些函数,所以编译系统会事先把各种类型的函数声明组织在一个文件中,如所有输入输出函数就组织在一个叫 stdio.h 的文件中,程序员只要在程序的开头写上语句 "#include <stdio.h>",就可以直接调用该文件中声明的所有函数。

3. 编译

当编辑好程序后,下一步工作就是应用该语言的编译程序对其进行编译,以生成二进制代码表示的目标程序(一个二进制文件,文件后缀为 obj)。

实际上,还不能直接运行该目标程序,它需要与编程环境提供的库函数进行连接(Link),形成可执行的程序(文件后缀为 exe)。

当然,如果程序有语法错误,编译程序就会指出该语法错误所在,而不生成二进制代码。

4. 运行与调试

当程序通过了语法检查、编译生成执行文件后，就可以在编程环境或操作系统环境中运行(Run)该程序。

当然，一旦程序中存在语义错误(逻辑错误)，程序运行所产生的结果有可能不是想要的结果。比如，在上述程序中，如果把"if(i%2==0) sum=sum+i;"中的两个等号==写成!=(不等于)，这样该程序虽然也能通过语法检查，但运行结果却是求1~100间所有奇数的和。

如果程序有语义错误就需要对程序进行调试。调试是在程序中查找错误并修改错误的过程。调试最主要的工作是找出错误发生的地方。

一般程序的编程环境都提供相应的调试手段。调试最主要的方法是：设置断点并观察变量。

(1) 设置断点(Break Point Setting)：可以在程序的任何一个语句上做断点标记，将来程序运行到这里时会停下来。

(2) 观察变量(Variable Watching)：当程序运行到断点的地方停下来后，可以观察各种变量的值，判断此时的变量值是不是所希望的。如果不是，说明该断点之前肯定有错误发生。这样，就可以把找错的范围集中在断点之前的程序段上。

另外，还有一种常用的调试方法是单步跟踪(Trace Step by Step)，即一步一步跟踪程序的执行过程，同时观察变量的变化情况。

调试是一个需要耐心和经验的工作，也是程序设计最基本的技能。

整个C源程序的编辑、编译、连接、运行和调试的全过程如图1.3所示。

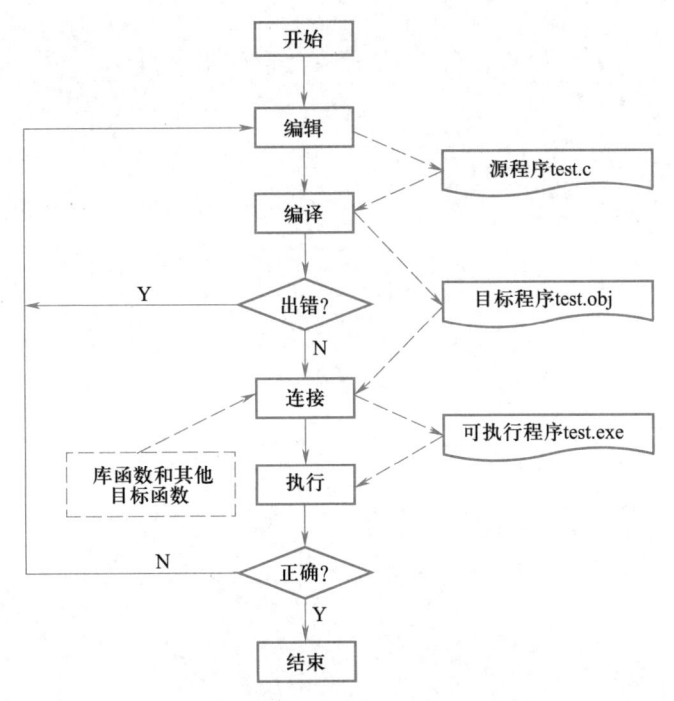

图1.3 C源程序的编辑、编译、连接、运行和调试示意图

习题 1

1. 对 C 语言来说，下列标识符中哪些是合法的，哪些是不合法的？
   `total, _debug, Large&Tall, Counter1, begin_`
2. 改写 1.4 节中的流程图 1.2，求 1~100 中能被 6 整除的所有整数的和。
3. 改写 1.4 节中的程序，求 1~100 中能被 6 整除的所有整数的和，并在编程环境中验证该程序的运行结果。
4. 对于给定的整数 $n(n>1)$，请设计一个流程图判别 n 是否为一个素数(只能被 1 和自己整除的整数)，并分析该流程图中哪些是顺序结构、分支结构与循环结构。

第 2 章
用 C 语言编写程序

本章要点

- 怎样编写程序，在屏幕上显示一些信息？

- 怎样编写程序，实现简单的数据处理？

- 怎样使用 if 语句计算分段函数？

- 怎样用 for 语句求 1+2+…+100？

- 如何定义和调用函数生成一张阶乘表？

通过第 1 章的学习，读者对 C 语言和 C 语言编程有了初步的认识，了解了计算机程序的功能和作用。在现实世界中，从简单的计算器到复杂的航天飞机，都被计算机程序所操纵和控制。

当然，读者现在写的程序无法与控制航天飞机的软件相提并论，但是这些复杂系统的设计者都是从初学起步的。现在，我们就来看一下，开始学习编程时需要注意的问题。

从设计计算器到航天飞机，最常见的应用就是利用计算机实现对数据的处理。因此，在学习任何一门程序设计语言时，首先要考虑几个问题：编程时能使用哪些类型的数据？对这些数据能做哪些操作？怎样完成给定的工作？这就是程序设计语言的 3 个基本内容：数据表达、运算和流程控制。

本书不但介绍 C 语言的基本内容，更着重讲解如何运用 C 语言编写程序，从简单程序到复杂程序，从小程序到大程序，同时还讲述程序设计的思想、方法和风格，使读者不但能编写程序，而且能编"好"的程序，即比较规范的程序，以更好地解决实际问题。

请读者从编写简单的 C 语言程序开始，领略编程的乐趣吧！

2.1 在屏幕上显示 Hello World！

【例 2-1】在屏幕上显示一个短句"Hello World！"。

源程序

```
/*显示"Hello World!"*/        /*注释文本*/
#include <stdio.h>             /*编译预处理命令*/
int main(void)                 /*定义主函数 main()*/
{
    printf("Hello World!\n");  /*调用 printf()函数输出文字*/

    return 0;                  /*返回一个整数 0*/
}
```

> 微视频：
> 第一个 C
> 程序

运行结果

Hello World!

让我们仔细理解上述程序，首先看第一行：

```
/*显示"Hello World!"*/        /*注释文本*/
```

它是程序的注释，用来说明程序的功能，注释文本必须包含在/* 和 */之间。注释是对程序的注解，它可以是任何可显示字符，不影响程序的编译和运行，程序编译时会忽略这些内容。

✓ 在程序中插入适当的注释，可以使程序容易被人理解。

程序的第二行是：

```
#include <stdio.h>
```

它是编译预处理命令,因为后面调用的 printf( )函数是 C 语言提供的标准输出函数,在系统文件 stdio. h 中声明。

☞ 编译预处理命令的末尾不加分号。

下面的一行程序:

```
int main(void)
```

定义了一个名字为 main 的函数,该函数的返回值是整型数(int),参数在函数名后面的一对括号中定义,这里的关键字 void 表示 main( )函数不需要参数。在 C 语言中,main( )是一个特殊的函数,被称为"主函数",任何一个程序都必须有而且只能有一个 main( )函数,当程序运行时,首先从 main( )函数开始执行。

一对大括号把构成函数的语句括起来,称为函数体。例 2-1 的函数体共有两条语句。第一条语句为:

```
printf("Hello World!\n");
```

它由两部分组成:函数调用和分号。printf("Hello World!\n")是一个函数调用,它的作用是将双引号中的内容原样输出,\n 是换行符,即在输出 Hello World! 后换行;而分号表示该语句的结束。

☞ C 语言中的所有语句都必须以分号结束。程序中所有的标点符号都是英文符号。

main( )函数的最后一条语句是:

```
return 0;
```

它结束 main( )函数的运行,并向系统返回一个整数 0,作为程序的结束状态。由于 main( )函数的返回值是整型数,因此,任何整数都可以作为返回值。按照惯例,如果 main( )函数返回 0,说明程序运行正常,返回其他数字则用于表示各种不同的错误情况。系统可以通过检查返回值来判断程序的运行是否成功。

【例 2-2】在屏幕上显示两个短句"Programming is fun."和"And programming in C is even more fun!",每行显示一句。

源程序

```
/*显示两行文字*/
#include <stdio.h>
int main(void)
{
    printf("Programming is fun.\n");
    printf("And programming in C is even more fun!\n");

    return 0;
}
```

运行结果

Programming is fun.
And programming in C is even more fun!

程序中用了两条语句，也可以只用一条语句完成：

printf("Programming is fun.\nAnd programming in C is even more fun! \n");

【练习 2-1】输出短句(Programming in C is fun!)：在屏幕上显示一个短句"Programming in C is fun!"。试编写相应程序。

【练习 2-2】下列语句的运行结果是什么？与例 2-2 的运行结果有何不同？为什么？

printf("Programming is fun. And Programming in C is even more fun!\n");

【练习 2-3】输出倒三角图案：在屏幕上显示如下倒三角图案。试编写相应程序。

```
****
 ***
  **
   *
```

2.2 求华氏温度 100°F 对应的摄氏温度

2.2.1 程序解析

【例 2-3】求华氏温度 100 °F 对应的摄氏温度。计算公式如下：

$$c = \frac{5 \times (f - 32)}{9}$$

式中：c 表示摄氏温度，f 表示华氏温度。

源程序

```c
/*将华氏温度转换为摄氏温度*/
#include <stdio.h>
int main(void)
{
    /*定义两个整型变量，celsius 表示摄氏度，fahr 表示华氏度*/
    int celsius, fahr;
                            /*空行，用于分隔变量定义和可执行语句*/
    fahr=100;               /*对变量 fahr 赋值*/
    celsius=5*(fahr-32)/9;  /*温度转换计算*/
                            /*调用 printf()函数输出结果*/
    printf("fahr=%d, celsius=%d\n", fahr, celsius);
```

```
        return 0;
    }
```

运行结果

```
fahr=100,celsius=37
```

程序中调用 printf( ) 函数输出结果时，将双引号内除%d 以外的内容原样输出，并在第一个%d 的位置上输出变量 fahr 的值，在第二个%d 的位置上输出变量 celsius 的值。

可见，使用 printf( ) 函数不但能够输出固定不变的内容，如例 2-1 中的 Hello World!，还可以输出变量的值，如本例中变量 fahr 和 celsius 的值。

✓ 在程序中，适当地添加空行和空格，使程序清楚易读。

2.2.2 常量、变量和数据类型

例 2-3 中使用了哪些数据？它们的类型是什么？

在 C 语言中，数据有常量和变量之分。在程序运行过程中，其值不能被改变的量称为常量，其值可以改变的量称为变量。例如，在例 2-3 中，整数 100 是常量，而 celsius 和 fahr 是变量。

常量和变量都有类型，常量的类型通常由书写格式决定。例如，100 是整型常量（整数），而 123.45 就是实型常量（实数），变量的类型是在定义时指定。

变量定义的一般形式是：

  类型名　变量名表;

类型名必须是有效的数据类型，变量名表中可以有一个变量名或由逗号间隔的多个变量名。

例如：

```
int celsius, fahr;      /*定义两个整型变量celsius和fahr,用于存放整数*/
float x;                /*定义一个单精度浮点型变量x,用于存放实数*/
double area, length;    /*定义两个双精度浮点型变量area和length,用于存放实数*/
```

C 语言中最常用的数据类型包括 int（整型）、char（字符型）、float（单精度浮点型）和 double（双精度浮点型）。其中 float 和 double 都是浮点型（实型），用于存放浮点数（实数），区别在于 double 型数据占用空间更大，精度更高，取值范围更大。

✓ 给变量起名尽量做到"见名知义"，使别人一看到变量名就知道它的含义。变量名中的英文字母习惯用小写字母。

C 语言中的变量在使用前，都必须先定义。定义变量时要确定变量的名字和数据类型。每个变量必须有一个名字作为标识，变量名代表内存中的一个存储单元，用于存放该变量的值，而该存储单元的大小由变量的类型决定。例如：定义整型变量 fahr 后，fahr 代表内存中一个存储单元，该单元有 4 个字节，用来存放整数。

☞ 整型变量所需存储空间与编译系统有关,在 Visual C++中,int 型变量占用 4 个字节。

定义变量后,就可以使用它,即使用该变量所代表的存储单元。例如:

```
fahr=100;
```

表示将 100 写入 fahr 所代表的存储单元中。

☞ C 语言中变量的含义和数学中变量的含义不同。C 语言中的变量代表保存数据的存储单元,而数学中的变量代表未知数。例如,x=x+1 在数学上是错误的,在 C 语言中却表示把变量 x 的值加 1,然后再保存到 x 中。

☞ C 语言区分大小写字母,它认为 fahr 和 Fahr 是不一样的。

2.2.3 算术运算和赋值运算

例 2-3 中对数据做了哪些操作(运算)?

1. 算术运算

算术运算包括加、减、乘、除、求余和其他一些操作,前者对应双目算术运算符(见表 2.1),双目运算符需要两个操作数。

表 2.1 双目算术运算符

运算符	+	-	*	/	%
名称	加	减	乘	除	模(求余)
优先级	低				高

用算术运算符将运算对象连接起来的符合 C 语言语法规则的式子称为算术表达式。例如:例 2-3 中进行温度转换计算时,就用到了算术表达式 5*(fahr-32)/9。

在使用算术运算符时,请注意以下几点。

(1) 如果对两个整型数据作除法运算,其结果一定是整数。

例如,表达式 10/4 的值为 2,1/3 的值为 0。

(2) 求余运算符取整型数据相除的余数,它不能用于实型数据的运算。

例如:表达式 5%6 的值为 5,9%4 的值为 1,100%4 的值为 0(表示 100 能被 4 整除)。

(3) +和-还可以作为单目运算符,用于表示数值常量的符号,如+10 和-10。

(4) 双目运算符两侧操作数的类型要相同,否则,系统自动进行类型转换,使它们具有相同的类型,然后再运算。关于类型转换的详细说明见 6.3 节。

例如,求解表达式 10.0/4 时,先自动将其转换为 10.0/4.0,再算出其值为 2.5。

2. 赋值运算

C 语言将赋值作为一种运算,定义了赋值运算符=,它的作用是把一个表达式的值赋给一个变量,如 fahr=100。赋值运算符的优先级比算术运算符低。

用赋值运算符将一个变量和一个表达式连接起来的式子称为赋值表达式。

赋值表达式的简单形式是:

变量=表达式；

在例 2-3 中，fahr=100 和 celsius=5*(fahr-32)/9 都是赋值表达式。

☞ 赋值运算符的左边必须是一个变量。

赋值表达式的基本运算过程是：
（1）计算赋值运算符右侧表达式的值。
（2）将赋值运算符右侧表达式的值赋给赋值运算符左侧的变量。

例如，当 fahr=100 时，求解赋值表达式 celsius=5*(fahr-32)/9，首先计算 5*(fahr-32)/9 得到 37，再将 37 赋给 celsius。

在赋值运算时，如果赋值运算符两侧的数据类型不同，在上述运算过程的第(2)步，系统首先将赋值运算符右侧表达式的类型自动转换成赋值运算符左侧变量的类型，再给变量赋值。赋值运算类型转换的详细说明见 6.3 节。

2.2.4 格式化输出函数 printf( )

在 C 语言中，数据的输出是通过函数调用实现的。这里先简要介绍常用的格式化输出函数 printf( ) 的基本用法，它是系统提供的库函数，在系统文件 stdio.h 中声明，所以在源程序开始时要使用编译预处理命令#include <stdio.h>。

函数 printf( ) 的一般调用格式为：

  printf(格式控制字符串，输出参数 1，…，输出参数 n)；

格式控制字符串用双引号括起来，表示输出的格式；而输出参数则是一些要输出的数据，这些数据可以是常量、变量或表达式。

格式控制字符串中包含两种信息，格式控制说明和普通字符。

① 格式控制说明：按指定的格式输出数据，它包含以%开头的格式控制字符，不同类型的数据采用不同的格式控制字符。例如，int 型数据使用%d，float 和 double 型数据都使用%f。

② 普通字符：在输出数据时，需要原样输出的字符。例如：

  printf("fahr=%d, celsius=%d\n", fahr, celsius);

在格式控制字符串中包括格式控制说明（两个%d）和一些普通字符（如等号、逗号和换行符）。输出时，所有的普通字符都被原样输出，在两个%d 的位置上，依次输出变量 fahr 和 celsius 的值。

printf( ) 函数的输出参数必须和格式控制字符串中的格式控制说明相对应，并且它们的类型、个数和位置要一一对应。例如，fahr 和 celsius 都是整型变量，输出时要用%d，且 fahr 和第一个%d 对应，celsius 和第二个%d 对应。

【练习 2-4】温度转换：求华氏温度 150°F 对应的摄氏温度（计算公式同例 2-3）。试编写相应程序。

【练习 2-5】算术表达式 5*(fahr-32)/9 能改写成 5(fahr-32)/9 吗？为什么？如果将其改写为 5/9*(fahr-32)，会影响运算结果吗？

【练习 2-6】计算物体自由下落的距离：一个物体从 100 米的高空自由落下，求它在前 3 秒内下落的垂直距离。设重力加速度为 10 m/s²。试编写相应程序。

2.3 计算分段函数

2.3.1 程序解析

【例 2-4】为鼓励居民节约用水，自来水公司采取用水量按月分段计费的办法，居民应交水费 y（元）与月用水量 x（吨）的函数关系式如下（设 $x \geq 0$）。输入用户的月用水量 x（吨），计算并输出该用户应支付的水费 y（元）（保留两位小数）。

$$y = f(x) = \begin{cases} \dfrac{4x}{3} & x \leq 15 \\ 2.5x - 10.5 & x > 15 \end{cases}$$

源程序

```c
/* 计算二分段函数 */
#include <stdio.h>
int main(void)
{
    double x, y;                          /* 定义两个双精度浮点型变量 */

    printf("Enter x(x>=0):\n");           /* 输入提示 */
    /* 调用 scanf() 函数输入数据，变量名 x 前面加 &，%lf 中的 l 是 long 的首字母 */
    scanf("%lf", &x);
    /* if-else 语句 */
    if(x<=15){
       y=4*x/3;
    }else{
        y=2.5*x-10.5;
    }
    printf("y=f(%f)=%.2f\n", x, y);      /* 调用 printf() 函数输出结果 */

    return 0;
}
```

运行结果 1

Enter x(x>=0):
9.5
y=f(9.500000)=12.67

运行结果 2

> Enter x(x>=0):
> <u>15.0</u>
> y=f(15.000000)=20.00

运行结果 3

> Enter x(x>=0):
> <u>21.3</u>
> y=f(21.300000)=42.75

☞ 在运行结果中，凡是加下划线的内容，表示用户输入的数据，每行的最后以回车符结束；其余内容都是程序的输出结果。在本书的所有例题中，我们都遵循这种约定。

程序中调用 scanf( ) 函数读入 x；再根据事先设定的条件，选择分段函数中的相应公式计算 y 的值，这是典型的二分支结构，用 if-else 语句实现；最后调用 printf( ) 函数输出结果。

printf( ) 函数的格式控制说明%f 指定以小数形式输出浮点型数据（保留 6 位小数），而%.2f 则指定输出时保留两位小数。

✓ 在程序代码中，针对不同层次采用缩进的书写格式，使程序结构清晰，不易出错。
✓ 在程序中应加入适当的输入提示。

2.3.2 关系运算

例 2-4 程序的 if-else 语句中，用 x<=15 比较 x 和 15 的大小，这是一种关系运算。在 C 语言中，关系运算就是比较运算，对两个操作数进行比较，运算的结果是"真"或"假"。例如：x<=15 比较两个数 x 和 15 的大小，若 x 的值是 9.5，该式成立，结果为"真"；若 x 的值是 21.3，该式不成立，结果为"假"。

C 语言共提供了 6 种关系运算符（见表 2.2），它们都是双目运算符。用关系运算符将两个表达式连接起来的式子，称为关系表达式。例如，x<=15、x==0 和 x!=10 都是合法的关系表达式。

表 2.2 关系运算符

运算符	<	<=	>	>=	==	!=
名称	小于	小于或等于	大于	大于或等于	等于	不等于

☞ ==是关系运算符，用于比较两个操作数是否相等；而=是赋值运算符，表示对变量赋值。

在 C 语言中，可以用关系表达式来描述给定的一些条件。例如：判断 x 是否为负数，可以用关系表达式 x<0 描述该条件，它比较两个操作数 x 和 0，如果 x 是负数，条件成立，

该表达式的值为"真";如果 x 不是负数,条件不成立,该表达式的值为"假"。

2.3.3 if-else 语句

if-else 语句的一般形式为:

```
if(表达式)
    语句1;
else
    语句2;
```

该语句用于实现分支结构,根据表达式的值选择语句 1 或语句 2 中的一条执行。if-else 语句的执行流程如图 2.1 所示。首先求解表达式,如果表达式的值为"真",则执行语句 1;如果表达式的值为"假",则执行语句 2。

图 2.1 if-else 流程图

if-else 语句常用于计算二分段函数,例如,求解下列分段函数:

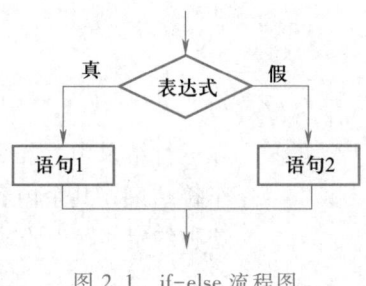

$$f(x)=\begin{cases}\dfrac{1}{x} & x\neq 0\\ 0 & x=0\end{cases}$$

if-else 语句为:

```
if(x!=0){
    y=1/x;        /* x!=0 为真时执行 */
}else{
    y=0;          /* x!=0 为假(即 x==0)时执行 */
}
```

针对给定的问题编写 C 语言程序后,需要通过运行程序来发现程序中存在的错误,并改正错误,也就是测试程序和调试程序。具体做法是,精心设计一批测试用例(包括输入数据和与之相应的预期输出结果),然后分别用这些测试用例运行程序,看程序的实际运行结果与预期输出结果是否一致,这就是软件测试的基本思想。如果发现运行结果有错误,就要调试程序,即查找并改正程序中的错误。程序的测试和调试需要反复进行。

显然,程序测试时,使用的测试用例越多,就越容易发现隐藏的错误,但是,穷举所有的测试用例在实际应用中是不可行的。因此通常可以根据程序的逻辑结构和功能,设计一些有代表性的测试用例,测试用例的格式是[输入数据,预期输出结果]。

例如,为了检查实现上述分段函数的 if-else 语句的两个分支是否正确,根据题意,输入数据至少应该有两组,即不等于 0 的数和 0,故[2.5, 0.4]和[0.0, 0.0]可以作为测试用例(设保留 1 位小数)。在例 2-4 中,输入数据则至少应该有三组,包括小于 15 的数、15 和大于 15 的数,故可以使用测试用例[9.5, 12.67]、[15.0, 20.00]和[21.3, 42.75]。

2.3.4 格式化输入函数 scanf( )

与 printf( )函数类似，scanf( )函数是系统提供的用于输入的库函数，也在系统文件 stdio.h 中声明。该函数用于从键盘输入数据，其调用格式与函数 printf( )类似：

scanf(格式控制字符串，输入参数 1，…，输入参数 n)；

格式控制字符串表示输入的格式，输入参数是变量地址(变量名前加 &)。

☞ 输入参数的形式为：变量名前面加 &，如 &x。

格式控制字符串中包含两种信息：格式控制说明和普通字符。

① 格式控制说明：按指定的格式读入数据，它包含以%开头的格式控制字符，不同类型的数据采用不同的格式控制字符。int 型数据使用%d，float 型数据使用%f，而 double 型数据使用%lf。

☞ double 型数据使用格式控制说明%lf，其中的 l 是 long 的首字母，不是数字 1。

scanf( )函数的输入参数必须和格式控制字符串中的格式控制说明相对应，并且它们的类型、个数和位置要一一对应。

② 普通字符：在输入数据时，需要原样输入的字符。

将例 2-4 中 scanf( )函数调用改为：

```
scanf("x=%lf", &x);
```

程序运行时就要输入：

```
x=9.5
```

此时，格式控制字符串中出现的普通字符 x= 必须原样输入，否则会出现错误。

为了减少不必要的输入，防止出错，编写程序时，在 scanf( )函数的格式控制字符串中尽量不要出现普通字符，尤其不能将输入提示放入其中。显示输入提示应该调用 printf( )函数实现。

下面考虑改进例 2-3 的程序，它的不足在于，只能求华氏温度 100°F 对应的摄氏温度，如果想知道华氏温度 120°F 对应的摄氏温度，就必须修改程序，将 120 赋给变量 fahr，也就是说，一旦想改变原始数据，就要修改程序。显然，这不是一个好的解决方案。

比较好的方法是：在程序运行时，询问要转换的华氏温度是多少，一旦回答了，就能给出相应的摄氏温度。在 C 语言中使用 scanf( )函数就能达到这个目的。

将例 2-3 程序中的

```
fahr=100;
```

改为：

```
scanf("%d", &fahr);
```

在输入语句前，最好加上输入提示。即

```
printf("Enter fahr:\n");        /*输入提示*/
```

2.3.5 常用数学函数

C 语言处理系统提供了许多事先编好的函数，供用户在编程时调用，这些函数称为库函数，其中一些必需的信息在相应的系统文件（头文件）中声明。所以，用户调用库函数时，一定要用#include 命令将相应的头文件包含到源程序中。例如，调用输入输出函数，要加#include <stdio.h>；调用数学函数，则需加入#include <math.h>。

常用的数学函数有：

① 平方根函数 sqrt(x)：计算 $\sqrt{x}$。如 sqrt(4.0)的值为 2.0。
② 绝对值函数 fabs(x)：计算 $|x|$。如 fabs(-3.56)的值为 3.56。
③ 幂函数 pow(x, n)：计算 x^n。如 pow(1.1, 2)的值为 1.21(即 1.1^2)。
④ 指数函数 exp(x)：计算 e^x。如 exp(2.3)的值为 9.974182。
⑤ 以 e 为底的对数函数 log(x)：计算 $\ln x$。如 log(123.45)的值为 4.815836。

【例 2-5】 坚持的力量。以第一天的能力值为基数，用 initial 表示，能力值相比前一天提高的值 factor 就是努力参数，坚持天数为 day，让我们一起来看看坚持的力量。输入能力的初始值 initial、努力参数 factor 和坚持天数 day，根据下列公式计算出坚持努力后达到的能力值，输出时保留两位小数。

$$result = initial(1+factor)^{day}$$

源程序

```c
/*坚持的力量*/
#include <stdio.h>
#include <math.h>    /*程序中调用了数学库函数，需包含头文件 math.h*/
int main(void)
{
    int day;                                /*定义1个整型变量*/
    double factor, initial, result;         /*定义3个双精度浮点型变量*/

    printf("Enter initial:");               /*提示输入 initial*/
    scanf("%lf", &initial);  /*调用 scanf()函数输入 initial,%lf 中的 l 是字母*/
    printf("Enter factor:");                /*提示输入 factor*/
    scanf("%lf", &factor);   /*调用 scanf()函数输入 factor,%lf 中的 l 是字母*/
    printf("Enter day:");                   /*提示输入 day*/
    scanf("%d", &day);                      /*调用 scanf()函数输入 day*/
    result=initial*pow(1+factor, day);      /*调用幂函数 pow()计算*/
    printf("result=%.2f\n", result);

    return 0;
}
```

运行结果

```
Enter initial:1.0
```

```
Enter factor: 0.01
Enter day: 365
result=37.78
```

一年 365 天,如果第一天的能力值基数是 1.0,每天努力提高 1%,一年下来的能力值将提高 37 倍,这就是坚持的力量。我们也不妨看看放任的结果,如果其他数据不变,但是每天退步 1%,看看一年后能力值还剩下多少?请读者运行程序,对比每天努力和每天放任的差距。

程序中调用了 3 次 scanf( ) 函数分别输入 3 个数据,也可以只调用一次 scanf( ) 函数:

```
scanf("%lf%lf%d", &initial, &factor, &day);
```

调用 scanf( ) 函数输入多个数据时,需要多个输入参数和多个格式控制说明,而且输入参数的类型、个数和位置要与格式控制说明一一对应。

上述 scanf( ) 函数需要 3 个输入参数和 3 个格式控制说明,由于前两个输入参数的变量 initial 和 factor 是 double 型,所对应的前两个格式控制说明都是%lf;第三个输入参数的变量 day 是 int 型,对应的第三个格式控制说明必须是%d。

在程序运行时,输入的多个数据之间必须有间隔,可以用一个或多个空格作为间隔,也可以用回车或制表符(Tab)作为间隔。例如,上述 scanf( ) 函数对应的输入为:

```
1.0  0.01  365
```

对应第一个%lf 输入第一个数 1.0,然后输入一个空格作为间隔;对应第二个%lf 输入第二个数 0.01,再输入一个空格作为间隔;对应%d 输入第三个数 365。

【练习 2-7】输入提示和输入语句的顺序应该如何安排?例 2-5 中,scanf("%lf%lf%d",&initial, &factor, &day)能改写为 scanf("%lf%d%lf", &initial, &factor, &day)吗?为什么?能改写为 scanf("%lf%d%lf", &initial, &day, &factor)吗?如果可以,其对应的输入数据是什么?

【练习 2-8】计算摄氏温度:输入华氏温度,输出对应的摄氏温度,计算公式同例 2-3。试编写相应程序。

【练习 2-9】整数四则运算:输入 2 个正整数,计算并输出它们的和、差、积、商。试编写相应程序。

【练习 2-10】计算分段函数(判断 x 是否不为 0):输入 x,计算并输出下列分段函数 $f(x)$ 的值(保留 1 位小数)。试编写相应程序。

$$y=f(x)=\begin{cases}\dfrac{1}{x} & x\neq 0 \\ 0 & x=0\end{cases}$$

【练习 2-11】计算分段函数(判断 x 是否小于 0):输入 x,计算并输出下列分段函数 $f(x)$ 的值(保留 2 位小数)。可包含头文件 math.h,并调用 sqrt( ) 函数求平方根,调用 pow( ) 函数求幂。试编写相应程序。

$$y=f(x)=\begin{cases}(x+1)^2+2x+\dfrac{1}{x} & x<0 \\ \sqrt{x} & x\geq 0\end{cases}$$

2.4 输出华氏-摄氏温度转换表

2.4.1 程序解析

在 2.2 节中介绍了把华氏温度 100°F 转换成相应的摄氏温度的程序。如果要求输出一张华氏-摄氏温度转换表，例如，将华氏温度 30°F～35°F 之间的每一度都转换成相应的摄氏温度后输出，就要反复做多次温度转换计算和输出。在重复操作的过程中，使用了同一个计算公式，但华氏温度的值每次递增 1°F，因此计算出的摄氏温度也不同。采用 C 语言的循环结构可以轻而易举地解决这类重复执行问题。

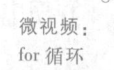

【例 2-6】输入两个整数 lower 和 upper，输出一张华氏-摄氏温度转换表，华氏温度的取值范围是[lower，upper]，每次增加 1°F。计算公式如下：

$$c = \frac{5 \times (f-32)}{9}$$

式中 c 表示摄氏温度，f 表示华氏温度。

源程序

```
/*输出华氏-摄氏温度转换表，华氏温度取值[lower, upper]，每次增加1°F */
#include <stdio.h>
int main(void)
{
    /*fahr 表示华氏度，celsius 为摄氏度，lower 为华氏温度下限，upper 为上限*/
    int fahr, lower, upper;
    double celsius;

    printf("Enter lower:");                 /*输入提示*/
    scanf("%d", &lower);                    /*调用 scanf()函数输入 lower */
    printf("Enter upper:");                 /*输入提示*/
    scanf("%d", &upper);                    /*调用 scanf()函数输入 upper */

    /*判断输入数据的合法性，即 lower 是否小于等于 upper */
    if(lower<= upper){        /* lower 小于等于 upper 时，转换温度并输出*/
      printf("fahr celsius \n");            /*输出温度转换表的表头*/
      /*温度重复转换：华氏温度从 lower 开始，到 upper 结束，每次增加1°F */
      for (fahr = lower ; fahr<= upper; fahr++){
        celsius = (5.0/9.0)*(fahr-32);      /*温度转换计算*/
        printf("%4d%6.1f\n", fahr, celsius); /*输出*/
      }
```

```
        }else{
            printf("Invalid Value!\n");      /* lower 大于 upper 时 */
        }                                     /* 输出错误提示 */
    return 0;
}
```

运行结果

```
Enter lower: 30
Enter upper: 35
Fahr celsius
30   -1.1
31   -0.6
32    0.0
33    0.6
34    1.1
35    1.7
```

程序中用 for 语句实现循环，执行流程如图 2.2 所示。针对华氏温度在 [lower, upper] 内的每一个值，使用温度转换公式算出摄氏温度，并输出华氏温度和摄氏温度。温度的转换和输出是一个重复的操作，华氏温度每次增加 1°F，直到超出给定的上限 upper，循环结束。

程序中调用 printf() 函数输出变量 fahr 和 celsius 的值：

```
printf("%4d%6.1f\n", fahr, celsius);
```

图 2.2 例 2-6 程序中 for 语句的执行流程

在输出格式控制说明中，可以加宽度限定词，指定数据的输出宽度。例如，整型数据的输出格式控制说明 %md，指定了数据的输出宽度为 m（包括符号位）。若数据的实际位数（含符号位）小于 m，则左端补空格；若大于 m，则按实际位数输出。实型数据的输出格式控制说明 %m.nf，指定了输出浮点型数据时保留 n 位小数，且输出宽度是 m（包括符号位和小数点）。若数据的实际位数小于 m，左端补空格；若大于 m，按实际位数输出。

本例中，%4d 指定变量 fahr 的输出宽度为 4，输出值 30~35 时左端各补了 2 个空格。%6.1f 指定变量 celsius 的输出宽度为 6，保留 1 位小数，输出值 -1.1、-0.6 时左端各补了 2 个空格，输出值 0.0~1.7 时左端各补了 3 个空格。

☞ for 语句中的 fahr++ 相当于 fahr=fahr+1，即 fahr 的值增加 1。

2.4.2 for 语句

在 C 语言中，for 语句被称为循环语句，它可以实现 C 语句的重复执行。
for 语句的一般形式为：

```
for(表达式 1; 表达式 2; 表达式 3)
    循环体语句
```

☞ for 语句中，用两个分号分隔 3 个表达式，但 for 的后面没有分号，因为 for 与其后的循环体语句合起来作为一条完整的语句。

for 语句的执行流程如图 2.3 所示，先计算表达式 1；再判断表达式 2，若值为"真"，则执行循环体语句，并接着计算表达式 3，然后继续循环；若值为"假"，则结束循环，继续执行 for 的下一条语句。

☞ for 语句中的 3 个表达式以及循环体语句的执行顺序和书写顺序有所不同，计算表达式 3 在执行循环体语句之后。

图 2.3 清楚地表明：在 for 语句的执行过程中，表达式 2、循环体语句和表达式 3 将重复执行，而表达式 1 只在进入循环前执行一次。

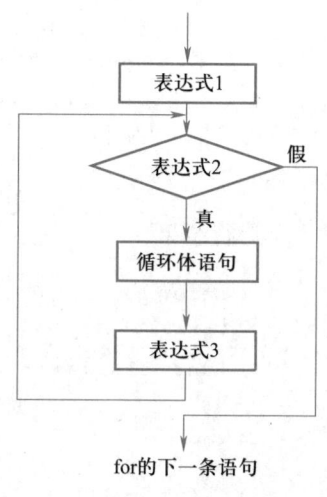

图 2.3　for 语句执行流程

☞ for 语句中的表达式 1 只执行一次。

在 for 语句中，常常通过改变和判断某个变量的值来控制循环的执行，这样的变量被称为循环控制变量，简称循环变量。例如，华氏温度 fahr 就是循环变量，for 语句的 3 个表达式分别对它赋初值、判断其值和改变其值。

for 语句中 3 个表达式可以是任意合法的表达式，循环体语句只能是一条语句。下面结合例 2-6 讨论 for 语句中 3 个表达式和循环体语句的含义和功能：

```
for(fahr=lower ; fahr<=upper; fahr++){
    celsius=(5.0/9.0)*(fahr-32);
    printf("%d%6.1f\n", fahr, celsius);
}
```

（1）表达式 1：初值表达式，对循环变量赋初值，从而指定循环的起点。如 fahr = lower，置 fahr 的初值为温度取值范围的下限值 lower，即循环从 lower 开始。

（2）表达式 2：条件表达式，给出循环的条件，通常判断循环变量是否超过循环的终点。若该表达式的值为"真"，则继续循环；为"假"，则结束循环。如 fahr<=upper，upper 作为温度取值范围的上限值，一旦 fahr 的值超过 upper，表达式 2 为"假"，循环随之结束。

（3）表达式 3：步长表达式，设置循环的步长，改变循环变量的值，从而可改变表达式 2 的结果。如 fahr++，使 fahr 的值增 1，这样，最终 fahr>upper，表达式 2 为"假"，循环正常结束。

（4）循环体语句：被反复执行的语句，只能是一条语句。

for 语句反映了循环（重复执行）的规则，从哪儿开始（起点），到哪儿结束（终点），每次跨多大的步子（步长），重复做什么。例如，上述 for 语句给出了温度重复转换的规则：华氏温度 fahr 从 lower 开始，到 upper 结束，每次增加 1℉，重复执行温度转换和输出。

上述 for 语句中，循环体语句用一对大括号括起来了，这是因为温度的转换和输出由两条语句实现，但根据 for 语句的语法规定，循环体语句只能是一条语句，故用大括号将这两条语句括起来，组成复合语句，复合语句在语法上被认为是一条语句。

如果将上述 for 语句改为：

```
for(fahr=lower ; fahr<=upper; fahr++)
    celsius=(5.0/9.0)*(fahr-32);            /*语句①*/
    printf("%d%6.1f\n", fahr, celsius);     /*语句②*/
```

则循环体语句只包括语句①，而语句②被当作 for 的下一条语句，不参加循环。因为按照 C 语言的语法规定，循环体语句只能是一条语句。这是初学者常犯的错误，而且在程序运行时系统没有任何错误提示。

☞ 如果循环体语句由多条语句组成，必须用大括号把它们括起来，变成一条复合语句。

在 C 语言中，仅由一个分号(;)构成的语句称为空语句，它什么也不做。

如果将上述 for 语句改为：

```
for(fahr=lower; fahr<=upper; fahr++);       /*分号代表空语句*/
    celsius=(5.0/9.0)*(fahr-32);
    printf("%d%6.1f\n", fahr, celsius);
```

则循环体语句就是空语句，真正要反复执行的温度的转换和输出都被当作了 for 的下一条语句。这也是初学者常犯的错误，程序运行时系统同样不会有任何出错提示。

☞ 不要在 for 语句中随意加分号。

2.4.3 指定次数的循环程序设计

【例 2-7】 输入一个正整数 n，求 $\sum_{i=1}^{n} i$。

这是一个反复求和的过程，在数学上可以表示为：$sum = 1+2+3+\cdots+n$，但无法直接表示成 C 语言的表达式。

为了解决这个问题，首先抽取出具有共性的算式(称为循环不变式)：

```
sum=sum+i
```

sum 是累加和，其初值为 0。该算式重复 n 次，同时 i 从 1 变到 n，就实现了从 1 加到 n。

设 i 为循环变量，确定 for 语句中的三个表达式和循环体语句：

① 指定循环起点的表达式 1：i=1
② 给出循环条件的表达式 2：i<=n(n 是循环终点)
③ 设置循环步长的表达式 3：i++
④ 循环体语句：sum=sum+i;

源程序

```
/*计算 1+2+3+…+n*/
```

```c
#include <stdio.h>
int main(void)
{
    int i, n, sum;

    printf("Enter n:");                /*输入提示*/
    scanf("%d", &n);                   /*调用 scanf()函数输入 n*/
    sum = 0;                           /*置累加和 sum 的初值为 0*/
    for(i=1; i<=n; i++){               /*循环执行 n 次*/
        sum = sum+i;                   /*反复累加 i 的值*/
    }
    /*输出累加和*/
    printf("Sum of numbers from 1 to %d is %d\n", n, sum);

    return 0;
}
```

运行结果

 Enter n: *100*
 Sum of numbers from 1 to 100 is 5050

虽然循环次数由输入的 n 决定，但就 for 语句而言，n 的值在循环前已经确定。
由于 sum=sum+i 是在原累加和 sum 的基础上一步一步地累加 i 的值，所以在循环开始前，必须置 sum 为 0，以保证 sum 在 0 的基础上累加，这个步骤千万不能遗漏。

✓ 循环体语句向右缩进对齐，可以明确标识循环体的范围，这和 if 语句的风格一致。

从上述示例可以看到，指定次数的循环程序设计一般包含 4 个部分。

(1) 初始化：指定循环起点，给循环变量赋初值，如 i=1，以及在进入循环之前设置相关变量的初值，如 sum=0 等。

(2) 条件控制：只要循环变量的值未达到指定的上限，就继续循环。如上例中，只要满足 i<=n，循环就继续。

(3) 工作：指重复执行的语句(循环体)。它必须是一条语句，可以是复合语句或空语句，如 sum=sum+i。

(4) 改变循环变量：在每次循环中改变循环变量的值，如 i++，从而改变循环条件的真假。

除初始化部分在进入循环之前执行(只执行一次)，其他三个部分都会重复执行。
如果缺少第 4 部分的内容，如例 2-7 中少了 i++，则 i 的值就一直不变，那么循环条件 i<=n 恒为"真"，造成循环无法结束(死循环)，这是初学者常犯的错误。

【例 2-8】输入一个正整数 n，计算 $1 - \frac{1}{3} + \frac{1}{5} - \frac{1}{7} + \cdots$ 的前 n 项之和。

求前 n 项和，意味着循环 n 次，每次累加 1 项。
设 i 为循环变量，表示循环的次数，变量 sum 存放累加和，累加求和的程序段如下：

```
sum = 0;
for(i = 1; i <= n; i++){
    sum = sum + 第 i 项;
}
```

用变量 item 表示第 i 项，item 和 sum 都定义为浮点型变量。有：

```
item = flag * 1.0 / denominator
```

由于各项的符号交替变化，用变量 flag 表示每一项的符号，初始时 flag = +1，对应第一项为正，每次循环执行 flag = -flag，实现正负交替变化；变量 denominator 表示每一项的分母，初始为 1，对应第一项的分母为 1，每次循环分母都递增 2，即执行 denominator = denominator+2，item 的初值为 1，sum 的初值为 0。累加求和的程序段可以写成：

```
flag = 1; denominator = 1; item = 1; sum = 0;
for(i = 1; i <= n; i++){
    sum = sum + item;
    flag = -flag;
    denominator = denominator + 2;
    item = flag * 1.0 / denominator;
}
```

请注意：不能写成 item = flag/ denominator，由于该分式的分子和分母都是整型数据，相除以后的结果仍是整数，当 denominator≠1 时，item 的值是 0。

当然，第 i 项 item 也可以表示成：

```
item = flag * 1.0 / (2 * i - 1)
```

但并不是所有的问题都可以找到和循环变量 i 有关的变化规律，引入变量 denominator 可以简化问题的分析和解决。

源程序

```
/*  计算 1-1/3+1/5-1/7+…共 n 项之和   */
#include <stdio.h>
int main(void)
{
    int denominator, flag, i, n;
    double item, sum;

    printf("Enter n:");                 /*输入提示*/
    scanf("%d", &n);
    /*执行循环前，给变量赋初值*/
    flag = 1;                           /*flag 表示第 i 项的符号，初始为正*/
    denominator = 1;                    /*denominator 表示第 i 项的分母，初值为 1*/
    item = 1;
    sum = 0;                            /*置累加和 sum 的初值为 0*/
    /*用 for 语句实现循环，循环执行 n 次*/
```

```
        for(i=1; i<=n; i++){
            sum=sum+item;                        /* 累加第 i 项的值 */
            flag=-flag;                          /* 改变符号，为下一次循环做准备 */
            denominator=denominator+2;           /* 分母递增 2，为下一次循环做准备 */
            item=flag*1.0/denominator;           /* 计算第 i+1 项的值，为下一次循环做准备 */
        }
        printf("sum=%f\n", sum);

        return 0;
    }
```

运行结果 1

```
Enter n: 2
sum=0.666667
```

运行结果 2

```
Enter n: 5
sum=0.834921
```

循环体语句中，在计算 sum 以后还有 3 条语句：

```
    flag=-flag;                          /* 改变符号，为下一次循环做准备 */
    denominator=denominator+2;           /* 分母递增 2，为下一次循环做准备 */
    item=flag*1.0/denominator;           /* 计算第 i+1 项的值，为下一次循环做准备 */
```

都是为下一次循环时做准备的。第一次循环累加第 i 项时，用的是 item 的初值，在执行第二次循环之前，需要改变 flag、denominator 和 item 的值，并以此类推。

与例 2-7 不同，本程序中的循环变量 i 只用于记录循环次数，并没有参加循环体语句中的运算。

【例 2-9】从键盘输入一个正整数 n，计算 $n!$。

由于 $n!=1\times 2\times\cdots\times n$ 是个连乘的重复过程，每次循环完成一次乘法，共循环 n 次。前面几个例子都是累加，循环不变式为：sum=sum+第 i 项。本例是连乘，相似的算式为：

```
    product=product*第 i 项
```

其中第 i 项就是循环变量 i。for 语句也和前几个例子相似：

```
    for(i=1; i<=n; i++){
        product=product*i;
    }
```

请注意，product 用于保存乘积，初值应置为 1，不能置为 0，否则其值就恒为 0。

源程序

```
    /* 输入一个正整数 n，求 n! */
    #include <stdio.h>
```

```c
int main(void)
{
    int i, n;
    double product;                          /*变量 product 中存放阶乘的值*/

    printf("Enter n:");                      /*输入提示*/
    scanf("%d", &n);
    product = 1;                             /*置阶乘 product 的初值为 1*/
    for(i=1; i<=n; i++){                     /*循环执行 n 次，计算 n!*/
        product = product * i;
    }
    printf("product = %.0f\n", product);     /*%.0f 指定输出时不要小数部分*/

    return 0;
}
```

运行结果

```
Enter n: 5
product = 120
```

当 n 较大（n>12）时，就无法用整数正确表示 n!，所以把 product 定义成浮点型变量。

【练习 2-12】 输出华氏-摄氏温度转换表：输入两个整数 lower 和 upper，输出一张华氏-摄氏温度转换表，华氏温度的取值范围是[lower, upper]，每次增加 2°F，计算公式同例 2-6。试编写相应程序。

【练习 2-13】 求给定序列前 n 项和（1+1/2+1/3+⋯）：输入一个正整数 n，计算序列 $1+\frac{1}{2}+\frac{1}{3}+\cdots$ 的前 n 项之和。试编写相应程序。

【练习 2-14】 求给定序列前 n 项和（1+1/3+1/5+⋯）：输入一个正整数 n，计算序列 $1+\frac{1}{3}+\frac{1}{5}+\cdots$ 的前 n 项之和。试编写相应程序。

【练习 2-15】 求给定序列前 n 项和（1-1/4+1/7-1/10+⋯）：输入一个正整数 n，计算序列 $1-\frac{1}{4}+\frac{1}{7}-\frac{1}{10}+\frac{1}{13}-\frac{1}{16}+\cdots$ 的前 n 项之和。试编写相应程序。

【练习 2-16】 执行下列程序段后，sum 的值是_____。

```
for(i=1; i<=10; i++){
    sum = 0;
    sum = sum+i;
}
```

2.5　生成乘方表与阶乘表

【例 2-10】 输入一个正整数 n，生成一张 2 的乘方表，输出 2^0 到 2^n 的值，可以调用幂函数计算 2 的乘方。

在 2.3.5 节中介绍了常用数学函数，在编程时可以直接调用这些函数完成相应的运算。例如，幂函数 pow(2, i) 计算乘方 2^i 的值，而生成一张 2 的乘方表（输出 2^0 到 2^n 的值）需用循环实现，用类 for 语句表示如下：

```
for(i=0; i<=n; i++){
    power=pow(2, i);           /* 调用幂函数 pow(2, i) 计算 2 的 i 次方 */
    输出 power 的值；
}
```

源程序

```
/* 调用幂函数 pow() 生成乘方表 */
#include <stdio.h>
#include <math.h>                /* 程序中调用了数学函数，需包含头文件 math.h */
int main(void)
{
    int i, n;
    double power;

    printf("Enter n:");          /* 输入提示 */
    scanf("%d", &n);
    for(i=0; i<=n; i++){
        power=pow(2, i);         /* 调用幂函数 pow(2, i) 计算 2 的 i 次方 */
        printf("pow(2,%d)=%.0f\n", i, power);
    }
    return 0;
}
```

运行结果

```
Enter n: 4
pow(2, 0)=1
pow(2, 1)=2
pow(2, 2)=4
pow(2, 3)=8
pow(2, 4)=16
```

幂函数 pow(2, i) 是 C 语言系统提供的标准库函数，在程序首部给出相应的 #include <math.h> 编译预处理命令后，便可以使用。各类标准库函数详见附录 A。

【例 2-11】 输入一个正整数 $n(n \leq 16)$，生成一张阶乘表，输出 0! 到 n! 的值。要求定义和调用函数 fact(n) 计算 n!，函数类型是 double。

在 C 语言中，既没有求阶乘的运算符，也没有求阶乘的标准库函数。但是，可以自己定义一个求阶乘的函数 fact(n) 计算 n!，然后在程序中调用该函数，就像调用库函数 pow() 一样。

生成一张阶乘表的思路与生成乘方表相似，循环用类 for 语句表示如下：

```
for(i=0; i<=n ; i++){
    product=fact(i);              /*调用自定义函数 fact(i)计算 i!*/
    输出 product 的值；
}
```

本例中，主要要解决函数 fact(i)如何实现。

源程序

```c
/*定义和调用求阶乘函数生成阶乘表*/
#include <stdio.h>
double fact(int n);              /*自定义函数的声明(简称函数声明)*/
int main(void)
{
    int i, n;
    double result;

    printf("Enter n:");          /*输入提示*/
    scanf("%d", &n);
    for(i=0; i<=n ; i++){
        result=fact(i);          /*调用自定义函数 fact(i)计算 i!*/
        printf("%d!=%.0f\n", i, result);
    }
    return 0;
}

/*定义求 n! 的函数*/
double fact(int n)               /*函数首部*/
{
    int i;
    double product;              /*变量 product 用于存放结果(阶乘的值)*/

    /*计算 n!*/
    product=1;                   /*置阶乘 product 的初值为 1*/
    for(i=1; i<=n; i++){         /*循环 n 次，计算 n!*/
        product=product*i;
    }

    return  product;             /*将结果回送主函数*/
}
```

运行结果

```
Enter n: 3
```

```
0! = 1
1! = 1
2! = 2
3! = 6
```

从例 2-10 和例 2-11 中可以看到，C 语言中有两种类型函数——标准库函数与自定义函数。用自定义函数可以实现类似求阶乘的运算。函数可以做到一次定义、多次调用，这和数学上的函数概念是一致的。例 2-4 的分段函数也可以写成自定义函数的形式。

使用自定义函数的程序框架如下（以例 2-11 为例）：

```
#include …
double fact(int n);          /* 声明自定义函数，以分号结束 */
int main(void)
{
    …
    result = fact(i);        /* 调用自定义函数 fact(i) 计算 i! */
    …
}
/* 定义求 n! 的函数 */
double fact(int n)           /* 函数首部，无需分号 */
{
    double product;          /* 定义变量 product 用于存放结果（阶乘的值）*/
    …                        /* 实现函数计算 */
    return  product;         /* 将结果回送主函数 */
}
```

自定义函数的概念和应用将在第 5 章详细说明，读者目前只需对此有初步的认识即可。

【练习 2-17】 生成 3 的乘方表：输入一个正整数 n，生成一张 3 的乘方表，输出 3^0 到 3^n 的值。可包含头文件 math.h，并调用幂函数计算 3 的乘方。试编写相应程序。

【练习 2-18】 求组合数：根据下列公式可以算出从 n 个不同元素中取出 m 个元素 ($m \leq n$) 的组合数。输入两个正整数 m 和 n ($m \leq n$)，计算并输出组合数。要求定义和调用函数 fact(n) 计算 $n!$，函数类型是 double。试编写相应程序。

$$C_n^m = \frac{n!}{m!(n-m)!}$$

习题 2

一、选择题

1. 改正下列程序中_____处错误后，程序的运行结果是在屏幕上显示短句"Welcome to You!"。

```
#include <stdio.h>
int main(void)
{
    printf(Welcome to You!\n")

    return 0;
}
```
　　　A. 1　　　　　　B. 2　　　　　　C. 3　　　　　　D. 4

2. C 语言表达式_____的值不等于 1。

　　　A. 123/100　　　B. 901%10　　　C. 76%3　　　　D. 625%5

3. 假设 i 和 j 是整型变量，以下语句_____的功能是在屏幕上显示形如 i*j=i*j 的一句乘法口诀。例如，当 i=2，j=3 时，显示 2*3=6。

　　　A. printf("d*%d=%d\n", i, j, i*j);
　　　B. printf("%d*%d=%d\n", i, j, i*j);
　　　C. printf("%d*%d=%d\n", i, j);
　　　D. printf("%d=%d*%d\n", i, j, i*j);

4. 若 x 是 double 型变量，n 是 int 型变量，执行以下语句_____，并输入 3　1.25 后，x=1.25，n=3。

　　　A. scanf("%d%lf", &n, &x);　　　　B. scanf("%lf%d", &x, &n);
　　　C. scanf("%lf%d", &n, &x);　　　　D. scanf("%d,%lf", &n, &x);

5. 下列运算符中，优先级最低的是_____。

　　　A. *　　　　　　B. =　　　　　　C. ==　　　　　　D. %

6. 将以下 if-else 语句补充完整，正确的选项是_____。

```
if(x>=y){
    printf("max=%d\n", x);
_____
    printf("max=%d\n", y);
}
```

　　　A. else;　　　　B. else{　　　　C. }else{　　　　D. else

7. 为了检查第 6 题的 if-else 语句的两个分支是否正确，至少需要设计 3 组测试用例，其相应的输入数据和预期输出结果是_____。

　　　A. 输入 3 和 4，输出 4；输入 5 和 100，输出 100；输入 4 和 3，输出 4。
　　　B. 输入 3 和 4，输出 4；输入 100 和 5，输出 100；输入 4 和 3，输出 4。
　　　C. 输入 3 和 4，输出 4；输入 5 和 5，输出 5；输入-2 和-1，输出-1。
　　　D. 输入 3 和 4，输出 4；输入 5 和 5，输出 5；输入 4 和 3，输出 4。

8. 对 C 语言程序，以下说法正确的是_____。

　　　A. main 函数是主函数，一定要写在最前面。
　　　B. 所有的自定义函数，都必须先声明。
　　　C. 程序总是从 main 函数开始执行的。

D. 程序中只能调用库函数，不能自己定义函数。

二、填空题

1. 假设 k 是整型变量，计算表达式 1/k，结果的数据类型是_____，计算表达式 1.0/k，结果的数据类型是_____。

2. 输入 3 和 2，下列程序段的输出结果是_____。

   ```
   int a, b;
   scanf("%d%d", &a, &b);
   a = a+b;
   b = a-b;
   a = a-b;
   printf("a=%d#b=%d\n", a, b);
   ```

3. 交换变量的值。输入 a 和 b，然后交换它们的值，并输出交换后 a 和 b 的值。请填空。

   ```
   int  a, b, temp;
   printf("Enter a, b:");
   scanf("%d%d", &a, &b);
   _____;
   a = b;
   _____;
   printf("a=%d#b=%d\n", a, b);
   ```

4. 假设 n 是整型变量，判断 n 是偶数的表达式是_____。

5. 与数学式 $\sqrt{s(s-a)(s-b)(s-c)}$ 对应的 C 语言表达式是_____。

6. 调用数学库函数时，编译预处理命令为_____。调用输入输出库函数时，编译预处理命令为_____。

7. 本章介绍了 3 种运算符，分别是算术、赋值和关系运算符，按照优先级从高到低的顺序排列为_____运算符、_____运算符、_____运算符。

8. 下列程序段的输出结果是_____。

   ```
   int k, flag;
   if(k = 0){
       flag = 0;
   }else{
       flag = 1;
   }
   printf("k=%d#flag=%d\n", k, flag);
   ```

9. C 语言 3 种基本的控制结构是_____结构、_____结构和_____结构。

10. 下列程序段的输出结果是_____。

    ```
    int i;
    double s = 0;
    for(i=1; i<4; i++){
    ```

```
        s = s+1.0/i;
        printf("i=%d#s=%.3f\n", i, s);
    }
    printf("i=%d#s=%.3f\n", i, s);
```

三、程序设计题

1. 求整数均值：输入 4 个整数，计算并输出这些整数的和与平均值，其中平均值精确到小数点后 1 位。试编写相应程序。

2. 阶梯电价：为了提倡居民节约用电，某省电力公司执行"阶梯电价"，安装一户一表的居民用户电价分为两个"阶梯"：月用电量 50 kW·h(含 50 kW·h)以内的，电价为 0.53 元/kW·h；超过 50 kW·h 的，超出部分的用电量电价每千瓦时上调 0.05 元。输入用户的月用电量(千瓦时)，计算并输出该用户应支付的电费(元)，若用电量小于 0，则输出"Invalid Value!"。试编写相应程序。

3. 序列求和：输入两个正整数 m 和 $n(0<m\leq n)$，求 $\sum_{i=m}^{n}\left(i^2+\frac{1}{i}\right)$，结果保留 6 位小数。试编写相应程序。

4. 求交错序列前 n 项和：输入一个正整数 n，计算交错序列 $1-\frac{2}{3}+\frac{3}{5}-\frac{4}{7}+\frac{5}{9}-\frac{6}{11}+\cdots$ 的前 n 项之和。试编写相应程序。

5. 平方根求和：输入一个正整数 n，计算 $1+\sqrt{2}+\sqrt{3}+\cdots+\sqrt{n}$ 的值(保留 2 位小数)。可包含头文件 math.h，并调用 sqrt() 函数求平方根。试编写相应程序。

6. 求给定序列前 n 项和(1!+2!+⋯)：输入一个正整数 n，求 $e=1!+2!+3!+\cdots+n!$ 的值。要求定义和调用函数 fact(n) 计算 $n!$，函数类型是 double。试编写相应程序。

第 3 章
分支结构

本章要点

- 什么是分支结构？它的作用是什么？
- switch 语句中的 break 起什么作用？
- 逻辑运算和关系运算的相同之处是什么？它们之间又有什么不同？
- 字符型数据在内存中是如何存储的？

通过第 2 章的学习，读者对 C 语言的基本内容(数据表达、运算和流程控制)有了初步的认识，能使用顺序、分支和循环三种控制结构以及函数编写一些简单的程序。

本章通过典型程序解析，讨论分支结构程序设计的思想和实现，并介绍字符类型、逻辑运算和条件语句等语言现象。

计算机在执行程序时，一般按照语句的书写顺序执行，但在很多情况下需要根据条件选择所要执行的语句，这就是分支结构。C 语言中，使用条件语句(if 和 switch)来实现选择，它们根据条件判断的结果选择所要执行的程序分支，其中条件可以用表达式来描述，如关系表达式和逻辑表达式。

3.1 简单的猜数游戏

3.1.1 程序解析

【例 3-1】简单的猜数游戏。输入你所猜的整数(假定 1~100)，与计算机产生的被猜数比较，若相等，显示猜中；若不等，显示与被猜数的大小关系。

源程序

```c
/*简单的猜数游戏*/
#include <stdio.h>
int main(void)
{
    int mynumber = 38;                      /*计算机指定被猜的数*/
    int yournumber;

    printf("Input your number:");           /*提示输入你所猜的整数*/
    scanf("%d", &yournumber);
    if(yournumber == mynumber){
        printf("Good Guess!\n");            /*若相等，显示猜中*/
    }else if(yournumber > mynumber){
        printf("Too big!\n");               /*若不等，比较大小*/
    }else{
        printf("Too small!\n");
    }
    return 0;
}
```

运行结果 1

```
Input your number: 48
Too big!
```

运行结果 2

```
Input your number: 38
Good Guess!
```

在第 1 章中提到，按照结构化程序设计的观点，任何程序都可以使用 3 种基本的控制结构来实现，即顺序结构、分支结构和循环结构。其中分支结构就是根据条件选择所要执行的语句，一般分为二分支和多分支两种结构。

例 3-1 采用了第 2 章所讲述的 if-else 语句来实现，所不同的是在 else 部分又使用了一个 if-else 语句，我们称之为 if 语句的嵌套。显然，程序中 3 个 printf 语句将根据条件只执行其中的一条，请读者仔细体味。

例 3-1 中计算机指定被猜的数采用了变量初始化的方式，即在定义变量时对它赋值。

```
int mynumber=38;
```

定义 mynumber 为整型变量，同时变量 mynumber 被赋初值 38。

☞ 采用多层缩进的书写格式，使程序层次分明。

3.1.2 二分支结构和 if-else 语句

二分支结构的形式主要有两种，如图 3.1 所示，使用基本的 if 语句实现，即 if-else 语句和省略 else 的 if 语句。

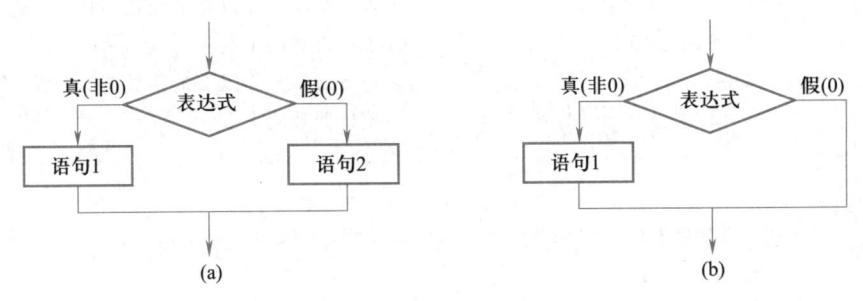

图 3.1 二分支结构

图 3.1(a)用 if-else 语句实现，该语句的一般形式为：

```
if(表达式)
    语句 1；
else
    语句 2；
```

执行流程：先求解表达式，如果表达式的值为"真"，就执行语句 1；否则（即表达式的值为"假"），就执行语句 2。语句 1 和语句 2 总要执行一个，但是不会都执行。

图 3.1(b)用省略 else 的 if 语句实现，该语句的一般形式为：

```
if(表达式)
    语句 1；
```

执行流程：先求解表达式，如果表达式的值为"真"，就执行语句 1；否则（即表达式的值为"假"），就什么也不做。

这里的语句 1 和语句 2 也称为内嵌语句，只允许是一条语句，若需要使用多条语句，应该用大括号把这些语句括起来组成复合语句。

【例 3-2】 奇偶分家。输入一个正整数 n，再输入 n 个非负整数，统计奇数和偶数各有多少个？

源程序

```c
/* 奇偶分家 */
#include <stdio.h>
int main(void)
{
    int count_odd, count_even, i, n, number;

    count_odd = 0;                          /* count_odd 记录奇数的个数 */
    count_even = 0;                         /* count_even 记录偶数的个数 */
    printf("Enter n:");                     /* 提示输入 n */
    scanf("%d", &n);
    printf("Enter %d numbers:", n);         /* 提示输入 n 个数 */
    for(i=1; i<=n; i++){
        scanf("%d", &number);
        if(number%2!=0){                    /* 若 number 除以 2 的余数不是 0，则为奇数 */
            count_odd++;                    /* 统计奇数的个数 */
        }else{                              /* 若 number 除以 2 的余数是 0，则为偶数 */
            count_even++;                   /* 统计偶数的个数 */
        }
    }
    printf("Odd:%d, Even:%d\n", count_odd, count_even);

    return 0;
}
```

运行结果

```
Enter n: 4
Enter 4 numbers: 5  8  101  9
Odd: 3, Even: 1
```

在 for 循环中，先读入一个非负整数，再根据其奇偶性分别统计奇数、偶数的个数。

【例 3-3】 统计指定数量学生的平均成绩与不及格人数。输入一个非负整数 n，再输入 n 个学生的成绩，计算平均分，并统计不及格成绩的学生人数。

源程序

```c
/* 输入一批学生的成绩，计算平均分，并统计不及格成绩的学生人数 */
#include <stdio.h>
```

```c
int main(void)
{
    int count, i, n;            /* count 记录不及格成绩的个数 */
    double score, total;        /* score 存放输入的成绩, total 保存成绩之和 */

    printf("Enter n:");         /* 提示输入学生人数 n */
    scanf("%d", &n);
    total = 0;
    count = 0;
    for(i=1; i<=n; i++){
        printf("Enter score #%d:", i);      /* 提示输入第 i 个成绩 */
        scanf("%lf", &score);   /* 输入第 i 个成绩,%lf 中的 l 是字母 */
        total=total+score;      /* 累加成绩 */
        if(score<60){           /* 统计不及格成绩的学生人数 */
            count++;
        }
    }
    if(n!=0){
        printf("Average=%.2f\n", total/n);   /* 分母不能为 0 */
    }else{
        printf("Average=%.2f\n", 0.0);       /* 当 n 为 0 时, 平均分为 0 */
    }
    printf("Number of failures = %d\n", count);

    return 0;
}
```

运行结果

```
Enter n: 4
Enter score #1: 60
Enter score #2: 54
Enter score #3: 95
Enter score #4: 73
Average=70.50
Number of failures=1
```

在 for 循环中，先读入一个成绩，再累加成绩，并统计不及格成绩的学生人数。程序中使用省略 else 的 if 语句实现分支结构，当 score 小于 60 时，执行 count++，否则(即 score 不满足小于 60 的条件)不需要统计，就什么也不做。

在输出平均分时，需要对除数为 0 的情况做特殊处理。

3.1.3 多分支结构和 else-if 语句

else-if 语句是最常用的实现多分支(多路选择)的方法，其一般形式为：

```
if(表达式1)
    语句1;
else  if(表达式2)
    语句2;
…
else  if(表达式n-1)
    语句n-1;
else
    语句n;
```

它的执行流程如图 3.2 所示。首先求解表达式 1，如果表达式 1 的值为"真"，则执行语句 1，并结束整个 if 语句的执行，否则，求解表达式 2……最后 else 处理给出条件都不满足的情况，即表达式 1、表达式 2……表达式 n-1 的值都为"假"时，执行语句 n。

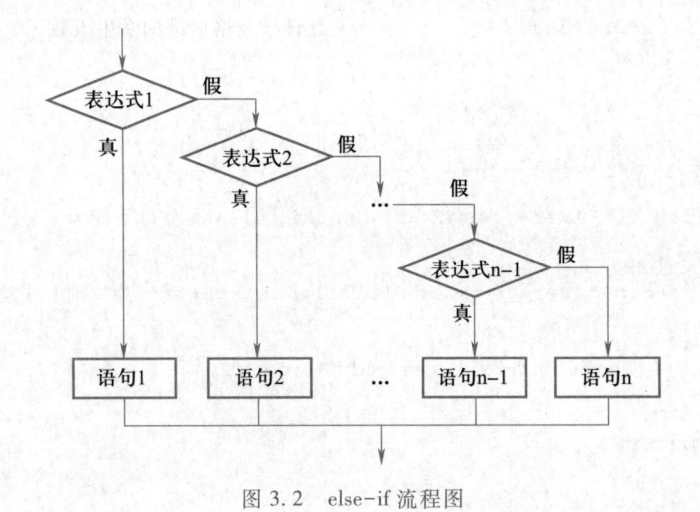

图 3.2 else-if 流程图

【例 3-4】分段计算居民水费。继续讨论例 2-4 中提出的分段计算水费的问题，虽然实际生活中不会出现月用水量 x 小于 0 的情况，但程序运行时如果不慎输入一个负数，水费计算将会出错。为了完善分段计算水费的程序，现将居民应交水费 y（元）与月用水量 x（吨）的函数关系式修正如下，并编程实现。

$$y=f(x)=\begin{cases} 0 & x<0 \\ \dfrac{4x}{3} & 0\leqslant x\leqslant 15 \\ 2.5x-10.5 & x>15 \end{cases}$$

源程序

```
/*计算多分段函数*/
#include <stdio.h>
int main(void)
{
    double x, y;                    /*定义两个双精度浮点型变量*/
```

```
        printf("Enter x:");              /* 输入提示 */
        scanf("%lf", &x);                /* 输入 double 型数据用%lf */
        if(x<0){
            y = 0;                       /* 满足 x<0 */
        }else if(x<=15){
            y = 4 * x/3;                 /* 不满足 x<0，但满足 x≤15，即满足 0≤x≤15 */
        }else{
            y = 2.5 * x-10.5;            /* 既不满足 x<0，也不满足 x≤15，即满足 x>15 */
        }
        printf("f(%.2f)=%.2f\n", x, y);

        return 0;
    }
```

运行结果 1

　　Enter x：<u>-0.5</u>
　　f(-0.50)=0.00

运行结果 2

　　Enter x：<u>9.5</u>
　　f(9.50)=12.67

运行结果 3

　　Enter x：<u>21.3</u>
　　f(21.30)=42.75

【练习 3-1】例 3-4 中使用 else-if 语句求解多分段函数，为了检查 else-if 语句的三个分支是否正确，已经设计了三组测试用例，请问还需要增加测试用例吗？为什么？如果要增加，请给出具体的测试用例并运行程序。

【练习 3-2】计算符号函数的值：输入一个整数 x，计算并输出下列分段函数 $sign(x)$ 的值。试编写相应程序。

$$y = sign(x) = \begin{cases} -1 & x<0 \\ 0 & x=0 \\ 1 & x>0 \end{cases}$$

【练习 3-3】统计学生平均成绩与及格人数：输入一个正整数 n，再输入 n 个学生的成绩，计算平均成绩，并统计所有及格学生的人数。试编写相应程序。

3.2　四则运算

3.2.1　程序解析

【例 3-5】求解简单的四则运算表达式。输入一个形式如 "操作数　运算符　操作数"

的四则运算表达式,输出运算结果,要求对除数为 0 的情况作特别处理。

源程序

```c
/*求解简单的四则运算表达式*/
#include <stdio.h>
int main(void)
{
    double value1, value2;
    char op;

    printf("Type in an expression:");                  /*提示输入一个表达式*/
    scanf("%lf%c%lf", &value1, &op, &value2);          /*输入表达式*/
    if(op=='+'){                                       /*判断运算符是否为'+'*/
        printf("=%.2f\n", value1+value2);              /*对操作数做加法操作*/
    }else if(op=='-'){                                 /*否则判断运算符是否为'-'*/
        printf("=%.2f\n", value1-value2);
    }else if(op=='*'){                                 /*否则判断运算符是否为'*'*/
        printf("=%.2f\n", value1*value2);
    }else if(op=='/'){                                 /*否则判断运算符是否为'/'*/
        if(value2!=0){
            printf("=%.2f\n", value1/value2);
        }else{                                         /*对除数为 0 作特殊处理*/
            printf("Divisor can not be 0!\n");
        }
    }else{
        printf("Unknown operator!\n");                 /*运算符输入错误*/
    }
    return 0;
}
```

运行结果

Type in an expression:3.1+4.8
=7.90

☞ 操作数与运算符之间必须连续输入,两者之间不能有空格。

例 3-5 采用了 else-if 结构实现多分支程序的设计。与前面其他示例有所不同,例 3-5 的输入数据除了两个操作数是前面一直采用的数值型以外,运算符不是数值型,它是一个字符,C 语言中称之为字符型,用字符型变量 op 来保存该运算符,并在函数 scanf() 中用%c 读入。输入表达式时,在操作数和运算符之间不能出现空格(' ')。如果输入空格,因为%c 表示要读入一个字符,而空格本身也是一个字符,因此空格会被作为输入字符。当输入的操作符为 '/' 时,需要对除数是否为 0 进行判断和处理。

3.2.2 字符型数据

例 3-5 程序中,用到了字符类型的数据,包括字符型变量 op 和字符型常量 '+'、'-'、'*' 和 '/' 等。

1. 字符型常量

字符型常量指单个字符,用一对单引号及其所括起的字符来表示。例如:'A'、'a'、'9'、'$' 是字符型常量,它们分别表示字母 A、a、数字字符 9 和符号 $。

ASCII 字符集(见附录 B)中列出了所有可以使用的字符,共 256 个,它具有以下特性:

(1) 每个字符都有唯一的次序值,即 ASCII 码。
(2) 数字字符 '0'、'1'、'2'、…、'9' 的 ASCII 码按升序连续排列。
(3) 大写字母 'A'、'B'、'C'、…、'Z' 的 ASCII 码按升序连续排列。
(4) 小写字母 'a'、'b'、'c'、…、'z' 的 ASCII 码按升序连续排列。

☞ 要区分数字和数字字符,例如,1 是整型数字,而 '1' 是字符。

2. 字符型变量

字符型变量在定义时用类型名 char,例如:

```
char op;
```

定义了一个字符型变量 op,它的值是字符型数据。op='+' 将字符型常量 '+' 赋给字符型变量 op。

3.2.3 字符型数据的输入和输出

字符型数据的输入输出可以调用函数 scanf( )、printf( ) 和 getchar( )、putchar( )。

1. 调用函数 scanf( ) 和 printf( ) 输入输出字符

函数 scanf( ) 和 printf( ) 除了处理整型数据和浮点型数据的输入输出外,也可以处理字符型数据的输入输出。此时,在函数调用的格式控制字符串中相应的格式控制说明为%c。

2. 字符输入函数 getchar( )

调用字符输入函数 getchar( ) 可以从键盘输入一个字符。

设 ch 是字符型变量,函数 getchar( ) 的一般调用格式为:

```
ch=getchar();
```

其功能是从键盘输入一个字符,并赋值给变量 ch。

3. 字符输出函数 putchar( )

调用字符输出函数 putchar( ) 可以输出一个字符。

函数 putchar( ) 的一般调用格式为:

```
putchar(输出参数);
```

其功能是输出参数是字符型变量或字符型常量。

由于函数 getchar( ) 和 putchar( ) 分别只能输入和输出一个字符,如果要处理多个字符的输入和输出,就需要多次调用函数,一般采用循环调用的方式。例如,下列程序段的功能是输入 8 个字符，然后将这些字符输出，输出时在字符之间加一个减号，第一个字符的前面和最后一个字符的后面都没有减号。

```
char ch;
int first=1, k;                /*first 的值表示将要处理的是否为输入的第 1 个字符*/
printf("Enter 8 characters:"); /*输入提示*/
for(k=1; k<=8; k++){
    ch=getchar();              /*变量 ch 接收从键盘输入的一个字符*/
    if(first==1){              /*处理输入的第 1 个字符*/
        putchar(ch);           /*输出存放在变量 ch 中的字符*/
        first=0;               /*第 1 个字符处理完毕，将要处理第 2 个及其后的字符*/
    }else{                     /*处理输入的第 2 个及以后的字符*/
        putchar('-');          /*输出字符常量 '-' */
        putchar(ch);           /*输出存放在变量 ch 中的字符*/
    }
}
```

运行结果

```
Enter 8 characters: AMETHYST
A-M-E-T-H-Y-S-T
```

与字符型常量在程序中的表示不同，输入输出字符时，字符两侧没有单引号。

☞ 函数 getchar( ) 和 putchar( ) 只能处理单个字符的输入和输出，即调用一次函数，只能输入或输出一个字符。

3.2.4 逻辑运算

在 2.2 节中，用关系表达式描述给定的条件，例如，用 x<=1 比较两个数 x 和 1 的大小，判断 x 是否小于等于 1。如果需要描述的条件比较复杂，涉及的操作数多于两个，用关系表达式就难以正确表示。如判断 x 是否在闭区间 $[-1, 1]$ 内，即表示代数式 $-1 \leqslant x \leqslant 1$，就需要对 3 个操作数 x、-1 和 1 进行比较，一般采用逻辑表达式 (x>=-1)&&(x<=1) 来描述这个条件，当 x>=-1 和 x<=1 同时为"真"时，该表达式的值为"真"。其中运算符 && 称为逻辑运算符。

例如，下列程序段判断键盘输入的字符是否为英文字母：

```
char ch;
printf("Enter a character:");        /*输入提示*/
ch=getchar();                        /*变量 ch 接收从键盘输入的一个字符*/
if((ch>='a' && ch<='z')||(ch>='A' && ch<='Z')){
                                     /*判断是否为英文字母，含大小写*/
    printf("It is a letter.\n");
}else{
    printf("It is not a letter.\n ");
}
```

运行结果 1

  Enter a character: d
  It is a letter.

运行结果 2

  Enter a character:?
  It is not a letter.

  逻辑表达式就是用逻辑运算符将逻辑运算对象连接起来的式子，它的值反映了逻辑运算的结果。C 语言提供了 3 种逻辑运算符（见表 3.1），逻辑运算对象可以是关系表达式或逻辑表达式，逻辑运算的结果是"真"或"假"。

表 3.1 逻辑运算符

目数	单目	双目	
运算符	!	&&	||
名称	逻辑非	逻辑与	逻辑或

  设 a 和 b 表示逻辑运算对象，逻辑运算符的功能描述如下：
  !a：如果 a 为"真"，结果是"假"；如果 a 为"假"，结果是"真"。
  a && b：当 a 和 b 都为"真"时，结果是"真"；否则，结果是"假"。
  a||b：当 a 和 b 都为"假"时，结果是"假"；否则，结果是"真"。
  例如，逻辑表达式(ch>='a')&&(ch<='z')中，&& 是逻辑运算符，关系表达式 ch>='a' 和 ch<='z' 是逻辑运算对象，当 ch>='a' 和 ch<='z' 同时为"真"时，该表达式的值为"真"；否则，为"假"。因此，(ch>='a')&&(ch<='z')用于判断 ch 是否为小写英文字母。
  由于逻辑运算符 && 和 || 的优先级低于关系运算符，故

  (ch>='a')&&(ch<='z')

等价于

  ch>='a' && ch<='z'

即逻辑表达式 ch>='a' && ch<='z' 也可用于判断 ch 是否为小写英文字母，同理，逻辑表达式 ch>='A' && ch<='Z' 用于判断 ch 是否为大写英文字母。
  又如逻辑表达式(ch>='a' && ch<='z')|| (ch>='A' && ch<='Z')中，用逻辑运算符 || 将两个逻辑表达式连接起来，组成新的逻辑表达式。其含义是只要 || 两侧的逻辑表达式中，有一个的值为"真"，新表达式的值就为"真"，否则为"假"。即当 ch 是小写英文字母或 ch 是大写英文字母时，新表达式的值为"真"，故该表达式可用于判断 ch 是否为英文字母。

  【例 3-6】写出满足下列条件的 C 语言表达式。
  ① ch 是空格或者回车。
  ② year 是闰年，即 year 能被 4 整除但不能被 100 整除，或 year 能被 400 整除。
  解答：

① 逻辑表达式(ch==' ')||(ch=='\n')
② 逻辑表达式(year%4==0 && year%100!=0)||(year%400==0)

【例3-7】统计英文字母和数字字符。输入一个正整数 n，再输入 n 个字符，统计其中英文字母、数字字符和其他字符的个数。

源程序

```c
/*统计字符，包括英文字母、数字字符和其他字符*/
#include <stdio.h>
int main(void)
{
    int digit, i, letter, n, other;      /*定义3个变量分别存放统计结果*/
    char ch;                              /*定义1个字符变量ch*/

    digit=letter=other=0;                 /*置存放统计结果的3个变量的初值为零*/
    printf("Enter n:");                   /*提示输入n*/
    scanf("%d", &n);
    getchar();                            /*第11行，读入并舍弃换行符*/
    printf("Enter %d characters:", n);    /*提示输入n个字符*/
    for(i=1; i<=n; i++){                  /*循环执行了n次*/
        ch=getchar();                     /*从键盘输入1个字符，赋值给变量ch*/
        if((ch>='a' && ch<='z')||(ch>='A' && ch<='Z')){
            letter++;                     /*如果ch是英文字母，累加letter*/
        }else if(ch>='0' && ch<='9'){
            digit++;                      /*如果ch是数字字符，累加digit*/
        }else{
            other++;           /*ch是除字母、数字字符以外的其他字符，累加other*/
        }
    }
    printf("letter=%d, digit=%d, other=%d\n", letter, digit, other);

    return 0;
}
```

运行结果

```
Enter n: 10
Enter 10 characters: Reold 12-3
letter=5, digit=3, other=2
```

程序运行时，先输入10<换行>，然后再输入10个需要分类统计的字符。此时，第11行的getchar()读入了换行符，由于没有赋值给变量，读入的换行符相当于被舍弃了。如果此处没有调用getchar()，则换行符将作为10个需要统计的字符中的第一个输入字符，参加分类统计。请读者注释第11行，然后运行程序，观察运行结果的差异。

☞ 输入 n 个字符时，必须连续输入，字符之间不能有间隔。

【练习 3-4】 统计字符：输入 1 个正整数 n，再输入 n 个字符，统计其中英文字母、空格或回车、数字字符和其他字符的个数。试编写相应程序。

【练习 3-5】 输出闰年：输出 21 世纪中截至某个年份之前的所有闰年年份。判断闰年的条件是：能被 4 整除但不能被 100 整除，或者能被 400 整除。试编写相应程序。

3.3 查询自动售货机中商品的价格

3.3.1 程序解析

【例 3-8】 查询自动售货机中商品的价格。假设自动售货机出售 4 种商品：薯片（crisps）、爆米花（popcorn）、巧克力（chocolate）和可乐（cola），售价分别是每份 3.0、2.5、4.0 和 3.5 元。在屏幕上显示以下菜单（编号和选项），用户可以连续查询商品的价格，当查询次数超过 5 次时，自动退出查询；不到 5 次时，用户可以选择退出。当用户输入编号 1~4，显示相应商品的价格（保留 1 位小数）；输入 0，退出查询；输入其他编号，显示价格为 0。

```
[1] Select crisps
[2] Select popcorn
[3] Select chocolate
[4] Select cola
[0] Exit
```

源程序

```c
/*查询自动售货机中商品的价格*/
#include <stdio.h>
int main(void)
{
    int choice, i;
    double price;


    /*以下5行显示菜单*/
    printf("[1] Select crisps\n");          /*查询薯片价格*/
    printf("[2] Select popcorn\n");         /*查询爆米花价格*/
    printf("[3] Select chocolate\n");       /*查询巧克力价格*/
    printf("[4] Select cola\n");            /*查询可乐价格*/
    printf("[0] exit\n");                   /*退出查询*/
    for( i=1; i<=5; i++){                   /*for 的循环体语句开始*/
        printf("Enter choice:");            /*输入提示*/
        scanf("%d", &choice);               /*接受用户输入的编号*/
        /*如果输入0，提前结束 for 循环*/
```

```
            if(choice==0)
                break;                          /*此处用break跳出for循环*/
        /*根据输入的编号,将相应的价格赋给price*/
            switch(choice){
                case 1: price=3.0; break;       /*用break跳出switch语句,下同*/
                case 2: price=2.5; break;
                case 3: price=4.0; break;
                case 4: price=3.5; break;
                default: price=0.0; break;
            }
        /*输出商品的价格*/
            printf("price=%0.1f\n", price);
        }                                       /*for的循环体语句结束*/
            printf("Thanks\n");                 /*结束查询,谢谢用户使用*/

            return 0;
        }
```

运行结果

```
[1] Select crisps
[2] Select popcorn
[3] Select chocolate
[4] Select cola
[0] Exit
Enter choice: 1
price=3.0
Enter choice: 7
price=0.0
Enter choice: 0
Thanks
```

请读者自己运行该程序,连续查询5次商品的价格,观察运行结果。

程序中使用 for 语句实现循环,循环最多执行5次,当用户输入0(选择退出查询)时,执行 break 语句结束循环。读者如果对这样的循环处理不太理解,暂时不必深究,在学习了第4章后,问题就迎刃而解了,在4.3.2节会详细讲解 break 语句在循环中的使用。

程序中使用 switch 语句实现多分支结构,根据用户输入的编号,用 switch 语句将相应的价格赋给 price,在每个语句段的末尾使用 break 跳出 switch 语句。

3.3.2 switch 语句

switch 语句可以处理多分支选择问题,根据其中 break 语句的使用方法,一般分3种情况。

1. 在 switch 语句的每个语句段中都使用 break 语句

这是 switch 语句的主要使用方法,一般形式为:

```
switch(表达式){
    case 常量表达式 1：语句段 1; break;
    case 常量表达式 2：语句段 2; break;
        …
    case 常量表达式 n：语句段 n; break;
    default:       语句段 n+1; break;
}
```

该 switch 语句的执行流程如图 3.3 所示。首先求解表达式，如果表达式的值与某个常量表达式的值相等，则执行该常量表达式后的相应语句段，如果表达式的值与任何一个常量表达式的值都不相等，则执行 default 后的语句段，最后执行 break 语句，跳出 switch 语句。

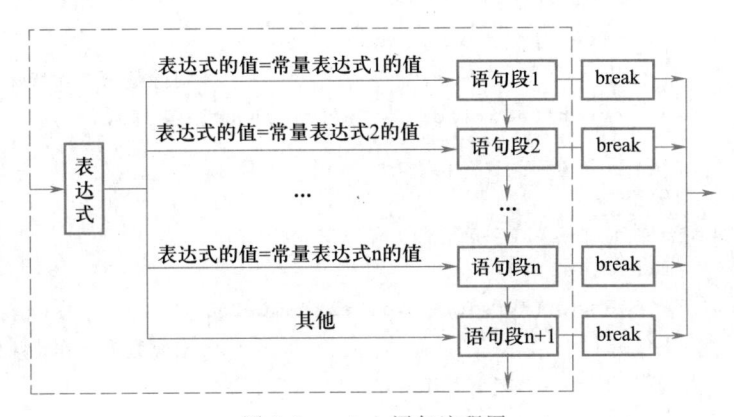

图 3.3 switch 语句流程图

在 switch 语句中，表达式和常量表达式的值一般是整型或字符型，所有的常量表达式的值都不能相等。每个语句段可以包括一条或多条语句，也可以为空语句。

switch 语句中 default 可以省略，如果省略了 default，当表达式的值与任何一个常量表达式的值都不相等时，就什么都不执行。

【例 3-9】两个数的简单计算器。编写一个简单计算器程序，可根据输入的运算符，对两个整数进行加、减、乘、除和求余运算，请对除数为 0 的情况作特别处理。要求使用 switch 语句编写。

源程序

```
/*两个数的简单计算器*/
#include <stdio.h>
int main(void)
{
    int value1, value2;
    char op;

    printf("Type in an expression:");              /*提示输入一个表达式*/
    scanf("%d%c%d", &value1, &op, &value2);
    switch(op){
```

```
            case '+':
                printf("=%d\n", value1+value2);
                break;
            case '-':
                printf("=%d\n", value1-value2);
                break;
            case '*':
                printf("=%d\n", value1*value2);
                break;
            case '/':
                if(value2!=0){
                    printf("=%d\n", value1/value2);
                }else{                               /*对除数为 0 作特殊处理*/
                    printf("Divisor can not be 0!\n");
                }
                break;
            case '%':
                if(value2!=0){
                    printf("=%d\n", value1%value2);
                }else{                               /*对除数为 0 作特殊处理*/
                    printf("Divisor can not be 0!\n");
                }
                break;
            default:
                printf("Unknown operator\n");
                break;
        }
        return 0;
    }
```

运行结果

Type in an expression: *-7/2*
=-3

☞ switch 语句中，case 后面出现的应该是一个常量表达式。若把 case'+' 写成 case op=='+' 之类的，程序将会产生错误。

2. 在 switch 语句中不使用 break 语句

break 语句在 switch 语句中是可选的，不使用 break 的 switch 语句是：

```
switch(表达式){
    case 常量表达式 1：语句段 1
    case 常量表达式 2：语句段 2
```

```
    ...
    case 常量表达式 n：语句段 n
    default:           语句段 n+1
}
```

上述 switch 语句的执行流程如图 3.3 虚线框所示。求解表达式后，如果表达式的值与某个常量表达式的值相等，则执行该常量表达式后的所有语句段，如果表达式的值与任何一个常量表达式的值都不相等，则执行 default 后的所有语句段。

从图 3.3 中的虚线框可以看到，switch 语句中的"case 常量表达式"和"default"的作用相当于语句标号，当表达式的值与之相匹配时，不但执行相应的语句段，还按顺序执行后面的所有语句段。

☞ 不使用 break 时，如果表达式的值与常量表达式 2 的值相等，不但执行语句段 2，还执行其后的所有语句段，即执行语句段 2~语句段 n+1。

比较这两种 switch 语句的形式和用法，如果执行相应的语句段后，要中止 switch 语句的继续执行，可以使用 break 语句，它一般放在语句段的最后，用于跳出正在执行的 switch 语句；否则，就继续执行其后的所有语句段。

由此可见，在 switch 语句所有语句段的末尾使用 break，可以简单、清晰地实现多分支选择，这也是 switch 语句的主要使用方法。如例 3-8 的程序中用 switch 语句实现多分支选择。

3. 在 switch 语句的某些语句段中使用 break 语句

有时，在 switch 语句中某些语句段的末尾使用 break，可以实现更多的功能。

【例 3-10】输入一个正整数 n，再输入 n 个字符，分别统计出其中空格或回车、数字字符和其他字符的个数。要求使用 switch 语句编写。

源程序

```c
/*统计字符，包括空格或回车、数字字符和其他字符*/
#include <stdio.h>
int main(void)
{
    int blank, digit, i, n, other;      /*定义3个变量分别存放统计结果*/
    char ch;
    
    blank=digit=other=0;                /*置存放统计结果的3个变量的初值为零*/
    printf("Enter n:");                 /*提示输入n*/
    scanf("%d", &n);
    getchar();                          /*读入并舍弃换行符*/
    printf("Enter %d characters:", n);  /*提示输入n个字符*/
    for(i=1; i<=n; i++){                /*循环执行了n次*/
        ch=getchar();                   /*输入1个字符*/
        /*在 switch 语句中灵活应用 break*/
        switch(ch){
            case ' ':                   /*语句段为空，请注意空格符的表示方式*/
```

```
            case '\n':
                blank++;              /*两个常量表达式' '和'\n'共用该语句段*/
                break;                /*跳出switch语句*/
            case '0': case '1': case '2': case '3': case '4':
            case '5': case '6': case '7': case '8': case '9':
                digit++;              /*10个常量表达式'0'~'9'共用该语句段*/
                break;                /*跳出switch语句*/
            default:
                other++;              /*累加其他字符*/
                break;                /*跳出switch语句*/
        }
    }
    printf("blank=%d, digit=%d, other=%d\n", blank, digit, other);
    return 0;
}
```

运行结果

```
Enter n: 15
Enter 15 characters: Reold 12 or 45T
blank=3, digit=4, other=8
```

☞ 在判断是否为数字字符时，不能写成 case ch>='0' && ch<='9'。

首先分析程序中的 switch 语句，由于 switch 语句中常量表达式后的语句段可以为空，如果表达式的值与之相匹配，按顺序执行下一个语句段，即两个或多个常量表达式可以共用一个语句段。这里，常量表达式 ' ' 后的语句段为空，它和常量表达式 '\n' 共用一个语句段；常量表达式 '0'~'8' 后的语句段也为空，它们和常量表达式 '9' 一起共用一个语句段，即 10 个常量表达式 '0'~'9' 共用一个语句段。这就是灵活应用 switch 语句中的 break，即在 switch 语句中某些语句段的末尾使用 break。

与例 3-7 的题目要求略有不同，本例没有单独统计英文字母的数量。由于在 switch 语句中，所有需要统计的字符都被单列出来，例如，空格、回车、数字字符 '0'~'9'，如果还要统计英文字母的个数，那么，52 个大小写英文字母也要单列出来。

3.3.3 多分支结构

多分支结构有许多形式，图 3.2 和图 3.3 列出了其中的两种。嵌套的 if 语句和 switch 语句可以实现多分支结构，switch 语句的使用在前一小节中已经做了详细的介绍，这里主要讲述嵌套的 if 语句，包括 else-if 语句和嵌套的 if-else 语句。

在 3.1.2 节中介绍了基本的 if 语句，其中的语句 1 和语句 2 可以是任意一条合法的语句，如果它又是一条 if 语句，就构成了嵌套的 if 语句。

当 if-else 语句中的语句 2 是另一条基本的 if 语句时，就构成了 else-if 语句，它是最常用的实现多分支的方法，已经在 3.1.3 节中说明。

如果 if-else 语句的内嵌语句是另一条基本的 if 语句，就形成了嵌套的

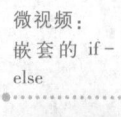

if-else 语句。它的一般形式如下：

```
if(表达式 1)
    if(表达式 2)语句 1；
    else  语句 2；
else
    if(表达式 3)语句 3；
    else  语句 4；
```

该语句实现了 4 路分支（如图 3.4 所示），必要时其中的语句 1~语句 4 还可以是基本的 if 语句，从而实现更多路的分支结构。

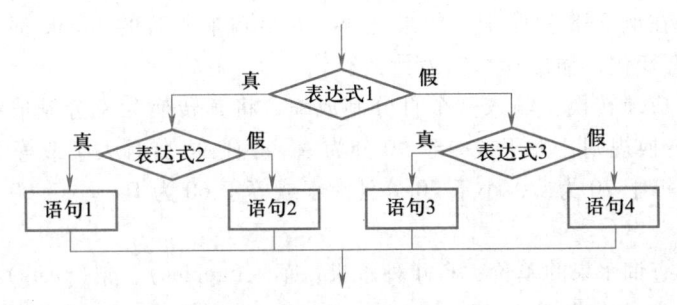

图 3.4 多分支结构示意图

在嵌套的 if-else 语句中，如果内嵌的 if 省略了 else 部分，可能在语义上产生二义性。假设有以下形式的 if 语句，第一个 else 与哪一个 if 匹配呢？

```
if(表达式 1)
    if(表达式 2)语句 1；
else         /* 与哪一个 if 匹配？   */
    if(表达式 3)语句 2；
    else 语句 3；
```

☞ else 和 if 的匹配准则：else 与最靠近它的、没有与别的 else 匹配过的 if 相匹配。

这里，虽然第一个 else 与第一个 if 书写格式对齐，但它与第二个 if 对应，因为它们的距离最近。一般情况下，内嵌的 if 最好不要省略 else 部分，这样 if 的数量和 else 的数量相同，从内层到外层一一对应，结构清晰，不易出错。

【例 3-11】改写下列 if 语句，使 else 和第一个 if 配对。

```
if(x<2)
    if(x<1)   y=x+1；
    else  y=x+2；
```

解答：上述 if 语句中，else 与第二个 if 匹配。改变 else 和 if 的配对，一般采用下列两种方法：

(1) 使用大括号，即构造一个复合语句。

```
if(x<2){
    if(x<1)   y=x+1；
```

```
    }
    else y=x+2;
```

（2）增加空的 else。

```
if(x<2)
    if(x<1)  y=x+1;
    else;
else  y=x+2;
```

虽然两种嵌套的 if 语句（else-if 语句和嵌套的 if-else 语句）都可以实现多分支结构，由于 else-if 语句的逻辑结构更清晰，应用范围更广。

【练习 3-6】在例 3-8 程序中，如果把 switch 语句中所有的 break 都去掉，运行结果会改变吗？如果有变化，输出什么？为什么？

【练习 3-7】成绩转换：输入一个百分制成绩，将其转换为五分制成绩。百分制成绩到五分制成绩的转换规则：大于或等于 90 分为 A，小于 90 分且大于或等于 80 分为 B，小于 80 分且大于或等于 70 分为 C，小于 70 分且大于或等于 60 分为 D，小于 60 分为 E。试编写相应程序。

【练习 3-8】查询水果的单价：有 4 种水果，苹果（apples）、梨（pears）、橘子（oranges）和葡萄（grapes），单价分别是 3.00 元/千克、2.50 元/千克、4.10 元/千克和 10.20 元/千克。在屏幕上显示以下菜单（编号和选项），用户可以连续查询水果的单价，当查询次数超过 5 次时，自动退出查询；不到 5 次时，用户可以选择退出。当用户输入编号 1~4，显示相应水果的单价（保留一位小数）；输入 0，退出查询；输入其他编号，显示价格为 0。试编写相应程序。

```
[1] apples
[2] pears
[3] oranges
[4] grapes
[0] Exit
```

【练习 3-9】请读者重新编写例 3-4 的程序，要求使用嵌套的 if-else 语句，并上机运行。

【练习 3-10】在例 3-11 中，改写 if 语句前，y=x+1；和 y=x+2；这两条语句的执行条件是什么？改写后呢？

习题 3

一、选择题

1. 有一函数 $y=\begin{cases} 1 & x>0 \\ 0 & x=0 \\ -1 & x<0 \end{cases}$，以下程序段中错误的是_____。

A. if(x>0)y=1;
   else if(x==0)y=0;
   else y=-1;

B. y=0;
   if(x>0)y=1;
   else if(x<0)y=-1;

C. y=0;
   if(x>=0);
   if(x>0)y=1;
   else y=-1;

D. if(x>=0)
   if(x>0)y=1;
   else y=0;
   else y=-1;

2. 对于变量定义：int a, b=0；下列叙述中正确的是_____。
   A. a 的初始值是 0，b 的初始值不确定
   B. a 的初始值不确定，b 的初始值是 0
   C. a 和 b 的初始值都是 0
   D. a 和 b 的初始值都不确定

3. 下列程序段的输出结果是_____。

   ```
   int a=3, b=5;
   if(a=b)printf("%d=%d", a, b);
   else printf("%d!=%d", a, b);
   ```

   A. 5=5   B. 3=3   C. 3!=5   D. 5!=3

4. 能正确表示逻辑关系"a≥10 或 a≤0"的 C 语言表达式是_____。
   A. a>=10 or a<=0
   B. a>=0 | a<=10
   C. a>=10 && a<=0
   D. a>=10 || a<=0

5. 下列叙述中正确的是_____。
   A. break 语句只能用于 switch 语句
   B. 在 switch 语句中必须使用 default
   C. break 语句必须与 switch 语句中的 case 配对使用
   D. 在 switch 语句中，不一定使用 break 语句

6. 在嵌套使用 if 语句时，C 语言规定 else 总是_____。
   A. 和之前与其具有相同缩进位置的 if 配对
   B. 和之前与其最近的 if 配对
   C. 和之前与其最近的且不带 else 的 if 配对
   D. 和之前的第一个 if 配对

7. 下列程序段的输出结果是_____。

   ```
   int a=2, b=-1, c=2;
   if(a<b)
       if(b<0) c=0;
       else c++;
   printf("%d\n", c);
   ```

   A. 2   B. 1   C. 0   D. 3

8. 在执行以下程序段时，为使输出结果为 t=4，则给 a 和 b 输入的值应满足的条件是_____。

   ```
   int a, b, s, t;
   scanf("%d,%d", &a, &b);
   ```

```
s = 1; t = 1;
if(a>0)   s = s+1;
if(a>b)   t = s+t;
else if(a==b)   t = 5;
else   t = 2 * s;
printf("t = %d\n", t);
```

  A. a>b   B. 0<a<b   C. 0>a>b   D. a<b<0

二、填空题

1. 执行以下程序段，若输入 32，则输出_____；若输入 58，则输出_____。

```
int   a;
scanf("%d", &a);
if(a>50)   printf("%d", a);
if(a>40)   printf("%d", a);
if(a>30)   printf("%d", a);
```

2. 表示条件 10<x<100 或者 x<0 的 C 语言表达式是_____。

3. 输出偶数。输入一个正整数 n，再输入 n 个整数，输出其中的偶数。要求相邻偶数中间用一个空格分开，行末不得有多余空格。请填空。

```
char ch;
int first = 1, k, n, x;
scanf("%d", &n);
for(k = 1; k<=n; k++){
    scanf("%d", &x);
    if(_____){
        if(_____){
            printf("%d", x);
            _____;
        }else{
            _____;
        }
    }
}
```

4. 以下程序段的运行结果是_____。

```
int k = 16;
switch(k%3){
    case 0: printf("zero");
    case 1: printf("one");
    case 2: printf("two");
}
```

5. 找出 3 个整数中最大的数。输入 3 个整数，输出其中最大的数。请填空。

```
int a, b, c, max;
scanf("%d %d %d", &a, &b, &c);
if(a>b){
    if(a>c)_____;
    else _____;
}else{
    if(_____)max=b;
    else _____;
}
printf("The max is %d\n", max);
```

三、程序设计题

1. 比较大小：输入 3 个整数，按从小到大的顺序输出。试编写相应程序。

2. 高速公路超速处罚：按照规定，在高速公路上行驶的机动车，超出本车道限速的 10% 则处 200 元罚款；若超出 50%，就要吊销驾驶证。请编写程序根据车速和限速自动判别对该机动车的处理。

3. 出租车计价：某城市普通出租车收费标准如下：起步里程为 3 公里，起步费 10 元；超过起步里程后 10 公里内，每公里 2 元；超过 10 公里以上的部分加收 50% 的空驶补贴费，即每公里 3 元；营运过程中，因路阻及乘客要求临时停车的，按每 5 分钟 2 元计收（不足 5 分钟则不收费）。运价计费尾数四舍五入，保留到元。编写程序，输入行驶里程（公里）与等待时间（分钟），计算并输出乘客应支付的车费（元）。

4. 统计学生成绩：输入一个正整数 n，再输入 n 个学生的成绩，统计五分制成绩的分布。百分制成绩到五分制成绩的转换规则：大于或等于 90 分为 A，小于 90 分且大于或等于 80 分为 B，小于 80 分且大于或等于 70 为 C，小于 70 分且大于或等于 60 为 D，小于 60 分为 E。试编写相应程序。

5. 三角形判断：输入平面上任意三个点的坐标（x1，y1）、（x2，y2）、（x3，y3），检验它们能否构成三角形。如果这 3 个点能构成一个三角形，输出周长和面积（保留 2 位小数）；否则，输出"Impossible"。试编写相应程序。

提示：在一个三角形中，任意两边之和大于第三边。三角形面积计算公式如下：

$$area = \sqrt{s(s-a)(s-b)(s-c)}，其中 s=(a+b+c)/2$$

第 4 章
循环结构

本章要点

- 什么是循环？为什么要使用循环？如何实现循环？

- 实现循环时，如何确定循环条件和循环体？

- 怎样使用 while 和 do-while 语句实现次数不确定的循环？

- while 和 do-while 语句有什么不同？

- 如何使用 break 语句处理多循环条件？

- 如何实现多重循环？

在程序设计中,如果需要重复执行某些操作,就要用到循环结构。使用循环结构编程时首先要明确两个问题:哪些操作需要反复执行?这些操作在什么情况下重复执行?它们分别对应循环体和循环条件。明确这两个问题之后就可以选用 C 语言提供的三种循环语句(for,while 和 do-while)实现循环。

4.1 用格雷戈里公式求 π 的近似值

4.1.1 程序解析

【例 4-1】用格雷戈里公式求给定精度的 π 值。使用格雷戈里公式求 π 的近似值,要求精确到最后一项的绝对值小于给定精度 eps。

$$\frac{\pi}{4} = 1 - \frac{1}{3} + \frac{1}{5} - \frac{1}{7} + \cdots$$

这是一个求累加和的问题,与 2.4 节例 2-8 相似,循环算式都是:

```
sum = sum+第 i 项
```

第 i 项用变量 item 表示,item 的表示也和例 2-8 相同,在每次循环中其值都会改变。两题的不同之处在于循环条件不一样,例 2-8 直接说明求前 n 项和,即指定了循环的次数为 n 次;而本题没有显式地给出循环次数,只是提出了精度要求。在反复计算累加的过程中,item 的绝对值从 1 开始越来越小,一旦某一项的绝对值小于 eps(即|item|<eps),就达到了给定的精度,计算中止。这说明精度要求实际上给出了循环的结束条件,还需要将其转换为循环条件|item|≥eps,换句话说,当|item|≥eps 时,循环累加 item 的值,直到|item|<eps 为止。

通过上面的分析,明确了循环条件和循环体,并选择 while 语句实现循环。

源程序

```
/*用格雷戈里公式计算 π 的近似值,精度要求:最后一项的绝对值小于给定精度 eps */
#include <stdio.h>
#include <math.h>             /*程序中调用绝对值函数 fabs(),需包含 math.h */
int main(void)
{
    int denominator, flag, i;
    double eps, item, pi;    /* pi 用于存放累加和 */
    print("Enter eps:");     /*提示输入精度 eps */
    scanf("%lf, &eps);
    /*循环初始化*/
    i = 1;                   /*i 表示当前的项数*/
    flag = 1;                /*flag 表示第 i 项的符号,初始为正*/
    denominator = 1;         /*denominator 表示第 i 项的分母,初始为 1*/
```

```c
        item=1.0;                          /*item 中存放第 i 项的值，初值取 1*/
        pi=0;                              /*置累加和 pi 的初值为 0*/
        while(fabs(item)>=eps){            /*当|item|≥eps 时，执行循环*/
            pi=pi+item;                    /*累加第 i 项的值*/
            i++;                           /*项数增 1，为下一次循环做准备*/
            flag=-flag;                    /*改变符号，为下一次循环做准备*/
            denominator=denominator+2;     /*分母递增 2，为下一次循环做准备*/
            item=flag*1.0/denominator;     /*计算第 i 项的值，为下一次循环做准备*/
        }
        pi=pi+item;                        /*加上最后一项的值*/
        pi=pi*4;                           /*循环计算的结果是 pi/4*/
        printf("pi=%.4f\n", pi);
        printf("i=%d\n", i);               /*此处 i 的值为最后一项的项数*/
        return 0;
    }
```

运行结果

```
Enter eps: 0.0001
pi=3.1418
i=5001
```

根据题目的要求，计算累加和时，从第 1 项到倒数第 2 项的每一项均满足|item|≥eps，而最后一项的绝对值小于 eps，故在循环结束后，还需要加上最后一项的值。在循环中，每次先累加满足条件的 item 的值，然后重新计算 item 的值，并在下一次循环时将其值和精度相比较，决定何时结束循环。

4.1.2　while 语句

除了 2.4 节中介绍的 for 语句以外，while 语句也用于实现循环，而且它的适用面更广，其一般形式为：

```
while(表达式)
    循环体语句;
```

while 语句的执行流程如图 4.1 所示，当表达式的值为"真"时，循环执行，直到表达式的值为"假"，循环中止并继续执行 while 的下一条语句。

下面通过和 for 语句的比较，讨论 while 语句的使用方法。

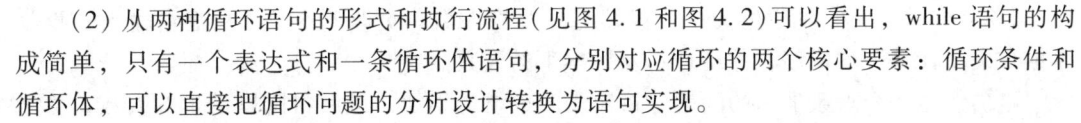

(1) while 语句中的表达式可以是任意合法的表达式，循环体语句只能是一条语句。

(2) 从两种循环语句的形式和执行流程(见图 4.1 和图 4.2)可以看出，while 语句的构成简单，只有一个表达式和一条循环体语句，分别对应循环的两个核心要素：循环条件和循环体，可以直接把循环问题的分析设计转换为语句实现。

(3) 根据在 2.4.3 节中介绍的指定次数的循环程序设计，循环的实现一般包括 4 个部分，即初始化、条件控制、重复的操作以及通过改变循环变量的值最终改变条件的真假性，使循环能正常结束。这4个部分可以直接和for语句中的4个成分（表达式1、表达式2、循环体语句和表达式3）相对应，当使用while语句时，由于它只有2个成分（表达式和循环体语句），就需要另加初始化部分，至于第4个部分，从图4.1和图4.2得知，while语句的循环体语句可包含for语句的循环体语句和表达式3，所以while的循环体语句中必须包含能最终改变循环条件真假性的操作。

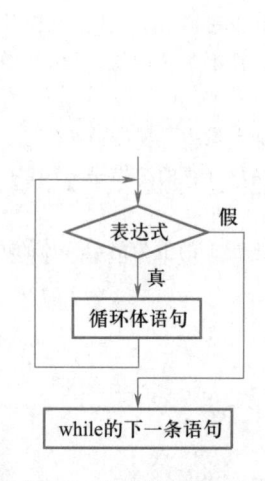

图 4.1　while 语句的执行流程 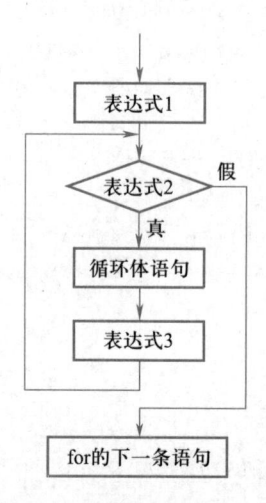　　　　图 4.2　for 语句的执行流程

以例 4-1 程序为例，初始化就是在循环前对一些变量赋初值，条件控制反映在表达式（fabs(item)>=eps）中，循环体语句包括了每次累加 item 并重新计算 item 的值，由于 item 的值在每次循环中都会改变，而且越来越小，最终将会满足 |item|<eps，使循环得以正常结束。

（4）从 while 语句和 for 语句的执行流程可以看出，它们的执行机制实质上是一样的，都是在循环前先判断条件，只有条件为"真"才进入循环。

可以把 for 语句改写成 while 语句：

```
表达式1；
while(表达式2){
    for 的循环体语句；
    表达式3；
}
```

for 语句和 while 语句都能实现循环。一般情况下，如果题目中指定了循环次数，使用 for 语句更清晰，循环的 4 个组成部分一目了然；其他情况下多使用 while 语句。例如，例 4-1 中没有直接给出循环次数，而是由某一项的值来控制循环，因此就选用了 while 语句。

【例 4-2】统计一批学生的平均成绩与不及格人数。更改例 3-3。从键盘输入一批学生的成绩，计算平均成绩，并统计不及格学生的人数。

这仍然是一个求累加和的问题，将输入的成绩先累加，最后再除以学生的人数，算出平均成绩。与例 3-3 相比，本题的难点在于确定循环条件，由于题目中没有给出学生的人数，不知道输入数据的个数，所以无法事先确定循环次数，这时需要自己设计循环条件，可以用一个特殊的数据作为正常输入数据的结束标志,由于成绩都是非负数,就选用一个负数作为结束标志,因此,循环条件就是输入的数据 score>=0。

源程序

```
/*输入一批学生的成绩,以负数作为结束标志,计算平均成绩,并统计不及格人数*/
#include <stdio.h>
int main(void)
{
    int count, num;            /*num 记录输入的个数,count 记录不及格人数*/
    double score, total;       /*分别存放成绩、成绩之和*/

    num = 0;
    total = 0;
    count = 0;
    printf("Enter scores:");   /*输入提示*/
    scanf("%lf", &score);      /*输入第一个数据,%lf 中的 l 是字母*/
    /*当输入数据 score 大于等于 0 时,执行循环*/
    while(score>=0){
        total=total+score;     /*累加成绩*/
        num++;                 /*计数*/
        if(score<60){
            count++;
        }
        scanf("%lf", &score);  /*读入一个新数据,为下次循环做准备*/
    }
    if(num!=0){
        printf("Average is %.2f\n", total/num);
        printf("Number of failures is %d\n", count);
    }else{
        printf("Average is 0\n");
    }
    return 0;
}
```

运行结果

```
Enter scores: 67 88 73 54 82 -1
Average is 72.80
Number of failures is 1
```

程序中用负数作为输入的结束标志,运行时,连续输入成绩并累加,直到输入-1 为止。

while 语句先判断是否满足循环条件,只有当 score>=0 时才执行循环,所以在进入循环之前，先输入了第一个数据，如果该数不是负数，就进入循环并累加成绩，然后再输入新的数据，继续循环。

本例与例 4-1 相似，在没有指定循环次数的情况下，通过对数据值的判断来控制循环，即判断某一项的值是否满足设定的条件。例 4-1 中，该项（item）的值由计算得到，而本例中，该项（score）的值需要输入，并设定一个非正常数据（伪数据）作为循环的结束标志。两例都选用了 while 语句实现循环。

【练习 4-1】在例 4-1 程序中，如果对 item 赋初值 0，运行结果是什么？为什么？如果将精度改为 10^{-3}，运行结果有变化吗？为什么？

【练习 4-2】运行例 4-2 程序时，如果将最后一个输入数据改为-2，运行结果有变化吗？如果第一个输入数据是-1，运行结果是什么？为什么？

【练习 4-3】序列求和（1-1/4+1/7-1/10+1/13-1/16+…）：输入一个正实数 eps，计算序列 1-1/4+1/7-1/10+1/13-1/16+…的值，精确到最后一项的绝对值小于 eps（保留 6 位小数）。试编写相应程序。

4.2 统计一个整数的位数

4.2.1 程序解析

【例 4-3】统计一个整数的位数。从键盘读入一个整数，统计该数的位数。例如，输入 12534，输出 5；输入-99，输出 2；输入 0，输出 1。

一个整数由多位数字组成，统计过程需要逐位地数，因此这是个循环过程，循环次数由整数的位数决定。由于需要处理的数据有待输入，故无法事先确定循环次数。程序中引入了第三种循环语句 do-while。

源程序

```
/*统计一个整数的位数*/
#include <stdio.h>
int main(void)
{
    int count, number, t_number;      /* count 记录整数 number 的位数 */

    count = 0;
    printf("Enter a number:");         /*输入提示*/
    scanf("%d", &number);
    t_number = number;                 /* 保护输入数据 number 的值不被改变 */
    if(number<0){                      /* 将输入的负数转换为正数 */
        t_number = -t_number;
    }
```

```
        do{
            count++;                          /*位数加1*/
            t_number=t_number/10;             /*整除后减少一位个位数,组成一个新数*/
        }while(number!=0);                    /*判断循环条件*/
        printf("It contains %d digits.\n", count);

        return 0;
    }
```

运行结果 1

Enter a number: <u>12534</u>
It contains 5 digits.

运行结果 2

Enter a number: <u>-99</u>
It contains 2 digits.

运行结果 3

Enter a number: <u>0</u>
It contains 1 digits.

由于负数和相应的正数的位数是一样的,所以把输入的负数转换为正数后再处理。将输入的整数不断地整除 10,该数最后变成了 0。例如,234/10 商为 23,23 再整除 10 商为 2,2 再整除 10 商为 0 并结束循环,一共循环了三次,故 234 的位数是 3。

4.2.2 do-while 语句

for 语句和 while 语句都是在循环前先判断条件,只有条件满足才会进入循环,如果一开始条件就不满足,则循环一次都不执行。例如,运行例 4-2 的程序,如果输入<u>-1 67 88 73 54 82</u>,由于循环条件 score>=0 为"假",不执行循环。

do-while 语句与上述两种循环语句略有不同,它先执行循环体,后判断循环条件。所以无论循环条件的值如何,至少会执行一次循环体。其一般形式为:

```
do{
    循环体语句
}while(表达式);
```

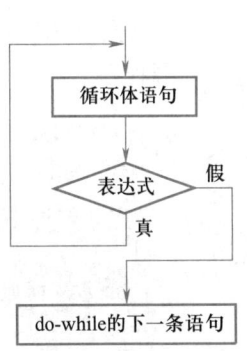

do-while 语句的执行流程如图 4.3 所示,第一次进入循环时,首先执行循环体语句,然后再检查循环控制条件,即计算表达式,若值为"真",继续循环,直到表达式的值为"假",循环结束,执行 do-while 的下一条语句。

do-while 语句的使用方法和 while 语句类似,语句中的表达式可以是任意合法的表达式,循环体语句只能是一条语句;使用时要另

图 4.3 do-while 语句的执行流程

加初始化部分，循环体语句必须包含能最终改变条件真假性的操作。例如，例 4-3 的循环体语句包括每次执行 t_number/10 并累加位数，这样 t_number 的值在每次循环中都会改变，最终将会满足 t_number==0，使循环正常结束。

do-while 语句适合于先循环、后判断循环条件的情况，一般在循环体的执行过程中明确循环控制条件。它每执行一次循环体后，再判断条件，以决定是否进行下一次循环。

例 4-3 中，采用 do-while 语句，保证循环至少会进行一次。如果输入 0，进入循环后，0 整除 10 还是 0，count 为 1，经判断 t_number!=0 为"假"，循环结束。

对整数的处理，除了统计其位数之外，常见的还有拆分整数，取出它的每一位数字并做相应的操作。

【例 4-4】逆序输出一个整数的各位数字。输入一个整数，将其逆序输出。例如，输入 12345，输出 54321。

为了实现逆序输出一个整数，需要把该数按逆序逐位拆开，然后输出。在循环中每次分离一位，分离方法是对 10 求余数。

设 number=12345，从低位开始分离，12345%10=5，为了能继续使用求余运算分离下一位，需改变 number 的值为 12345/10=1234。

重复上述操作：

```
1234%10 = 4
1234/10 = 123
123%10 = 3
123/10 = 12
12%10 = 2
12/10 = 1
1%10 = 1
1/10 = 0
```

当 number 最后变成 0 时，处理过程结束。经过归纳得到：
（1）重复的步骤：
① number%10，分离一位。
② number=number/10，为下一次分离做准备。
（2）直到 number==0，循环结束，所以循环条件是 number!=0。

与例 4-3 类似，当输入 0 时，循环要执行一次，所以循环语句采用 do-while。

源程序

```
/*逆序输出一个整数*/
#include <stdio.h>
int main(void)
{
    int number;

    printf("Enter a number:");              /*输入提示*/
    scanf("%d", &number);
```

```
    do{
        printf("%d ", number%10);
        number=number/10;
    }while(number!=0);

    return 0;
}
```

运行结果

```
Enter a number: 12345
5 4 3 2 1
```

例 4-4 的源程序还需要做一些改进,以满足题目的要求。包括对负数的处理、保护输入数据的值不被改变等,并需要增加测试用例。请读者对源程序和测试用例进行修改完善,并上机运行。

【练习 4-4】 如果将例 4-3 程序中的 do-while 语句改为下列 while 语句,会影响程序的功能吗?为什么?再增加一条什么语句,就可以实现同样的功能?

```
while(t_number!=0){
    count++;
    t_number=t_number/10;
}
```

4.3 判断素数

4.3.1 程序解析

【例 4-5】 判断一个整数是否为素数。输入一个正整数 m,判断它是否为素数。素数就是只能被 1 和自身整除的正整数,1 不是素数,2 是素数。

判断一个数 m 是否为素数,需要检查该数是否能被除 1 和自身以外的其他数整除,即判断 m 是否能被 $2 \sim m-1$ 之间的整数整除。用求余运算%来判断整除,余数为 0 表示能被整除,否则就意味着不能被整除。

设 i 取值 $[2, m-1]$,如果 m 不能被该区间上的任何一个数整除,即对每个 i, $m\%i$ 都不为 0,则 m 是素数;但是只要 m 能被该区间上的某个数整除,即只要找到一个 i,使 $m\%i$ 为 0,则 m 肯定不是素数。

由于 m 不可能被大于 $m/2$ 的数整除,所以上述 i 的取值区间可缩小为 $[2, m/2]$,数学上能证明,该区间还可以是 $[2, \sqrt{m}]$。

源程序

```
/* 判断整数 m 是否为素数 */
```

```c
#include <stdio.h>
#include <math.h>
int main(void)
{
    int i, limit, m;

    printf("Enter a number:");          /*输入提示*/
    scanf("%d", &m);
    if(m<=1){                           /*小于等于1的数不是素数*/
        printf("No!\n");
    }else if(m==2){                     /*2是素数*/
        printf("%d is a prime number!\n", m);
    }else{                              /*其他情况：大于2的正整数*/
        limit = sqrt(m)+1;
        for(i=2; i<=limit; i++){        /*第16行*/
            if(m%i==0){
                break;        /*若m能被某个i整除，则m不是素数，提前结束循环*/
            }
        }
        if(i>limit){                    /*若循环正常结束，说明m不能被任何一个i整除*/
            printf("%d is a prime number!\n", m);
        }else{                          /*m不是素数*/
            printf("No!\n");
        }                               /*第25行*/
    }

    return 0;
}
```

运行结果1

Enter a number: <u>9</u>
No!

运行结果2

Enter a number: <u>11</u>
11 is a prime number!

考虑到平方根的运算结果是浮点数，而浮点数是近似表示的，不能用于精确比较，为了避免由误差引起的可能错误，将 i 的取值区间扩大到 $[2, \sqrt{m}+1]$。

由于负数、0、1 都不是素数，而 2 是素数，可以将其作为两类特例单独处理，对于大于 2 的正整数，根据素数的定义，在 for 循环中，只要有一个 i 能满足 $m\%i==0$，即 m 能被 i 整除，则 m 肯定不是素数，不必再检查 m 能否被其他数整除，可提前结束循环；但是，如果发现某个 i 满足 $m\%i!=0$，不能得出任何结论，必须继续循环检测。

例如，输入 9 时，首先计算出 9%2!=0，不能下结论，还要继续循环，再算出 9%3==0，说明 9 能被 3 整除，它不是素数，不必再用其他数检测，可以提前退出循环；而输入 11 时，依次计算出 11%2!=0、11%3!=0 和 11%4!=0，说明 11 不能被区间 $[2,\sqrt{11}+1]$ 上的任何一个数整除，它就是素数。

4.3.2 break 语句和 continue 语句

例 4-5 中，使用循环来判断素数，得到两种结论，是素数或者不是素数，分别对应循环的两个结束条件（当 m 不为 1 时）：

① 正常的 for 循环结束条件 i>limit，可判定 m 是一个素数。

② 若 m%i==0，说明 m 能被某个 i 整除，可判定 m 不是素数。

当循环结构中出现多个循环条件时，可以由循环语句中的表达式和 break 语句共同控制。

break 语句强制循环结束，for 循环中的 break 语句的执行流程如图 4.4 所示，一旦执行了 break 语句，循环提前结束，不再执行循环体中位于其后的其他语句。break 语句应该和 if 语句配合使用，即条件满足时，才执行 break 跳出循环；否则，若 break 无条件执行，意味着永远不会执行循环体中 break 后面的其他语句。

从图 4.4 可以看出，循环有 2 个出口，当表达式 2 的值为"假"或执行了 break 语句，都会结束循环，有时需要区分循环的结束条件。

例如，将例 4-5 程序中的第 16~25 行换成下列语句：

```
for(i=2; i<=limit; i++){
    if(m%i==0){
        printf("No!\n");
        break;
    }
}
printf("%d is a prime number \n", m);
```

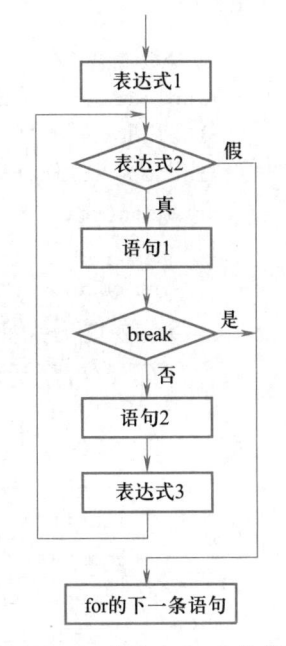

图 4.4 for 结构中 break 的作用

不管上述 for 循环因何结束，都将顺序执行 for 的下一条语句，显示 m 是素数。但是只有当循环正常结束（即 i<=limit 为"假"）时，m 才是素数。因此在 for 循环后，需要判断 i>limit，以决定循环是否正常结束，m 是否为素数，从而输出相应的信息。

在多条件控制的循环语句后，一般需要由条件语句来区分不同情况。

例 4-5 是一个经典范例，它所用到的解题思路在以后的程序中也有应用，希望读者能真正理解和掌握求素数的方法。

continue 语句的作用是跳过循环体中 continue 后面的语句，继续下一次循环，其工作流程如图 4.5 所示，continue 语句一般也需要与 if 语句配合使用。

continue 语句和 break 语句的区别在于，break 结束循环，而 continue 只是跳过后面语句继续循环。break 除了可以中止循环外，还用于 switch 语句，而 continue 只能用于循环。

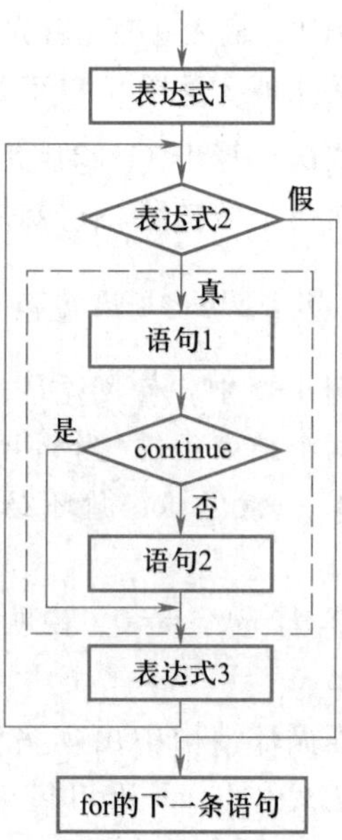

【例 4-6】猜数游戏。更改例 3-1 简单的猜数游戏。输入你所猜的整数（假定为 1~100），与计算机产生的被猜数比较，若相等，显示猜中；若不等，显示与被猜数的大小关系，最多允许猜 7 次。

图 4.5 for 结构中 continue 的作用

源程序

```
/*猜数 游戏*/
#include <stdio.h>
#include <stdlib.h>
#include <time.h>
int main(void)
{
    int count = 0, flag, mynumber, yournumber;
    srand(time(0));              /*设定随机数的产生与系统时钟关联*/
    mynumber = rand()%100+1;     /*计算机随机产生一个 1~100 之间的被猜数*/
    flag = 0;                    /*flag 的值为 0 表示没猜中，为 1 表示猜中了*/
    while(count<7){              /*最多能猜 7 次*/
        printf("Enter your number: ");   /*提示输入你所猜的整数*/
        scanf("%d", &yournumber);
        count++;
        if(yournumber == mynumber){      /*若相等，显示猜中*/
            printf("Lucky You!\n");
            flag = 1;
            break;                       /*已猜中，终止循环*/
        }else if(yournumber>mynumber){
            printf("Too big \n");
        }else{
            printf("Too small \n");
        }
    }
    if(flag == 0){                       /*超过 7 次还没猜中，提示游戏结束*/
        printf("Game Over!\n");
    }
    return 0;
}
```

运行结果

```
Enter your number: 50
```

```
Too big
Enter your number: 25
Too big
Enter your number: 12
Too small
Enter your number: 18
Too big
Enter your number: 15
Too big
Enter your number: 13
Too small
Enter your number: 14
Lucky You!
```

【练习 4-5】例 4-5 程序中的第 16~25 行可以用下列 for 语句替代吗？为什么？

```
for(i=2; i<=m/2; i++)
    if(m%i==0){
        printf("No!\n");
    }else{
        printf("%d is a prime number!\n", m);
    }
}
```

【练习 4-6】猜数字游戏：先输入 2 个不超过 100 的正整数，分别是被猜数 mynumber 和允许猜测的最大次数 n，再输入你所猜的数 yournumber，与被猜数 mynumber 进行比较，若相等，显示猜中；若不等，显示与被猜数的大小关系，最多允许猜 n 次。如果 1 次就猜出该数，提示 "Bingo!"；如果 3 次以内猜到该数，则提示 "Lucky You!"；如果超过 3 次但不超过 n 次猜到该数，则提示 "Good Guess!"；如果超过 n 次都没有猜到，则提示 "Game Over"；如果在到达 n 次之前，用户输入了一个负数，也输出 "Game Over"，并结束程序。试编写相应程序。

4.4 求 1!+2!+…+n!

4.4.1 程序解析

【例 4-7】使用函数求阶乘和。输入一个正整数 n（n≤16），计算 1!+2!+3!+…+n!。要求定义和调用函数 fact(n) 计算 n 的阶乘，如果 n 是非负数，则该函数返回 n 的阶乘，否则返回 0。

这是一个求累加和的问题，共循环 n 次，每次累加 1 项，循环算式是：

```
sum = sum + 第 i 项
```

其中，第 i 项就是 i 的阶乘。

读者对求阶乘并不陌生，例 2-9 介绍了求阶乘的程序，例 2-11 中定义和调用了求阶乘的函数 fact( )，求 i 的阶乘可以直接调用 fact(i)。即循环算式可以写成：

```
sum = sum + fact(i);
```

在每次循环中都调用函数 fact( ) 计算阶乘，然后累加，循环 n 次，累加 n 个阶乘。

源程序

```c
/* 使用函数计算 1!+2!+3!+…+n! */
#include <stdio.h>
double fact(int n);                    /* 函数声明 */
int main(void)
{
    int i, n;
    double sum;
    printf("Enter n:");                /* 输入提示 */
    scanf("%d", &n);
    sum = 0;
    for(i=1; i<=n; i++){
        sum = sum + fact(i);           /* 调用 fact(i) 求 i!，共重复 n 次 */
    }
    printf("1!+2!+…+%d!=%.0f\n", n, sum);

    return 0;
}
/* 定义求 n! 的函数 */
double fact(int n)
{
    int i;
    double result;                     /* 变量 result 中存放阶乘的值 */
    if(n<0){
        return 0;
    }
    result = 1;                        /* 置阶乘 result 的初值为 1 */
    for(i=1; i<=n; i++){               /* 循环执行 n 次，计算 n! */
        result = result * i;
    }
    return  result;                    /* 把结果回送主函数 */
}
```

运行结果

```
Enter n: 15
```

1!+2!+…+15! = 1401602636313

程序中定义了求阶乘函数 fact( )，main( )函数就按照普通求累加和的方式编写，直接明了。

4.4.2 嵌套循环

不使用函数也能实现例 4-7 的功能，针对下列循环算式，在求累加和的大循环中再用一个小循环求出第 i 项即 i 的阶乘。

    sum=sum+第 i 项

累加求和的程序段为：

```
sum=0;
for(i=1; i<=n; i++){
    sum=sum+i!;
}
```

又可以写成：

```
sum=0;
for(i=1; i<=n; i++){
    item=i!;
    sum=sum+item;
}
```

由于 i!=1*2*…*i 是个连乘的重复过程，每次循环完成一次乘法，循环 i 次求出 i! 的值。因此上述程序段进一步写为：

```
sum=0;
for(i=1; i<=n; i++){            /*外层循环执行 n 次，求累加和*/
    item=1;      /*置 item 的初值为 1，以保证每次求阶乘都从 1 开始连乘*/
    for(j=1; j<=i; j++){         /*内层循环重复 i 次，算出 item=i!*/
        item=item*j;
    }
    sum=sum+item;                /*累加 i!*/
}
```

上述形式的循环称之为嵌套循环(或多重循环)，外层循环重复 n 次，每次累加 1 项 item(即 i!)，而每次的累加对象 i! 由内层循环计算得到，内层循环重复 i 次，每次连乘一项。

在累加求和的外层 for 语句的循环体中，每次计算 i! 之前，都重新置 item 的初值为 1，以保证每次计算阶乘都从 1 开始连乘。

请读者将以上程序段扩充为完整的程序并上机运行，实现使用嵌套循环求阶乘和。

如果把程序中的嵌套循环写成下列形式：

```
item=1;
```

```c
for(i=1; i<=n; i++){
    for(j=1; j<=i; j++){
        item=item*j;
    }
    sum=sum+item;
}
```

由于将 item=1 放在外层循环之前,除了计算 1! 时 item 从 1 开始连乘,计算其他阶乘值都是用原 item 值乘以新的阶乘值,例如,i=1 时,计算出 item=1;i=2 时,计算出 item=item*1*2=2;i=3 时,item=item*1*2*3,由于原 item 的值是 2,此时计算出的值是 12(1!*2!*3!),而不是 3!;依此类推,i=n 时,算出 item=1!*2!*…*n!,这样,最后求出的累加和是 1!+1!*2!+…+1!*2!*…*n!,显然不对。

出错的原因就是循环初始化语句放错了位置,混淆了外层循环和内层循环的初始化,这是初学者非常容易犯的错误。对嵌套循环初始化时,一定要分清内外层循环,在使用嵌套循环求阶乘和的例子中,sum=0 对外层循环初始化,放在外层 for 循环之前;而 item=1 对内层循环初始化,应该放在外层 for 循环内(属于外层循环的循环体),内层 for 循环之前。

为了帮助读者更好地理解嵌套循环,以下列程序段为例分析二重循环的执行过程。外层循环执行 n 次,对外层循环变量 i 的某个值,依次执行外层循环体的 3 条语句,其中第 2 条语句是 for 语句,构成内层循环,内层循环变量 j 变化一个轮次,从 1 递增到 i,内层循环执行 i 次;然后外层循环变量 i 加 1,再次执行外层循环体的 3 条语句,其中第 2 条 for 语句构成的内层循环执行 i 次。因此,内外层循环的循环变量不能相同,此处分别用了 i 和 j。

```c
for(i=1; i<=n; i++){                            /*外层循环执行 n 次*/
    printf("Line %d:", i);                      /*外层循环体的第 1 条语句,输出 i 的值*/
    /*外层循环体的第 2 条语句是 for 语句,构成的内层循环执行 i 次*/
    for(j=1; j<=i; j++){
        printf("(i=%d, j=%d)\t", i, j);         /*内层循环体语句,输出 i 和 j 的值*/
    }
    printf("\n");                               /*外层循环体的第 3 条语句,换行*/
}
```

当 n=3 时,程序段的运行结果如下。

```
Line 1: (i=1, j=1)
Line 2: (i=2, j=1)      (i=2, j=2)
Line 3: (i=3, j=1)      (i=3, j=2)      (i=3, j=3)
```

外层循环执行了 3 次,内层循环体语句共执行了 1+2+3 次。建议读者使用单步调试工具,观察循环变量 i、j 值的变化。

☞ 内外层循环的循环变量不能相同。

【练习 4-7】求 e 的值:输入 1 个正整数 n,计算下式的前 n 项之和(保留 4 位小数)。

要求使用嵌套循环。试编写相应程序。

$$e = 1 + \frac{1}{1!} + \frac{1}{2!} + \frac{1}{3!} + \cdots \frac{1}{n!}$$

4.5 循环结构程序设计

在程序设计中，如果需要重复执行某些操作，就要用到循环结构。请读者注意区分循环结构和分支结构，虽然这两种结构中都用到了条件判断，但条件判断后的动作完全不同，分支结构中的语句只执行一次，而循环结构中的语句，可以重复执行多次。

循环程序的实现要点是：

（1）归纳出哪些操作需要反复执行——循环体。

（2）这些操作在什么情况下重复执行——循环控制条件。

一旦确定了循环体和循环条件，循环结构也就基本确定了，再选用 C 语言提供的三种循环语句(for，while 和 do-while)实现循环。

遇到循环问题，应该使用三种循环语句中的哪一种呢？通常情况下，这三种语句是通用的，但在使用上各有特色，略有区别。

一般说来，如果事先给定了循环次数，首选 for 语句，它看起来最清晰，循环的 4 个组成部分一目了然；如果循环次数不明确，需要通过其他条件控制循环，如例 4-1 求 π 的值，通常选用 while 语句或 do-while 语句；如果必须先进入循环，经循环体运算得到循环控制条件后，再判断是否进行下一次循环，使用 do-while 语句最合适。

用类似 C 语言的格式描述如下：

```
if(循环次数已知)
    使用 for 语句
else        /*循环次数未知*/
    if(循环条件在进入循环时明确)
        使用 while 语句
    else    /*循环条件需要在循环体中明确*/
        使用 do-while 语句
```

通过学习下面的一些示例，读者可以进一步理解循环程序设计的思路与技巧。

【例 4-8】求最值问题。输入一批学生的成绩，找出最高分。

先输入一个成绩，假设它为最高分，然后在循环中读入下一个成绩，并与最高分比较，如果大于最高分，就设它为新的最高分，继续循环，直到所有的成绩都处理完毕。因此，循环体中进行的操作就是输入和比较，难点在于如何确定循环条件，由于题目没有指定输入数据的个数，需要自己增加循环条件，一般有以下两种途径：

① 先输入一个正整数 n，代表数据的个数，然后再输入 n 个数据，循环重复 n 次，属于指定次数的循环，用 for 语句实现。

② 设定一个特殊数据(伪数据)作为循环的结束标志，由于成绩都是非负数，选用一

个负数作为输入的结束标志。由于循环次数未知，考虑使用 while 语句。

源程序 1

```c
/* 从输入的 n 个成绩中选出最高分，用 for 语句实现 */
#include <stdio.h>
int main(void)
{
    int i, mark, max, n;                /* max 中放最高分 */

    printf("Enter n:");                 /* 输入提示 */
    scanf("%d", &n);                    /* 输入数据个数 */
    printf("Enter %d marks:", n);       /* 提示输入 n 个成绩 */
    scanf("%d", &mark);                 /* 读入第一个成绩 */
    max = mark;                         /* 假设第一个成绩是最高分 */
    for(i = 1; i < n; i++){             /* 由于已经读了一个数，循环执行 n-1 次 */
        scanf("%d", &mark);             /* 读入下一个成绩 */
        if(max < mark){                 /* 如果该成绩比最高分高 */
            max = mark;                 /* 再假设该成绩为最高分 */
        }
    }
    printf("Max=%d\n", max);

    return 0;
}
```

运行结果

```
Enter n: 5
Enter 5 marks: 67 88 73 54 82
Max=88
```

源程序 2

```c
/* 从输入的一批以负数结束的成绩中选出最高分，用 while 语句实现 */
#include <stdio.h>
int main(void)
{
    int mark, max;                      /* max 中放最高分 */

    printf("Enter marks:");             /* 输入提示 */
    scanf("%d", &mark);                 /* 读入第一个成绩 */
    max = mark;                         /* 假设第一个成绩是最高分 */
    /*   当输入的成绩 mark 大于等于 0 时，执行循环 */
    while(mark >= 0){
        if(max < mark){                 /* 如果读入的成绩比最高分高 */
```

```
            max=mark;                    /*再假设该成绩为最高分*/
        }
        scanf("%d", &mark);              /*读入下一个成绩*/
    }
    printf("Max=%d\n", max);

    return 0;
}
```

运行结果

> Enter marks: 67 88 73 54 82 -1
> Max=88

在循环前先读入一个数据，作为 while 判断的依据，并作为 max 的初值。一旦输入一个负数，循环结束。

【例 4-9】 斐波那契数列问题。输入正整数 $n(1 \leqslant n \leqslant 46)$，输出斐波那契(Fibonacci)数列的前 n 项：1，1，2，3，5，8，13，…，每行输出 5 个。Fibonacci 数列就是满足任一项数字是前两项的和(最开始两项均定义为 1)的数列。

计算斐波那契数列时，从第 3 项开始，每一项的值就是前 2 项的和。用两个变量存储最近产生的两个序列值，计算出新一项数据后，需要更新这两个变量的值。假定最开始两项分别用 x1=1 和 x2=1 表示，则新项 x=x1+x2，然后更新 x1 和 x2：x1=x2 及 x2=x，为计算下一个新项 x 作准备。题目要求输出 n 项，循环次数确定，可采用 for 语句。

源程序

```
/*输出斐波那契数列的前 n 项*/
#include <stdio.h>
int main(void)
{
    int i, n, x1, x2, x;              /*x1 和 x2 依次代表前两项, x 表示其后一项*/

    printf("Enter n:");               /*输入提示*/
    scanf("%d", &n);
    if(n<1||n>46){
        printf("Invalid.\n");
    }else if(n==1){
        printf("%10d", 1);            /*输出第 1 项*/
    }else{
        x1=1;                         /*头两项都是 1*/
        x2=1;
        printf("%10d%10d", x1, x2);   /*先输出头两项*/
        for(i=3; i<=n; i++){          /*循环输出后 n-2 项*/
            x=x1+x2;                  /*计算新项*/
            printf("%10d", x);
```

```
            if(i%5==0){                    /* 如果 i 是 5 的倍数,换行 */
                printf("\n");
            }
            x1 = x2;                        /* 更新 x1 和 x2,为下一次计算新项 x 作准备 */
            x2 = x;
        }
    }
    return 0;
}
```

运行结果

```
Enter n: 10
    1        1        2        3        5
    8       13       21       34       55
```

本题采用迭代的方法计算斐波那契数列,在第 7 章将使用数组计算并存放该数列,在第 10 章将介绍递归实现方法。

迭代法也称辗转法,是一个不断从变量的旧值递推新值的过程,跟迭代法相对应的是直接法(或者称为一次解法),即一次性解决问题。迭代法是用计算机解决问题的一种基本方法,它利用计算机运算速度快、适合做重复性操作的特点,让计算机对一组指令(或一定步骤)进行重复执行,在每次执行这组指令(或这些步骤)时,都从变量的原值推出新值。

【例 4-10】 素数问题。输入 2 个正整数 m 和 $n(1 \leqslant m \leqslant n \leqslant 500)$,输出 m 到 n 之间的全部素数,每行输出 10 个。素数就是只能被 1 和自身整除的正整数,1 不是素数,2 是素数。

对 m~n 之间的每个数进行判断,若是素数,则输出该数。

```
for(k=m; k<=n; k++){
    if(k 是素数){
        printf("%d ", k);
    }
}
```

使用二重循环嵌套,外层循环遍历 m~n 之间的所有数,而内层循环对其中的每一个数判断其是否为素数。

源程序

```
/* 使用嵌套循环求 m 到 n 之间的全部素数 */
#include <stdio.h>
#include <math.h>                          /* 调用求平方根函数,需要包含数学库 */
int main(void)
{
    int count, i, k, flag, limit, m, n;    /* flag 表示是否为素数 */
```

```c
        printf("Enter m n:");                    /*输入提示*/
        scanf("%d%d", &m, &n);
        count=0;                                 /*count 记录素数的个数，用于控制输出格式*/
        if(m<1||n>500||m>n){
            printf("Invalid.\n");
        }else{
            for(k=m; k<=n; k++){
                if(k<=1){                        /*小于等于 1 的数不是素数*/
                    flag=0;
                }else if(k==2){                  /*2 是素数*/
                    flag=1;
                }else{                           /*其他情况：大于 2 的正整数*/
                    flag=1;                      /*先假设 k 是素数*/
                    limit=sqrt(k)+1;
                    for(i=2; i<=limit; i++){
                        if(k%i==0){              /*若 k 能被某个 i 整除，则 k 不是素数*/
                            flag=0;              /*置 flag 为 0*/
                            break;               /*提前结束循环*/
                        }
                    }
                }
                if(flag==1){                     /*如果 k 是素数*/
                    printf("%6d", k);            /*输出 k*/
                    count++;                     /*累加已经输出的素数个数*/
                    if(count%10==0){             /*如果 count 是 10 的倍数，换行*/
                        printf("\n");
                    }
                }
            }
        }
        return 0;
    }
```

运行结果

```
Enter m n: 1 50
     2     3     5     7    11    13    17    19    23    29
    31    37    41    43    47
```

例 4-5 中介绍了判断素数的方法，即判断数 m 能否被 $[2, \sqrt{m}]$ 之间的数整除，本题在判断素数时引入了变量 flag，flag 的值为 1 表示是素数，为 0 表示不是素数。与例 4-5 相同，对小于等于 2 的数单独处理，再判断其他的数。对于大于 2 的正整数 k，先假设其是素数，将 flag 的初值置为 1，如果 k 能被 $[2, \text{limit}]$ 中的某个数整除，说明 k 不是素数，将 flag 改为 0，这样，当内层循环结束时，flag 的值就表示了 k 是否为素数。这种方法常用于判断真假状态，如判断是否为素数、判断字符串是否对称等。

【例 4-11】 搬砖问题。某工地需要搬运砖块，已知男人一人搬 3 块，女人一人搬 2 块，小孩两人搬 1 块。如果想用 n 人正好搬 n 块砖，问有哪些搬法？

用枚举的思路，枚举对象是男人、女人和小孩的人数，将其分别设为变量 men、women 和 children，以总人数 men+women+children==n 和搬砖总数 men*3+women*2+children/2==n 为判定条件，变量的取值范围都是 $[0, n]$。3 个变量在各自的取值范围内遍历，采用三重循环嵌套，找出所有满足条件的解。

源程序 1

```c
/* n 人正好搬 n 块砖，程序版本 1 */
#include <stdio.h>
int main(void)
{
    int children, cnt, men, n, women;

    printf("Enter n:");             /* 输入提示 */
    scanf("%d", &n);
    cnt = 0;
    for(men = 0; men <= n; men++){
        for(women = 0; women <= n; women++){
            for(children = 0; children <= n; children++){
                if((men+women+children==n)&&(men*3+women*2+children*0.5==n)){
                    printf("men=%d, women=%d, children=%d\n", men, women, children);
                    cnt++;
                }
            }
        }
    }
    if(cnt == 0){
        printf("None \n");
    }

    return 0;
}
```

运行结果

```
Enter n: 45
men=0, women=15, children=30
men=3, women=10, children=32
men=6, women=5, children=34
men=9, women=0, children=36
```

由于男人、女人和小孩的总人数是固定的，可以只枚举 men 和 women，children 则通过约束条件算出，即 children=n-men-women。同时考虑到最多只有 n 块砖，男人的数量不会超过 n/3，女人的数量不会超过 n/2，这样就缩小了枚举的范围。改进后的程序段如下：

源程序 2

```
limit_m=n/3;
limit_w=n/2;
cnt=0;
for(men=0; men<=limit_m; men++){
  for(women=0; women<=limit_w; women++){
    children=n-men-women;
    if((men*3+women*2+children*0.5==n)){
      printf("men=%d, women=%d, children=%d\n", men, women, children);
      cnt++;
    }
  }
}
```

多重循环的运算量是比较大的，在源程序 1 的三重循环中，if 语句执行 $(n+1)^3$ 次，而程序段 2 的两重循环中，if 语句只执行 $(1+n/3)*(1+n/2)$ 次。当 n=45 时，执行次数分别是 97336 次和 368 次，可见程序段 2 的算法效率要优于源程序 1。读者在设计算法时，需要考虑效率问题。

【例 4-12】找零钱问题。有足够数量的 5 分、2 分和 1 分的硬币，现在要用这些硬币来支付一笔小于 1 元的零钱 money，问至少要用多少个硬币？输入零钱，输出硬币的总数量和相应面额的硬币数量。

为了满足硬币总数最小的要求，优先考虑使用面值大的硬币，即按照 5 分、2 分和 1 分的顺序，分别从取值范围的上限到下限，采用三重循环嵌套，找出满足条件的解。

用变量 n1，n2，n5 分别表示 1 分、2 分和 5 分硬币的数量，以 n5*5+n2*2+n1==money 为约束条件，变量取值范围的下限都是 0，上限分别为 n5 不超过 money/5、n2 不超过 (money-n5*5)/2，n1 不超过 money-n5*5-n2*2。

源程序

```
/* 找零钱 */
#include <stdio.h>
int main(void)
{
    int flag, money, n1, n2, n5;  /* n1, n2, n5 分别表示 1 分、2 分和 5 分硬币的数量 */

    flag=1;                      /* flag 表示是否找到满足条件的解并中止嵌套循环 */
    printf("Enter money:");      /* 输入提示 */
    scanf("%d", &money);
    for(n5=money/5; (n5>=0)&&(flag==1); n5--){
      for(n2=(money-n5*5)/2; (n2>=0)&&(flag==1); n2--){
```

```
            for(n1=money-n5*5-n2*2; (n1>=0)&&(flag==1); n1--){
                if((n5*5+n2*2+n1)==money){    /*找到满足条件的解*/
                    printf("fen5:%d, fen2:%d, fen1:%d, total:%d\n", n5, n2, n1,
                        n1+n2+n5);
                    flag=0; /*置flag为0，则三重循环的条件都不满足，中止嵌套循环*/
                }
            }
        }
    }

    return 0;
}
```

运行结果

```
Enter money: 12
fen5: 2, fen2: 1, fen1: 0, total: 3
```

当找到并输出满足条件的解，就不必继续循环了，此时需要退出三重循环嵌套，而 4.3 节中介绍的 break 语句只能中止当前循环，不能同时退出多层循环。本题引入变量 flag 共同描述循环条件，flag 初值置为 1，一旦找到满足条件的解，将 flag 赋为 0，从而使所有的循环条件都为假，这样就中止了三重循环。

找零钱问题采用了贪心算法。贪心法接近人们日常的思维习惯，在对问题求解时，通常只考虑当前局部最优的策略，能否最终得到全局的最优解是贪心法的关键。在本例中，局部策略是每次按可换面值最大的硬币找零钱，这样的局部策略正好可以得到最终全局最优解，即最后换取的硬币总数最少。

【练习 4-8】运行例 4-8 的源程序 1 时，如果先输入 0，即输入数据个数 $n=0$，表示不再输入任何成绩，运行结果是什么？如何修改程序以应对这种情况？

【练习 4-9】运行例 4-8 的源程序 2 时，如果输入的第一个数就是负数，表示不再输入任何成绩，运行结果是什么？如何修改程序以应对这种情况？

【练习 4-10】找出最小值：输入一个正整数 n，再输入 n 个整数，输出最小值。试编写相应程序。

【练习 4-11】统计素数并求和。输入 2 个正整数 m 和 $n(1 \leqslant m \leqslant n \leqslant 500)$，统计并输出 m 和 n 之间素数的个数以及这些素数的和。素数就是只能被 1 和自身整除的正整数，1 不是素数，2 是素数。试编写相应程序。

习题 4

一、选择题

1. 以下程序段_____不能实现求 $s=1+2+\cdots+n-1$。

```
A. int i, n, s = 0;              B. int i, n, s = 0;
   scanf("%d", &n);                 scanf("%d", &n);
   for(i=1; i<n; i++){              for(i=1; i<=n-1; ++i){
       s = s+i;                         s = s+i;
   }                                }

C. int i, n, s = 0;              D. int i, n, s = 0;
   scanf("%d", &n);                 scanf("%d", &n);
   for(i=n-1; i>0; i--){            for(i=n-1; i>0; ++i){
       s = s+i;                         s = s+i;
   }                                }
```

2. 输入 65　14<Enter>，以下程序段的输出结果为_____。

```
int m, n;
scanf("%d%d", &m, &n);
while(m!=n){
    while(m>n)m=m-n;
    while(n>m)n=n-m;
}
printf("m=%d\n", m);
```

   A. m = 3　　　　B. m = 2　　　　C. m = 1　　　　D. m = 0

3. C 语言中 while 和 do-while 循环的主要区别是_____。

   A. do-while 的循环体至少无条件执行一次

   B. while 的循环控制条件比 do-while 的循环控制条件严格

   C. do-while 允许从外部转到循环体内

   D. do-while 的循环体不能是复合语句

4. 下列叙述中正确的是_____。

   A. break 语句只能用于 switch 语句体中

   B. continue 语句的作用是使程序的执行流程跳出包含它的所有循环

   C. break 语句只能用在循环体内和 switch 语句体内

   D. 在循环体内使用 break 语句和 continue 语句的作用相同

5. 下列叙述中正确的是_____。

   A. do-while 语句构成的循环不能用其他语句构成的循环来代替

   B. do-while 语句构成的循环只能用 break 语句退出

   C. 用 do-while 语句构成的循环，在 while 后的表达式为非零时结束循环

   D. 用 do-while 语句构成的循环，在 while 后的表达式为零时结束循环

6. 下列程序段的输出结果是_____。

```
int i;
for(i=1; i<6; i++){
    if(i%2!=0){
        printf("#");
        continue;
```

```
        }
        printf("*");
}
```

A. #*#*#   B. #####   C. *****   D. *#*#*

二、填空题

1. 执行以下程序段后，变量 i 的值是_____，s 的值是_____。

```
int i, s=0;
for(i=1; i<=10; i=i+3)
    s=s+i;
```

2. 下列程序段的输出结果是_____。

```
for(int i=14; i>1; i/=3)
    printf("%d#", i);
```

3. 以下程序段 A 的输出结果是_____，程序段 B 的输出结果是_____。

程序段 A
```
int num=0, s1=0;
while(num<=2){
    num++;
    s1=s1+num;
}
printf("s1=%d\n", s1);
```

程序段 B
```
int num=0, s2=0;
while(num<=2){
    s2=s2+num;
    num++;
}
printf("s2=%d\n", s2);
```

4. 求序列和。计算并输出 s=1+12+123+1234+12345 的值。请填空。

```
int i, s=0, t=0;
for(i=1; i<=5; i++){
    t=_____+i;
    s=s+t;
}
printf("s=%d\n", s);
```

5. 以下程序段 A 的输出结果是_____，程序段 B 的输出结果是_____。

程序段 A
```
int num=0;
while(num<6){
    num++;
    if(num==3) break;
    printf("%d#", num);
}
```

程序段 B
```
int num=0;
while(num<6){
    num++;
    if(num==3) continue;
    printf("%d#", num);
}
```

6. 输入 82pay! <Enter>，以下程序段的输出结果为_____。

```
char ch;
```

```
    int i;
    for(i=1; i<=6; i++){
        ch=getchar();
        if(ch>='a' && ch<='z') ch=(ch+5-'a')%26+'a';
        else if(ch>='0' && ch<='9') ch=(ch+2-'0')%10+'0';
        putchar(ch);
    }
```

7. 阅读下列程序段并回答问题。

```
    int i, j, k=0, m=0;
    for(i=0; i<2; i++){
        ;                    /*第3行*/
        for(j=0; j<3; j++)
            k++;
        m++;                 /*第6行*/
    }
    printf("k=%d, m=%d\n", k, m);
```

(1) 程序段的输出是_____。
(2) 将第6行改为"m=m+k;"，程序段的输出是_____。
(3) 将第3行改为"k=0;"，将第6行改为"m=m+k;"，程序段的输出是_____。

8. 输出方阵。输入一个正整数 n(1≤n≤10)，打印一个 n 行 n 列的方阵。当 n=4 时，输出如下方阵。请填空。

```
    13  14  15  16
     9  10  11  12
     5   6   7   8
     1   2   3   4
```

```
    int i, j, n;
    scanf("%d", &n);
    for(_____; i>=0; _____){
        for(j=1; j<=n; j++){
            printf("%4d", _____);
        }
        printf("\n");
    }
```

9. 输出等腰三角形。输入一个正整数 n(1≤n≤9)，打印一个高度为 n 且由"＊"组成的等腰三角形图案。当 n=3 时，输出如下等腰三角形图案。请填空。

```
      *
     ***
    *****
```

```
    int i, j, n;
```

```
scanf("%d", &n);
for(i=1; i<=n; i++){
    for(_____){
        printf(" ");
    }
    for(_____){
        printf("*");
    }
    _____;
}
```

10. 顺序输出整数的各位数字。输入一个非负整数，从高位开始逐位分割并输出它的各位数字。例如，输入 9837，输出 9 8 3 7。请填空。

```
int digit, number, pow, t_number;
scanf("%d", &number);
t_number=number;
pow=1;
while(_____){
    pow=pow*10;
    t_number=t_number/10;
}
while(pow>=1){
    digit=_____;
    number=_____;
    pow=pow/10;
    printf("%d ", digit);
}
printf("\n");
```

三、程序设计题

1. 求奇数和。输入一批正整数(以零或负数为结束标志)，求其中的奇数和。试编写相应程序。

2. 展开式求和。输入一个实数 x，计算并输出下式的和，直到最后一项的绝对值小于 0.000 01，计算结果保留 4 位小数。要求定义和调用函数 fact(n) 计算 n 的阶乘，可以调用 pow() 函数求幂。试编写相应程序。

$$s = 1 + x + \frac{x^2}{2!} + \frac{x^3}{3!} + \frac{x^4}{4!} + \cdots$$

3. 求序列和。输入一个正整数 n，输出 2/1+3/2+5/3+8/5+⋯ 的前 n 项之和，保留 2 位小数。该序列从第 2 项起，每一项的分子是前一项分子与分母的和，分母是前一项的分子。试编写相应程序。

4. 求序列和。输入两个正整数 a 和 n，求 $a+aa+aaa+aa\cdots a(n 个 a)$ 之和。例如，输入 2 和 3，输出 246(2+22+222)。试编写相应程序。

5. 换硬币。将一笔零钱(大于8分,小于1元,精确到分)换成5分、2分和1分的硬币,每种硬币至少有一枚。输入金额,问有几种换法?针对每一种换法,输出各种面额硬币的数量和硬币的总数量。试编写相应程序。

6. 输出水仙花数。输入一个正整数 $n(3 \leqslant n \leqslant 7)$,输出所有的 n 位水仙花数。水仙花数是指一个 n 位正整数,它的各位数字的 n 次幂之和等于它本身。例如 153 的各位数字的立方和是 $1^3+5^3+3^3 = 153$。试编写相应程序。

7. 求最大公约数和最小公倍数。输入两个正整数 m 和 $n(m \leqslant 1\,000, n \leqslant 1\,000)$,求其最大公约数和最小公倍数。试编写相应程序。

8. 高空坠球。皮球从 height(米)高度自由落下,触地后反弹到原高度的一半,再落下,再反弹……如此反复。问皮球在第 n 次落地时,在空中一共经过多少距离?第 n 次反弹的高度是多少?输出保留1位小数。试编写相应程序。

9. 打印菱形星号"*"图案。输入一个正整数 $n(n$ 为奇数),打印一个高度为 n 的"*"菱形图案。例如,当 n 为7时,打印出以下图案。试编写相应程序。

```
      *
     * *
    * * *
   * * * *
    * * *
     * *
      *
```

10. 猴子吃桃问题。一只猴子第一天摘下若干个桃子,当即吃了一半,还不过瘾,又多吃了一个;第二天早上又将剩下的桃子吃掉一半,又多吃了一个。以后每天早上都吃了前一天剩下的一半加一个。到第 n 天早上想再吃时,只剩下一个桃子了。问:第一天共摘了多少个桃子?试编写相应程序。(提示:采取逆向思维的方法,从后往前推断)

11. 兔子繁衍问题。一对兔子,从出生后第3个月起每个月都生一对兔子。小兔子长到第3个月后每个月又生一对兔子。假如兔子都不死,请问第1个月出生的一对兔子,至少需要繁衍到第几个月时兔子总数才可以达到 n 对?输入一个不超过 10 000 的正整数 n,输出兔子总数达到 n 最少需要的月数。试编写相应程序。

第 5 章
函　　数

本章要点

- 函数的作用？如何确定函数功能？

- 怎样定义函数？如何调用函数？定义函数与声明函数有何区别？

- 什么是函数的参数？怎样确定函数的参数？

- 在函数调用时，参数是如何传递数据的？

- 变量与函数有什么关系？如何使用局部变量和全局变量？

- 什么是静态变量？

函数是 C 语言程序的基本组成单元，迄今为止编写的每一个程序都需要用到函数，如 main( ) 函数和 printf( )、scanf( ) 等函数。充分发挥函数功能，可以使程序容易编写、阅读、调试和修改。

本章首先介绍函数的定义和使用，然后讨论变量与函数的关系。

5.1 计算圆柱体积

5.1.1 程序解析

【例 5-1】计算圆柱体的体积。输入圆柱的高和半径，求圆柱体积 volume = $\pi \times r^2 \times h$。要求定义和调用函数 cylinder(r, h) 计算圆柱体的体积。

源程序

```c
/*计算圆柱体积*/
#include <stdio.h>
double cylinder(double r, double h);        /*函数声明*/
int main(void)
{
    double height, radius, volume;

    printf("Enter radius and height:");     /*输入提示*/
    scanf("%lf%lf", &radius, &height);      /*输入圆柱的半径和高度*/
    volume=cylinder(radius, height);        /*调用函数，返回值赋给 volume*/
    printf("volume=%.3f\n", volume);        /*输出圆柱的体积*/

    return 0;
}

/*定义求圆柱体积的函数*/
double cylinder(double r, double h)
{
    double result;

    result=3.141 592 6*r*r*h;               /*计算圆柱体积*/

    return result;                          /*返回结果*/
}
```

运行结果

```
Enter radius and height: 3.0  10
volume=282.743
```

本例中，cylinder( )为自定义函数，计算圆柱体体积。程序运行时，先通过主函数输入圆柱的半径和高度，然后调用 cylinder( )函数计算体积，最后由主函数输出体积。本例的重点在于关注函数如何定义以及如何调用。

5.1.2 函数的定义

函数是一个完成特定工作的独立程序模块，包括库函数和自定义函数两种。例如，scanf( )、printf( )等为库函数，由 C 语言系统提供定义，编程时只要直接调用即可；而例 5-1 和例 2-11 中的 cylinder( )、fact( )函数，需要用户自己定义，属于自定义函数。

虽然 cylinder( )、fact( )完成的是不同的功能，但它们有一个共同点——实现一个计算，并可以得到一个明确的计算结果，这是函数最常见的用途。前面学习过的 1!+2!+…+n!、π等计算都可以通过自行定义函数来实现。

从函数实现计算功能角度来看，C 语言的函数与数学上的函数概念十分接近。例 5-1 计算 $volume = \pi \times r^2 \times h$，可以写出数学函数形式：$volume=f(r, h)$。$r, h$ 是计算体积的依据——函数自变量，C 语言中称其为函数参数。$f(r, h)$计算后有结果值，在 C 程序中必然为某一种数据类型，称其为函数类型。

函数定义的一般形式为：

```
函数类型 函数名(形式参数表)          /* 函数首部 */
{
    函数实现过程                    /* 函数体 */
}
```

1. 函数首部

函数首部由函数类型、函数名和形式参数表（以下简称形参表）组成，位于函数定义的第一行。函数首部中，函数名是函数整体的称谓，需用一个合法的标识符表示。函数类型指函数结果返回的类型，一般与 return 语句中表达式的类型一致。形参表中给出函数计算所要用到的相关已知条件，以类似变量定义的形式给出，其格式为：

类型 1 形参 1，类型 2 形参 2，…，类型 n 形参 n

形参表中各个形参之间用逗号分隔，每个形参前面的类型必须分别写明。函数的形参的数量可以是一个，也可以是多个，或者没有形参。

☞ 函数首部后面不能加分号，它和函数体一起构成完整的函数定义。

例 5-1 中，函数首部为：

```
double cylinder(double r, double h)
```

表明函数的类型是 double，也即函数的结果类型；函数名是 cylinder；函数有两个形参 r 和 h，它们的类型都是 double，分别表示圆柱体的半径和高度，它们是计算体积必须具备的已知条件。在 cylinder( )函数被调用时，这两个形参的值将由主调函数给出。

☞ 形参表不能写成 double r，h。

2. 函数体

函数体体现函数的实现过程，由一对大括号内的若干条语句组成，用以计算，或完成特定的工作,并用 return 语句返回运算的结果。

例 5-1 中,函数体首先是变量定义:

  double result;

result 的类型与函数类型一致,用以保存函数运算结果 "result = 3.141 592 6 * r * r * h",并由 return result 返回运算结果。

result 是普通变量,不是形参,它只是函数实现过程中要用到的工作单元,只有必须从主调函数中得到的已知条件,才定义为形参,其他需要的工作单元都定义成普通变量。

5.1.3 函数的调用

定义一个函数后,就可以在程序中调用这个函数。在 C 语言中,调用标准库函数时,只需要在程序的最前面用#include 命令包含相应的头文件;调用自定义函数时,程序中必须有与调用函数相对应的函数定义。

充分理解函数调用与返回的实现过程,对学好函数程序设计是至关重要的。

1. 函数调用过程

任何 C 程序执行,首先从主函数 main( )开始,如果遇到某个函数调用,主函数被暂停执行,转而执行相应的函数,该函数执行完后将返回主函数,然后再从原先暂停的位置继续执行。

下面以例 5-1 为例,分析函数的调用过程。

① main( )函数运行到:

  volume = cylinder(radius, height);

时,调用 cylinder( )函数,暂停 main( )函数,将变量 radius 和 height 的值传递给形参 r 和 h;

② 计算机转到执行 cylinder( )函数,形参 r 和 h 接受变量 radius 和 height 的值;

③ 执行 cylinder( )函数中的语句,计算圆柱体积;

④ 函数 cylinder( )执行"return result;",结束函数运行,带着函数的结果 result,返回到 main( )函数中调用它的地方。

⑤ 计算机从先前暂停的位置继续执行,将返回值赋给变量 volume,输出体积。

```
#include <stdio.h>
int main (void)                              /*定义求圆柱体积的函数*/
{                                            double cylinder (double r,
                                             double h)
    double height, radius, volume;           {
    double cylinder (double r, double h);    double result;
    printf ("Enter radius and height:" );
    scanf ("%lf%lf", &radius, &height);      result = 3.1415926 * r * r
                                             * h;
    volume = cylinder (radius, height);          /*计算圆柱体积*/
    printf ("volume = %.3f \n", volume);     return result;
    return 0;                                    /*返回结果*/
}                                            }
```

通常把调用其他函数的函数称为主调函数，如 main()，被调用的函数称为被调函数，如 cylinder()。

2. 函数调用的形式

函数调用的一般形式为：

  函数名(实际参数表)

实际参数(简称实参)可以是常量、变量和表达式。例如，cylinder()中，使用变量 radius 和 height 作为实参。

对于实现计算功能的函数，函数调用通常出现在两种情况下：

① 赋值语句

```
volume=cylinder(radius,height);
```

② 输出函数的实参

```
printf("%f",cylinder(radius,height));
```

3. 参数传递

函数定义时，位于其首部的参数被称为形参，如 r 和 h。主调函数的参数被称为实参，如 radius 和 height。形参除了能接受实参的值外，使用方法与普通变量类似。形参和实参必须一一对应，两者数量相同，类型尽量一致。程序运行遇到函数调用时，实参的值依次传给形参，这就是参数传递。

如例 5-1 函数定义中：

```
double cylinder(double r,double h)
```

指明两个形参 r 和 h。而 main()函数中：

```
volume=cylinder(radius,height);
```

说明 radius 和 height 是实参。函数调用时，实参 radius 和 height 的值将被依次传给形参 r 和 h。

函数的形参必须是变量，用于接受实参传递过来的值；而实参可以是常量、变量或表达式，其作用是把常量、变量或表达式的值传递给形参。如果实参是变量，它与所对应的形参是两个不同的变量。实参是主调函数的，形参是自定义函数的，这两者可以同名，也可不同名。

按照 C 语言的规定，在参数传递过程中，将实参的值复制给形参。这种参数传递是单向的，只允许实参把值复制给形参，形参的值即使在函数中改变了，也不会反过来影响实参。

☞ 实参和形参一一对应，数量应相同，顺序应一致，初学时建议类型也保持一致。

4. 函数结果返回

函数结果返回的形式如下：

  return 表达式；

先求解表达式的值,再返回其值。一般情况下表达式的类型与函数类型应一致,如果两者不一致,以函数类型为准。return 语句的作用有两个:一是结束函数的运行;二是带着运算结果(表达式的值)返回主调函数。

在函数体中,return 语句中的表达式反映了函数运算的结果,通过 return 语句将该结果回送给主调函数。但 return 语句只能返回一个值,如果函数产生了多个运算结果,将无法通过 return 返回。例如求一元二次方程的函数,就不能用 return 返回两个根。在后面章节中将会介绍使用全局变量或指针实现函数多个结果返回。

☞ return 语句只能返回一个值。

5. 函数原型声明

C 语言要求函数先定义后调用,就像变量先定义后使用一样。如果自定义函数被放在主调函数的后面,就需要在函数调用前,加上函数原型声明(或称为函数声明)。

函数声明的目的主要是说明函数的类型和参数的情况,以保证程序编译时能判断对该函数的调用是否正确。函数声明的一般格式为:

函数类型 函数名(参数表);

即与函数定义中的第一行(函数首部)相同,并以分号结束。

☞ 函数声明是一条 C 语句,而函数定义时的函数首部不是语句,后面不能跟分号。

虽然可以将主调函数放在被调函数的后面,从而不需做声明。但考虑到函数的执行顺序,在编程时一般都把主函数写在最前面,使整个程序的结构和功能开门见山地呈现在读者面前,然后通过函数声明解决函数先调用后定义的矛盾。本书大部分例子都是采用例 5-1 的写法顺序:函数声明→函数调用→函数定义。

☞ 如果在调用函数前,既不定义,也不声明,程序编译时会出错。

5.1.4 函数程序设计

【例 5-2】计算五边形的面积。将一个五边形分割成 3 个三角形(图 5.1),输入这些三角形的 7 条边长,计算该五边形的面积。要求定义和调用函数 area(x, y, z)计算边长为 x、y、z 的三角形面积。

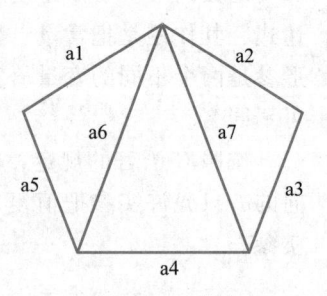

图 5.1 五边形

源程序

```
/*计算五边形的面积*/
#include <stdio.h>
#include <math.h>
int main(void)
{
    double a1, a2, a3, a4, a5, a6, a7, s;
    double area(double x, double y, double z);        /*函数声明*/
```

```
        printf("Please input 7 side lengths in the order a1 to a7:\n");
        scanf("%lf%lf%lf%lf%lf%lf%lf", &a1, &a2, &a3, &a4, &a5, &a6, &a7);
        s=area(a1, a5, a6)+area(a4, a6, a7)+area(a2, a3, a7);  /*调用3次area函数*/
        printf("The area of the Pentagon is %.2f\n", s);

        return 0;
}
/* 使用海伦-秦九韶公式计算三角形面积的函数 */
double area(double x, double y, double z)                    /*函数首部*/
{
        double p=(x+y+z)/2;

        return sqrt(p * (p-x) * (p-y) * (p-z));
}
```

运行结果

```
Please input 7 side lengths in the order a1 to a7:
2.5 2.5 2.5 2.5 2.5 3.6 3.6
The area of the Pentagon is 10.47
```

程序中定义了计算三角形面积的函数 area()，该函数有 3 个参数，分别为三角形的三条边长 x、y 和 z，采用海伦-秦九韶公式计算出三角形的面积。将五边形分割为 3 个三角形，分别调用 3 次 area() 函数计算出相应三角形的面积后求和。在实际使用中，还需增加对三条边是否可以构成三角形的条件判断，请读者对源程序和测试用例进行修改完善，并上机运行。

通过上面的程序可以发现，使用自定义函数的程序有以下几个优点：

（1）程序结构清晰，逻辑关系明确，程序可读性强；

（2）解决相同或相似问题时不用重复编写代码，可通过调用函数来解决，减少代码量；

（3）利用函数实现模块化编程，各模块功能相对独立，利用"各个击破"降低调试难度。

【例 5-3】 使用函数判断完全平方数。定义一个判断完全平方数的函数 IsSquare(n)，当 n 为完全平方数时返回 1，否则返回 0，不允许调用数学库函数。

如果 n 是完全平方数，则可以找到正整数 m，使 $n=m^2$ 成立。在不使用函数 sqrt() 的情况下，我们也可以判断一个数是否为完全平方数。例如，当 n 是完全平方数时，则 n 可以采用以下等差数列求和公式计算。

$$1+3+5+7+\cdots+(2\times m-1)=m^2=n$$

源程序

```
/* 判断完全平方数的函数 */
int IsSquare(int n)                    /*函数首部*/
{
```

```c
    int i;

    for(i=1; n>0; i=i+2){
        n=n-i;
    }
    if(n==0){
        return 1;                /*是完全平方数返回 1*/
    }else{
        return 0;                /*不是完全平方数返回 0*/
    }
}
```

本例是一个判断函数,函数中出现了两个 return 语句,执行时根据条件选择其中的一个,它们的作用相同,即结束函数运行,并回送结果。return 之后的语句将不会被执行。读者可以自行编写主函数来调用 IsSquare( )函数,并上机验证结果。

【例 5-4】使用函数求最大公约数。定义函数 gcd(int m, int n),计算 m 和 n 的最大公约数。

源程序

```c
/*采用辗转相除法求最大公约数的函数*/
int gcd(int m, int n)            /*定义求最大公约数函数 gcd( )*/
{
    int r, temp;

    if(m<n){                     /*如果 m 小于 n,则交换 m 和 n 的值*/
        temp=m; m=n; n=temp;
    }
    r=m%n;
    while(r!=0){
        m=n;
        n=r;
        r=m%n;
    }

    return n;
}
```

辗转相除法,又名欧几里得算法,是求最大公约数的一种常用方法。它的具体做法是:用较大的数 m 除以较小的数 n,再用出现的余数(第一余数)去除除数,再用出现的余数(第二余数)去除第一余数,如此反复,直到最后余数为 0 为止,那么最后的除数就是这两个数的最大公约数。如果使用更加结构化的描述,分为以下 3 步:

(1) 用 m 除以 n,得到余数赋值给 r;
(2) 如果 r 为 0,则返回 n 的值作为结果并结束;否则进入第(3)步;

(3) 将 n 的值赋给 m，将余数 r 赋给 n，返回第(1)步。

该算法也是一个迭代过程，关于迭代法在例 4-9 中已有介绍。读者可以自行编写主函数来调用 gcd( )函数，并上机验证结果。

【例 5-5】使用函数判断素数。定义函数 prime(m)判断 m 是否为素数，当 m 为素数时返回 1，否则返回 0。素数就是只能被 1 和自身整除的正整数，1 不是素数，2 是素数。

第 4 章中已介绍过判断素数的方法，本例借用例 4-5 的思路，用函数实现素数的判断，以方便其他函数的调用。

源程序

```
/*判断素数的函数*/
int prime(int m)
{
    int i, limit;

    if(m<=1){            /*小于等于 1 的数不是素数*/
        return 0;
    }else if(m==2){      /*2 是素数*/
        return 1;
    }else{               /*其他情况：大于 2 的正整数*/
        limit=sqrt(m)+1;
        for(i=2; i<=limit; i++){
            if(m%i==0){
                return 0;   /*若 m 能被某个 i 整除，则 m 不是素数，返回 0*/
            }
        }
        /*若循环正常结束，说明 m 不能被任何一个 i 整除，则 m 是素数，返回 1*/
        return 1;
    }
}
```

在函数定义中，遇到 m 不是素数，函数立即返回，并回送结果 0。因此，若函数能够执行到最后一句，m 就一定是素数，故返回 1。

在例 4-10 中，要求输出 m 到 n 之间的全部素数，则对 m 与 n 之间的每个数进行判断，若是素数，则输出该数。当时使用嵌套循环实现，现在就可以调用 prime( )函数，大大改善了程序的可读性。

```
for(k=m; k<=n; k++){
    if(prime(k)==1){
        printf("%d ", k);
    }
}
```

请读者重做例 4-10，要求定义和调用函数 prime(m)判断 m 是否为素数。

【练习 5-1】使用函数求 1 到 n 之和：输入一个正整数 n，输出 1~n 之和。要求定义和调用函数 sum(n) 求 1~n 之和。若要计算 m~n(m<n) 之和，又该如何定义函数？试编写相应程序。

【练习 5-2】 使用函数找最大值：输入 2 个数，输出其中较大的数。要求定义和调用函数 max(a, b) 找出并返回 a、b 中较大的数。试编写相应程序。

5.2 数字金字塔

5.2.1 程序解析

【例 5-6】 数字金字塔。输入一个正整数 n，输出 n 行数字金字塔。

源程序

```c
/* 输出数字金字塔 */
#include <stdio.h>
int main(void)
{
    int n;
    void pyramid(int n);           /* 函数声明 */

    printf("Enter n:");
    scanf("%d", &n);
    pyramid(n);                    /* 调用函数，输出 n 行数字金字塔 */

    return 0;
}
void pyramid(int n)                /* 函数定义，输出 n 行数字金字塔 */
{
    int i, j;
    for(i=1; i<=n; i++){           /* 需要输出的行数 */
        for(j=1; j<=n-i; j++){     /* 输出每行左边的空格 */
            printf(" ");
        }
        for(j=1; j<=i; j++){       /* 输出每行的数字 */
            printf("%d ", i);      /* %d 后面有 1 个空格 */
        }
        putchar('\n');
    }
}
```

运行结果

```
Enter n: 5
    1
   2 2
  3 3 3
 4 4 4 4
5 5 5 5 5
```

pyramid()函数的功能是在屏幕上输出数字金字塔，不做任何运算，也没有运算结果，自然也不需要返回值。函数定义时，形参 n 决定了需要输出的数字金字塔的层数。实参为变量 n，其值由主函数输入决定。

5.2.2 不返回结果的函数

前面介绍的函数都是起计算（或判断）作用，最终有一个函数结果返回。在很多程序设计中，调用函数不是为了得到某个运算结果，而是要让它产生某些作用。例 5-6 的作用就是在屏幕上输出数字金字塔。具有类似作用的函数在有些语言中也称为过程。

不返回结果的函数定义：

```
void 函数名(形参表)         /*函数首部*/
{
    函数实现过程             /*函数体*/
}
```

函数类型为 void，表示不返回结果，函数体中可以使用没有表达式的 return 语句，也可以省略 return。void 类型的函数虽然不直接返回一个值，但它的作用通常以屏幕输出等方式体现。

☞ 在不返回结果的函数定义中，void 不能省略；否则，函数类型被默认定义为 int。

例 5-6 定义 pyramid()函数时，省略了 return 语句，并不意味着函数不能返回。对于 void 类型的函数，如果省略了 return 语句，当函数中所有语句都执行完后，遇到最后的大括号即自动返回主调函数。

由于函数没有返回结果，函数调用不可能出现在表达式中，通常以独立的调用语句方式，如 pyramid(n);。

不返回结果的函数在定义、调用、参数传递、函数声明上，思路完全与以前相同，只是函数类型变为 void。它适用的场合主要是把一些确定的、相对独立的程序功能封装成函数。主函数通过调用不同的函数，体现算法步骤，而各步骤的实现由相应函数完成，从而简化主函数结构，以体现结构化程序设计思想。

5.2.3 结构化程序设计思想

1968 年在联邦德国召开的国际会议上正式提出并使用了"软件工程"的概念，即采用工程的概念、原理、技术和方法来开发与维护软件，以满足软件产业发展的需要。结构化程序设计(Structured Programming)是一种先进的程序设计技术,由著名计算机科学家 E. W. Dijkstra 于 1969 年提出,此后专家学者们又对此进行了更广泛深入的研究,设计了 Pascal、C 等结构化程序设计语言。本节简要介绍结构化程序设计方法的基本思想与要求,及其在问题分析、模块设计与程序编码上的应用。

结构化程序设计强调程序设计的风格和程序结构的规范化,提倡清晰的结构,其基本思路是将一个复杂问题的求解过程划分为若干阶段,每个阶段要处理的问题都容易被理解和处理。包括按自顶向下的方法对问题进行分析、模块化设计和结构化编码 3 个步骤。适合规模较大的程序设计。

1. 自顶向下分析问题的方法

自顶向下分析问题的方法,就是把大的复杂的问题分解成小问题后再解决。面对一个复杂的问题,首先进行上层(整体)的分析,按组织或功能将问题分解成子问题,如果子问题仍然十分复杂,再做进一步分解,直到处理对象相对简单、容易解决为止。当所有的子问题都得到了解决,整个问题也就解决了。在这个过程中,每一次分解都是对上一层问题进行的细化和逐步求精,最终形成一种类似树形的层次结构,来描述分析的结果。

例如,开发一个学生成绩统计程序,输入一批学生的 5 门课程的成绩,要求输出每个学生的平均分和每门课程的平均分,找出平均分最高的学生。

按自顶向下、逐步细化的方法分析上述问题,按功能将其分解为 4 个子问题:成绩输入、数据计算、数据查找(查找最高分)和输出成绩,其中数据计算又分解为计算学生平均分和计算课程平均分 2 个子问题,其层次结构如图 5.2 所示。

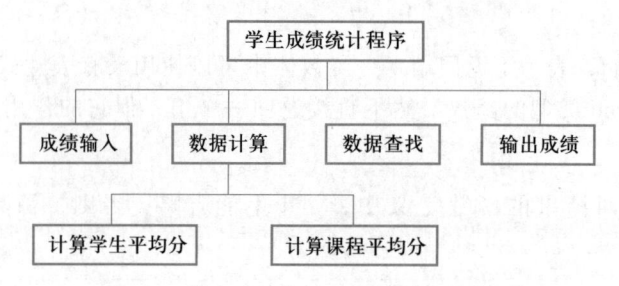

图 5.2 学生成绩统计程序的层次结构图

按照自顶向下的方法分析问题,有助于后续的模块化设计与测试,以及系统的集成。

2. 模块化设计

经过问题分析,设计好层次结构图后,就进入模块化设计阶段了。在这个阶段,需要将模块组织成良好的层次系统,顶层模块调用其下层模块以实现程序的完整功能,每个下层模块再调用更下层的模块,从而完成程序的一个子功能,最下层的模块完成最具体的功能。

模块化设计时要遵循模块独立性的原则,即模块之间的联系应尽量简单。体现在:

(1) 一个模块只完成一个指定的功能。
(2) 模块之间只通过参数进行调用。
(3) 一个模块只有一个入口和一个出口。
(4) 模块内慎用全局变量。

模块化设计使程序结构清晰，易于设计和理解。当程序出错时，只需改动相关的模块及其连接。模块化设计有利于大型软件的开发，程序员们可以分工编写不同的模块。

在 C 语言中，模块一般通过函数来实现，一个模块对应一个函数。在设计某一个具体的模块时，模块中包含的语句一般不要超过 50 行，这既便于编程者思考与设计，也利于程序的阅读。如果该模块功能太复杂，可以进一步分解到低一层的模块函数，以体现结构化的程序设计思想。

根据图 5.2，对学生成绩统计程序进行以下的模块化设计。

（1）设计 7 个函数，每个函数完成一项功能，代表一个模块。包括：主函数 main( )、成绩输入 input_stu( )、数据计算 calc_data( )、计算学生平均分 avr_stu( )、计算课程平均分 avr_cor( )、数据查找（查找最高分）highest( )和输出成绩 output_stu( )。

（2）模块间的调用关系为：主函数 main( )依次调用函数 input_stu( )、calc_data( )、highest( )和 output_stu( )，函数 calc_data( )中分别调用函数 avr_stu( )和 avr_cor( )，完成数据计算的功能。

3. 结构化编码主要原则

（1）经模块化设计后，每一个模块都可以独立编码。编程时应选用顺序、选择和循环 3 种控制结构，对于复杂问题可以通过这 3 种结构的组合、嵌套实现，以清晰表示程序的逻辑结构。

（2）对变量、函数、常量等命名时，要见名知义，有助于对变量含义或函数功能的理解。如求和用 sum 做变量名，求阶乘函数取名 fact 等，忌贪图方便取名 a、b、c、x、y 等。

（3）在程序中增加必要的注释，增加程序的可读性。序言性注释一般放在模块的最前面，给出模块的整体说明，包括标题、模块功能说明、模块目的等；状态性注释一般紧跟在引起状态变化语句的后面予以必要说明。

（4）要有良好的程序视觉组织，利用缩进格式，一行写一条语句，呈现出程序语句的阶梯方式，使程序逻辑结构层次分明、结构清楚、错落有致、更加清晰。

（5）程序要清晰易懂，语句构造要简单直接。在不影响功能与性能时，做到结构清晰第一、效率第二。

（6）程序有良好的交互性，输入有提示，输出有说明，并尽量采用统一整齐的格式。

【练习 5-3】字符金字塔：输入一个正整数 n 和一个字符 ch，输出 n 行由字符 ch 构成的字符金字塔。试编写相应程序。

5.3 复数运算

5.3.1 程序解析

【例 5-7】计算 2 个复数之和与之积。分别输入 2 个复数的实部与虚部，用函数实现计算 2 个复数之和与之积。

若 2 个复数分别为：c1=x1+(y1)i，c2=x2+(y2)i，则：

c1+c2=(x1+x2)+(y1+y2)i
c1*c2=(x1*x2-y1*y2)+(x1*y2+x2*y1)i

源程序

```c
#include <stdio.h>
double result_real, result_imag;                    /*全局变量,用于存放函数结果*/
int main(void)
{
    double imag1, imag2, real1, real2;              /*两个复数的实、虚部变量*/
    void complex_prod(double real1, double imag1, double real2, double imag2);
    void complex_add(double real1, double imag1, double real2, double imag2);

    printf("Enter 1st complex number(real and imaginary):");
    scanf("%lf%lf", &real1, &imag1);                /*输入第1个复数*/
    printf("Enter 2nd complex number(real and imaginary):");
    scanf("%lf%lf", &real2, &imag2);                /*输入第2个复数*/
    complex_add(real1, imag1, real2, imag2);        /*求复数之和*/
    printf("addition of complex is %f+%fi\n", result_real, result_imag);
    complex_prod(real1, imag1, real2, imag2);       /*求复数之积*/
    printf("product of complex is %f+%fi\n", result_real, result_imag);

    return 0;
}
/*定义求复数之和函数*/
void complex_add(double real1, double imag1, double real2, double imag2)
{
    result_real=real1+real2;
    result_imag=imag1+imag2;
}
/*定义求复数之积函数*/
void complex_prod(double real1, double imag1, double real2, double imag2)
{
    result_real=real1*real2-imag1*imag2;
    result_imag=real1*imag2+real2*imag1;
}
```

运行结果

```
Enter 1st complex number(real and imaginary):1 1
Enter 2nd complex number(real and imaginary):-2 3
addition of complex is-1.000 000+4.000 000i
product of complex is-5.000 000+1.000 000i
```

本例虽然是计算问题，但与前面例子有本质区别：其运算结果有两个数值——复数的实部与虚部，函数无法通过 return 语句返回。解决办法之一是采用全局变量 result_real 和 result_imag，使其成为主函数与自定义函数均能使用的变量，两个函数也成为无返回值的函数。

5.3.2 局部变量和全局变量

1. 局部变量

迄今为止，在程序中使用的变量都定义在函数的内部，它们的有效使用范围被局限于所在的函数内。因此主调函数只有通过参数传递，才能把实参数据传递给函数使用；同样，形参的改变也不会影响到实参变量。这种变量的有效使用范围，最大程度确保了各函数之间的独立性，避免函数之间相互干扰。

C 语言中把定义在函数内部的变量称为局部变量，局部变量的有效作用范围局限于所在的函数内部。形参是局部变量。

使用局部变量可以避免各个函数之间的变量相互干扰。在例 5-7 中，函数 complex_prod( ) 和 complex_add( ) 使用了同名的形参，且与主函数实参变量也同名，但由于分属不同函数，它们有各自不同的变量实体和使用范围，不会相互干扰。C 语言的这个特性在结构化程序设计中非常有用。

除了作用于函数的局部变量外，C 语言还允许定义作用于复合语句中的局部变量，其有效使用范围被局限于复合语句内，一般用作小范围内的临时变量。

```
int main(void)
{
    int a = 1;              /* 主函数的局部变量 */
    {                       /* 复合语句开始 */
        int b = 2;          /* 复合语句内的局部变量 */
        ...
    }                       /* 复合语句结束 */
    printf("%d", a);

    return 0;
}
```

☞ 局部变量一般定义在函数或复合语句的开始处，标准 C 规定其不能定义在中间位置。

2. 全局变量

局部变量虽然保证了函数的独立性，但程序设计有时还要考虑不同函数之间的数据交流，及各函数的某些统一设置。当一些变量需要被多个函数共同使用时，参数传递虽然是一个办法，但必须通过函数调用才能实现，并且函数只能返回一个结果，这会使程序设计受到很大的限制。为了解决多个函数间的变量共用，C 语言允许定义全局变量。

定义在函数外而不属于任何函数的变量称为全局变量。全局变量的作用范围是从定义开始到程序所在文件的结束，它对作用范围内所有的函数都起作用。

全局变量的定义格式与局部变量完全一致，只是定义位置不在函数内，它可以定义在程序的头部，也可以定义在两个函数的中间或程序尾部，只要在函数外部即可。

☞ 一般情况下把全局变量定义在程序的最前面，即第一个函数的前面。

由于全局变量和局部变量的作用范围不同，允许它们同名。当某函数的局部变量与全局变量同名时，在该函数中全局变量不起作用，而由局部变量起作用。对于其他不存在同名变量的函数，全局变量仍然有效。同样，当函数局部变量与复合语句的局部变量同名时，则以复合语句为准。

全局变量可以帮助解决函数多结果返回的问题，但全局变量更多地用于多函数间的全局数据表示。

【例 5-8】 用函数实现财务现金记账。先输入操作类型（1 收入，2 支出，0 结束），再输入操作金额，计算现金剩余额，经多次操作直到输入操作类型为 0 时结束。要求定义并调用函数，其中现金收入与现金支出分别用不同函数实现。

设变量 cash 保存现金余额值，由于它被主函数、现金收入与现金支出函数共用，任意使用场合其意义与数值都是明确和唯一的，因此定义其为全局变量。

源程序

```c
#include <stdio.h>
double cash;                                    /*定义全局变量，保存现金余额*/
int main(void)
{
  int choice;
  double value;
  void income(double number), expend(double number);   /*函数声明*/

  cash = 0;                                     /*初始金额=0*/
  printf("Enter operate choice(0--end, 1--income, 2--expend):");
  scanf("%d", &choice);                         /*输入操作类型*/
  while(choice!=0){                             /*若输入类型为0，循环结束*/
      if(choice==1||choice==2){
          printf("Enter cash value:");          /*输入操作现金额*/
          scanf("%lf", &value);
          if(choice==1){
              income(value);                    /*函数调用，计算现金收入*/
          }else{
              expend(value);                    /*函数调用，计算现金支出*/
          }
          printf("current cash:%.2f\n", cash);
      }
      printf("Enter operate choice(0--end, 1--income, 2--expend):");
      scanf("%d", &choice);                     /*继续输入操作类型*/
```

```
        }

        return 0;
    }

    /*定义计算现金收入函数*/
    void income(double number)
    {
        cash=cash+number;                           /*改变全局变量cash*/
    }

    /*定义计算现金支出函数*/
    void expend(double number)
    {
        cash=cash-number;                           /*改变全局变量cash*/
    }
```

运行结果

```
Enter operate choice(0--end, 1--income, 2--expend): 1
Enter cash value: 1 000
current cash: 1 000.00
Enter operate choice(0--end, 1--income, 2--expend): 2
Enter cash value: 456
current cash: 544.00
Enter operate choice(0--end, 1--income, 2--expend): 0
```

读者可能认为使用全局变量比使用局部变量自由度大,更方便。一旦定义,所有函数都可直接使用,连函数参数都可省略,甚至函数返回结果个数也不受限制,不需要使用return 语句,可以直接通过全局变量回送结果。从表面上看,全局变量确实能实现这些要求,但对于规模较大的程序,过多使用全局变量会带来副作用,导致各函数间相互干扰。如果整个程序是由多人合作开发的,各人都按自己的想法使用全局变量,相互的干扰可能更严重。如果我们把变量比喻成抗菌药的话,显然不管病情轻重,一律吃最高档的抗菌药,效果不见得好,而且带来的副作用是不言而喻的,对症下药才是最科学的。因此在变量使用中,应尽量使用局部变量,从某个角度看使用似乎受到了限制;但从另一个角度看,它避免了不同函数间的相互干扰,提高了程序质量。

☞ 全局变量虽然可以用于多个函数之间的数据交流,但一般情况下,应尽量使用局部变量和函数参数。

5.3.3 变量生存周期和静态局部变量

1. 变量生存周期

变量是保存变化数据的工作单元,计算机用内存单元来对应实现。一旦在程序中定义变量，计算机在执行过程中就会根据变量类型分配相应的内存单元供变量保存数据。

就一般程序而言，计算机都是从主函数开始运行的，使得 main( ) 函数中所有的局部变量，一开始就在内存数据区中分配了存储单元。而其他函数在被调用之前，其局部变量并未分配存储单元，只有当函数被调用时，其形参和局部变量才被分配相应存储单元；一旦函数调用结束返回主调函数，在函数中定义的所有形参和局部变量将不复存在，相应的存储单元由系统收回。根据这种特性，把局部变量称为自动变量，即函数被调用时，系统自动为其局部变量分配存储单元；一旦该函数调用结束（不一定是整个程序运行结束），所有分配给局部变量的单元由系统自动回收。变量从定义开始分配存储单元，到运行结束存储单元被回收，整个过程称为变量生存周期。

自动变量定义形式是：

  auto 类型名 变量表；

例如：

  auto int x, y;

在自动变量定义时，auto 可以省略，其形式与以前定义的普通变量完全相同。也就是说前面定义的局部变量都是自动变量。

当 main( ) 函数调用其他函数时，由于 main( ) 还未运行结束，其局部变量仍然存在，还在生存周期中，但由于变量的作用范围，使得 main( ) 中的局部变量单元不能在其他函数中使用。只有回到主函数后，那些局部变量才可继续使用。变量的作用范围和生存周期是两个不同概念，请读者区分清楚。

对于全局变量，由于它和具体函数无关，从程序执行开始到整个程序的结束，全局变量都有效，对应的存储单元始终保持，因此它的生存周期为整个程序执行周期。

2. 变量存储的内存分布

自动变量和全局变量的生存周期不同。为了便于计算机存储管理，C 语言把保存所有变量的数据区分成动态存储区和静态存储区。它们的管理方式完全不同，动态存储区是使用堆栈来管理的，适合函数动态分配与回收存储单元。而静态存储区相对固定，管理较简单，它用于存放全局变量和静态变量。图 5.3 给出了执行例 5-7 时的存储分布情况。用户

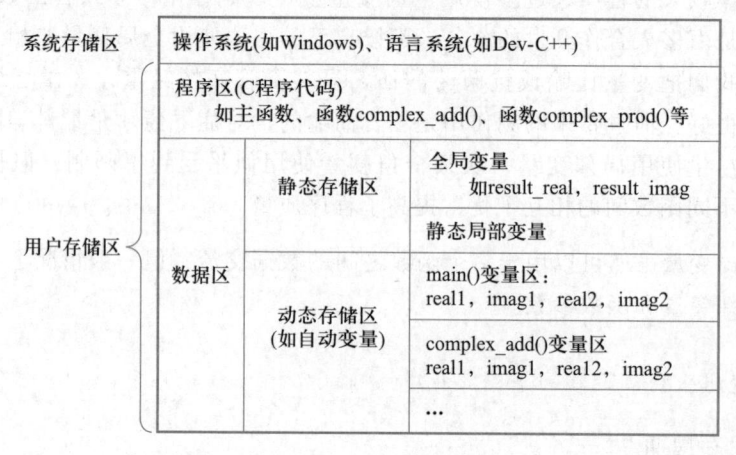

系统存储区	操作系统(如Windows)、语言系统(如Dev-C++)	
用户存储区	程序区(C程序代码) 如主函数、函数complex_add()、函数complex_prod()等	
	静态存储区	全局变量 如result_real, result_imag
		静态局部变量
	数据区 动态存储区 (如自动变量)	main()变量区： real1, imag1, real2, imag2
		complex_add()变量区 real1, imag1, rea12, imag2
		…

图 5.3 执行例 5-7 时的存储分布示意图

存储区包括程序区和数据区，程序代码与数据变量是分开存放的，且动态存储区中的变量按函数组织，main()函数的real1与complex_add()函数的real1分属不同单位，有各自的内存单元。

3. 静态变量

在静态存储区中，除了全局变量外，还有一种特殊的局部变量——静态局部变量。它存放在静态存储区，不会像普通局部变量那样因为函数调用结束而被系统回收，它的生存周期会持续到程序结束。由于存储单元被保留，一旦含有静态局部变量的函数被再次调用，则静态局部变量会被重新激活，上一次函数调用后的值仍然保存着，可供本次调用继续使用。

静态变量定义格式：

　　static　类型名　变量表

【例 5-9】 输入正整数 n，输出 1!~n! 的值。要求定义并调用含静态变量的函数 fact_s(n) 计算 n!。

源程序

```
#include <stdio.h>
double fact_s(int n);
int main(void)
{
  int i, n;
  printf("Input n:");
  scanf("%d", &n);
  for(i=1; i<=n; i++){
    printf("%3d!=%.0f\n", i, fact_s(i));      /*输出 i 和 i!*/
  }

  return 0;
}
double fact_s(int n)
{
  static double f = 1;         /*定义静态变量，第一次赋值为1*/
  f = f * n;                   /*上一次调用时的值再乘 n*/

  return(f);
}
```

运行结果

```
Input n: 6
 1!=1
 2!=2
 3!=6
 4!=24
```

    5! = 120
    6! = 720

  fact_s( )函数中并没有循环语句，它是靠静态变量 f 保存着上次函数调用时，计算得到的($n-1$)!值，再乘上 n，实现 n! 的计算。fact_s( )是特殊的计算方式，仅靠单次调用无法计算出 n!。

  自动变量如果没有赋初值，其存储单元中将是随机值。就静态变量而言，如果定义时没有赋初值，系统将自动赋 0。并且赋初值只在函数第一次调用时起作用，以后调用都按前一次调用保留的值使用。这是因为静态局部变量的生存周期始于函数的第一次调用，贯穿于整个程序。当函数第一次调用时，静态局部变量的内存单元得以分配，赋以初值，而函数被再次调用时，此静态局部变量单元已经存在，计算机不会再次为它分配单元，赋初值也不再发生。但静态局部变量受变量作用范围限制，不能作用于其他函数（包括主函数）。

> ☞ 静态变量赋初值只在函数第一次调用时起作用，若没有赋初值，系统将自动赋 0。

  静态变量与全局变量均位于图 5-3 中的静态存储区，它们的共同点是生存周期贯穿整个程序执行过程。区别在于作用范围不同，全局变量可作用于所有函数，静态变量只能用于所定义函数，而不能用于其他函数。

  静态变量和全局变量一样，属于变量的特殊用法，若没有静态保存的要求，不建议使用静态变量。除了静态局部变量外，C 语言也有静态全局变量，它的作用与程序文件结构有关，将在第 10 章中介绍。

  【练习 5-4】 思考：若把例 5-9 中静态变量 f 定义成普通局部变量，还能实现计算 n!吗？请上机检验。若把 f 换成全局变量又会如何？

习题 5

一、选择题

1. 在 C 语言程序中，若对函数类型未加显式说明，则函数的隐含类型为_____。
  A. void   B. double   C. char   D. int
2. 以下正确的说法是_____。
  A. 实参与其对应的形参共同占用一个存储单元
  B. 实参与其对应的形参各占用独立的存储单元
  C. 只有当实参与其对应的形参同名时才占用一个共同的存储单元
  D. 形参是虚拟的，不占用内存单元
3. 以下不正确的说法是_____。
  A. 实参可以是常量、变量或表达式 B. 实参可以是任何类型
  C. 形参可以是常量、变量或表达式 D. 形参应与对应的实参类型一致

4. 在函数调用 Func(exp1，exp2+exp3，exp4*exp5)中，实参的数量是_____。
   A. 3　　　　　　　B. 4　　　　　　　C. 5　　　　　　　D. 语法错误

5. 下列程序的输出结果是_____。

   ```
   fun(int a, int b, int c)
   {  c = a * b;
   }
   int main(void)
   {  int c;
      fun(2, 3, c);
      printf("%d\n", c);
      return 0;
   }
   ```

   A. 0　　　　　　　B. 1　　　　　　　C. 6　　　　　　　D. 无法确定

6. 以下程序的运行结果是_____。

   ```
   int x = 5, y = 6;
   void incxy()
   {  x++; y++;
   }
   int main(void)
   {  int x = 3;
      incxy();
      printf("%d,%d\n", x, y);
      return 0;
   }
   ```

   A. 3, 6　　　　　　B. 4, 7　　　　　　C. 3, 7　　　　　　D. 6, 7

二、填空题

1. 下列程序的输出结果为_____。

   ```
   int funp(int m);
   int main(void)
   {  int n;
      for(n = 1; n < 10; n++)
          if(funp(n) == 1)printf("%d#", n);
      return 0;
   }
   int funp(int m)
   {  int i;
      if(m == 2 || m == 3)return 1;
      if(m < 2 || m % 2 == 0)return 0;
      for(i = 3; i < m; i = i + 2)
          if(m % i == 0)return 0;
   ```

        return 1;
    }

2. 判断正整数的各位数字是否按从小到大排列。输入一批正整数(以零或负数为结束标志),判断每个数从高位到低位的各位数字是否按值从小到大排列。要求定义和调用函数 fun(m)判断 m 中各位数字是否按值从小到大排列,满足条件返回 1,否则返回 0。请填空。

    _____;
    int main(void)
    {
        int n;
        scanf("%d", &n);
        while(n>0){
            if(_____){
                printf("%d中各位数字按从小到大排列 \n", n);
            }else{
                printf("%d中各位数字没有按从小到大排列 \n", n);
            }
            scanf("%d", &n);
        }
        return 0;
    }
    int fun(_____)
    {
        int cur_digit, old_digit=m%10;
        while(m>10){
            _____;
            cur_digit=m%10;
            if(cur_digit>=old_digit){
                return 0;
            }
            _____;
        }
        return 1;
    }

3. 输出 Yes 或 No。输入字符 'y' 或 'Y',则在屏幕上输出字符串"Yes.";输入其他字符,则在屏幕上输出字符串"No!"。要求定义和调用函数 YesNo(ch),当 ch 为 'y' 或 'Y' 时输出"Yes.",当 ch 为其他字符时输出"No!"。请填空。

    void YesNo(_____)
    {
        switch(ch){

```
                case 'y':
                case 'Y': _____
                default: _____
        }
    }
    int main(void)
    {
        char ch;
        printf("Please input a character:\n");
        ch=getchar();
        _____
        return 0;
    }
```

三、程序设计题

1. 使用函数计算分段函数的值：输入 x，计算并输出下列分段函数 $f(x)$ 的值。要求定义和调用函数 sign(x)实现该分段函数。试编写相应程序。

$$f(x) = \begin{cases} 1 & x>0 \\ 0 & x=0 \\ -1 & x<0 \end{cases}$$

2. 使用函数求奇数和：输入一批正整数（以零或负数为结束标志），求其中的奇数和。要求定义和调用函数 even(n)判断数的奇偶性，当 n 为偶数时返回 1，否则返回 0。试编写相应程序。

3. 使用函数计算两点间的距离：给定平面任意两点坐标($x1$, $y1$)和($x2$, $y2$)，求这两点之间的距离（保留 2 位小数）。要求定义和调用函数 dist(x1, y1, x2, y2)计算两点间的距离。试编写相应程序。

4. 利用函数计算素数个数并求和：输入两个正整数 m 和 $n(1 \leq m, n \leq 500)$，统计并输出 m 和 n 之间的素数的个数以及这些素数的和。要求定义并调用函数 prime(m)判断 m 是否为素数。试编写相应程序。

5. 使用函数统计指定数字的个数：读入一个整数，统计并输出该数中"2"的个数。要求定义并调用函数 countdigit(number, digit)，它的功能是统计整数 number 中数字 digit 的个数。例如，countdigit(12 292, 2)的返回值是 3。试编写相应程序。

6. 使用函数输出水仙花数：输入两个正整数 m 和 $n(1 \leq m, n \leq 1\,000)$，输出 $m \sim n$ 之间的所有满足各位数字的立方和等于它本身的数。要求定义并调用函数 is(number)判断 number 的各位数字之立方和是否等于它本身。试编写相应程序。

7. 使用函数求余弦函数的近似值：输入精度 e，用下列公式求 $\cos x$ 的近似值，精确到最后一项的绝对值小于 e。要求定义和调用函数 funcos(e, x)求余弦函数的近似值。试编写相应程序。

$$\cos x = \frac{x^0}{0!} - \frac{x^2}{2!} + \frac{x^4}{4!} - \frac{x^6}{6!} + \cdots$$

8. 输入一个正整数 n，输出 n 行空心的数字金字塔。要求定义和调用函数 hollow_pyramid(n)输出 n 行空心的数字金字塔。当 $n=5$ 时，5 行空心的数字金字塔如下所示。

```
    1
   2 2
  3   3
 4     4
555555555
```

第 6 章
回顾数据类型和表达式

本章要点

- C 语言的基本数据类型有哪些？

- 各种基本数据类型的常量有哪些表现形式？

- C 语言有哪些表达式？各种表达式的求解规则是什么？

通过前面的学习，读者已经了解了 C 语言的基本内容，并且能编写一些简单的程序，实现对数据的处理。在用 C 语言编程时需要考虑：计算机能处理哪些数据？对这些数据能做哪些操作？通过怎样的操作步骤才能完成给定的工作？这三个问题分别对应数据表达、运算和流程控制，本章讨论前两个问题。

C 语言中可以使用的数据类型如图 6.1 所示。C 语言程序中所使用的每个数据都属于其中某一种类型，在编程时要正确地定义和使用数据。

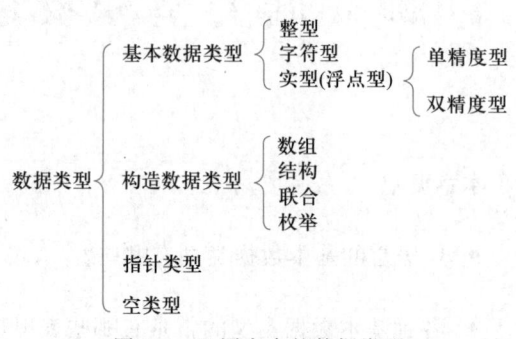

$$\text{数据类型}\begin{cases}\text{基本数据类型}\begin{cases}\text{整型}\\\text{字符型}\\\text{实型(浮点型)}\begin{cases}\text{单精度型}\\\text{双精度型}\end{cases}\end{cases}\\\text{构造数据类型}\begin{cases}\text{数组}\\\text{结构}\\\text{联合}\\\text{枚举}\end{cases}\\\text{指针类型}\\\text{空类型}\end{cases}$$

图 6.1　C 语言中的数据类型

其次，在 C 语言中，对数据的操作就是对数据进行运算，C 语言提供了许多运算符，可以对不同类型的数据进行处理。这些运算符与数据组合后便形成了表达式。

6.1　数据的存储和基本数据类型

6.1.1　数据的存储

1. 整型数据的存储

计算机处理的所有信息都以二进制形式表示，即数据的存储和计算都采用二进制。首先介绍整型数据的存储格式，不妨假设每个整数在内存中占用两个字节存储，最左边的一位（最高位）是符号位，0 代表正数，1 代表负数。

数值可以采用原码、反码和补码等不同的表示方法。为了便于计算机内的运算，一般以补码表示数值。

正数的原码、反码和补码相同，即符号位是 0，其余各位（下面以 15 位为例）表示数值。例如：

1 的补码是：　　　　　　| 0 0 0 0 0 0 0 0 | 0 0 0 0 0 0 0 1 |

127(2^7-1) 的补码是：　| 0 0 0 0 0 0 0 0 | 0 1 1 1 1 1 1 1 |

两个字节的存储单元能表示的最大正数是 $2^{15}-1$，即 32 767。

32 767 的补码是：　　　 | 0 1 1 1 1 1 1 1 | 1 1 1 1 1 1 1 1 |

负数的原码、反码和补码不同：

(1) 原码：符号位是 1，其余各位表示数值的绝对值。
(2) 反码：符号位是 1，其余各位对原码取反。
(3) 补码：反码加 1。

例如：

-1 的原码是：`1 0 0 0 0 0 0 0` `0 0 0 0 0 0 0 1`

-1 的反码是：`1 1 1 1 1 1 1 1` `1 1 1 1 1 1 1 0`

-1 的补码是：`1 1 1 1 1 1 1 1` `1 1 1 1 1 1 1 1`

同理，可以写出-32 767 的补码：

-32 767 的补码是：`1 0 0 0 0 0 0 0` `0 0 0 0 0 0 0 1`

减 1，得到-32 768，这是两个字节的存储单元能表示的最小负数。

-32 768 的补码是：`1 0 0 0 0 0 0 0` `0 0 0 0 0 0 0 0`

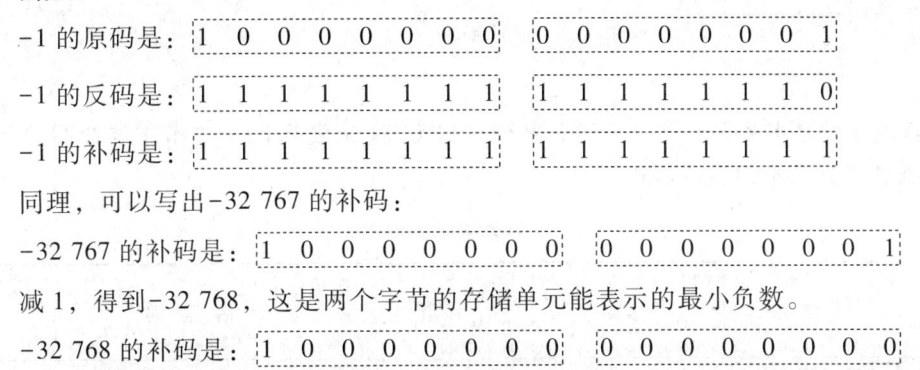

通过对整型数据存储格式的介绍，读者就能理解 1.1 节中提到的：每个整数都有一定的取值范围。假设整型数据在内存中占用两个字节存储，它的取值范围是[-32 768，32 767]。表 6.1 给出了用补码表示的一些数值(以递减顺序排列)。

表 6.1 数 的 补 码

数 值		补 码														
十进制	十六进制															
32 767	7fff	0	1	1	1	1	1	1	1	1	1	1	1	1	1	1
32 766	7ffe	0	1	1	1	1	1	1	1	1	1	1	1	1	1	0
...	...							...								
2	0002	0	0	0	0	0	0	0	0	0	0	0	0	0	1	0
1	0001	0	0	0	0	0	0	0	0	0	0	0	0	0	0	1
0	0000	0	0	0	0	0	0	0	0	0	0	0	0	0	0	0
-1	ffff	1	1	1	1	1	1	1	1	1	1	1	1	1	1	1
-2	fffe	1	1	1	1	1	1	1	1	1	1	1	1	1	1	0
...	...							...								
-32 767	8001	1	0	0	0	0	0	0	0	0	0	0	0	0	0	1
-32 768	8000	1	0	0	0	0	0	0	0	0	0	0	0	0	0	0

2. 实型数据的存储

存储实型数据时，分为符号位、阶码和尾数三部分，如图 6.2 所示。例如：实数-1.234 5e+02 是负数，阶码是 2，尾数是 1.234 5。实型数据的存储格式不属于本书的范围，在此不进行详细讨论。

符号位　阶码　　　　尾数

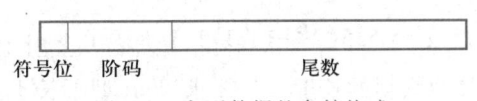

图 6.2 实型数据的存储格式

3. 字符型数据的存储

每个字符在内存中占用一个字节，存储它的 ASCII 码。例如字符型常量 'A' 的 ASCII 码为 65，它在内存中以下列形式存放：

| 0 | 1 | 0 | 0 | 0 | 0 | 0 | 1 |

6.1.2 基本数据类型

C 语言的 3 种基本数据类型是整型、字符型和实型（见表 6.2）。本节主要介绍这 3 种基本数据类型及其常量的表达形式。

表 6.2 基本数据类型

类别	名称	类型名	数据长度	取值范围
整型	[有符号]整型	int	32 位	$-2\,147\,483\,648 \sim 2\,147\,483\,647(-2^{31} \sim 2^{31}-1)$
	[有符号]短整型	short[int]	16 位	$-32\,768 \sim 32\,767(-2^{15} \sim 2^{15}-1)$
	[有符号]长整型	long[int]	32 位	$-2\,147\,483\,648 \sim 2\,147\,483\,647(-2^{31} \sim 2^{31}-1)$
	无符号整型	unsigned[int]	32 位	$0 \sim 4\,294\,967\,295(0 \sim 2^{32}-1)$
	无符号短整型	unsigned short[int]	16 位	$0 \sim 65\,535(0 \sim 2^{16}-1)$
	无符号长整型	unsigned long[int]	32 位	$0 \sim 4\,294\,967\,295(0 \sim 2^{32}-1)$
字符型	字符型	char	8 位	$0 \sim 255$
实型（浮点型）	单精度浮点型	float	32 位	约 $\pm(10^{-38} \sim 10^{38})$
	双精度浮点型	double	64 位	约 $\pm(10^{-308} \sim 10^{308})$

注：方括号中的内容可以省略。

1. 整型与整型常量（整数）

（1）整型

整型是指不存在小数部分的数据类型。除了基本整型 int 以外，为了处理不同取值范围的整数，C 语言提供了扩展的整数类型，它们的表示方法是在 int 之前加上限定词 short、long 或 unsigned。

无符号的整型数据指不带符号的整数，即零或正整数，不包括负数。存储有符号的整型数据时，存储单元的最高位是符号位，其余各位表示数值；存储无符号（指定 unsigned）的整型数据时，存储单元全部用于表示数值。

设 short 型和 unsigned short 型数据在内存中都占用两个字节存储，则 short 型数据的取值范围是 [-32 768, 32 767]，而 unsigned short 型数据的取值范围是 [0, 65 535]。

short 型最大正数 32 767（$2^{15}-1$）   0 1 1 1 1 1 1 1   1 1 1 1 1 1 1 1

unsigned short 型最大正数 65 535（$2^{16}-1$）   1 1 1 1 1 1 1 1   1 1 1 1 1 1 1 1

C 语言并未规定各类整型数据的长度，只要求 short 型不长于 int 型，long 型不短于 int 型。本书中讨论的整数类型，以表 6.2 为准，它与 Dev-C++ 编译系统的规定一致。在

Turbo C 编译系统中，int 和 unsigned 型数据的长度只有 16 位。

（2）整型常量

整型常量即常说的整数。只要整型常量的值不超出表 6.2 中列出的整型数据的取值范围，就是合法的常量。

① 整数的表示

C 语言中的整数有十进制、八进制和十六进制三种表现形式。十进制整数由正、负号和阿拉伯数字 0～9 组成，但首位数字不能是 0。八进制整数由正、负号和阿拉伯数字 0～7 组成，首位数字必须是 0。十六进制整数由正、负号和阿拉伯数字 0～9、英文字符 a～f 或 A～F 组成，首位数字前必须有前缀 0x 或 0X。

例如，10、010 和 0x10 分别为十进制、八进制和十六进制整数，它们表示不同数值的整数。10 是十进制数值，010 的十进制数值是 8，0x10 的十进制数值是 16。

又如，16、020 和 0X10 分别为十进制、八进制和十六进制整数，它们表示同一个数值的整数，即十进制数值 16。

0386 和 0x1g 是非法的整型常量，因为 0386 作为八进制整数含有非法数字 8，而 0x1g 作为十六进制整数含有非法字符 g。

任何一个整数都可以用三种形式来表示，这并不影响它的数值。例如，表示十进制数值是 10 的整数，可以采用 10、012 或 0Xa。所谓十进制、八进制和十六进制只是整数数值的三种表现形式而已。

② 整数的类型

判断整数的类型，首先根据整数后的字母后缀。后缀 l 或 L 表示 long 型常量，如 -12L，01 234 567 890L；后缀 u 或 U 表示 unsigned 型常量，如 12u，034u，0x2fdU；后缀 l 和 u 或 L 和 U 表示 unsigned long 型常量，如 4 294 967 295LU。

如果整数后面没有出现字母，就根据整型常量的值确定它的类型。例如：取值在 -32 768～32 767 之间的整数是 short 型常量；超出该范围，但取值在 32 768～65 535 之间的非负整数可以看成 unsigned short 型常量；超出上述范围，但取值在 -2 147 483 648～2 147 483 647 之间的整数是 int 或 long 型常量；超出上述范围，但取值在 2 147 483 648～4 294 967 295 之间的非负整数可以看成 unsigned 或 unsigned long 型常量。

2．字符型与字符型常量

（1）字符型

每个字符型数据在内存中占用一个字节，用于存储它的 ASCII 码。所以 C 语言中的字符具有数值特征，不但可以写成字符常量的形式，还可以用相应的 ASCII 码表示，即可以用整数来表示字符。

例如：设 ch 是字符变量，字符型常量 A 的 ASCII 码值是 65，则 ch = 'A' 和 ch = 65 等价。

既然字符型变量的值可以是字符或整数，它就可以被定义成整型变量；同时整型变量的值也可以是字符型数据，它可以被定义成字符型变量。即整型变量和字符型变量的定义和值都可以互相交换。

☞ 互换整型变量和字符型变量的定义和值时，整型数据的取值范围是有效的 ASCII 码。

（2）字符型常量

字符型常量指单个字符，用一对单引号及其所括起的字符来表示。如 'a'、'X'、'?'、' '（空格符）等都是字符型常量。

☞ 'a' 和 'A' 是不同的字符型常量，'0' 和 0 是不同类型的常量，前者是字符型常量，而后者是整型常量。

① ASCII 字符集

在 ASCII 字符集（见附录 B）中列出了所有可以使用的字符，每个字符在内存中占用一个字节，用于存储它的 ASCII 码。所以 C 语言中的字符具有数值特征，可以像整数一样参加运算，此时相当于对字符的 ASCII 码进行运算。

例如：字符 'A' 的 ASCII 码是 65，则 'A'+1=66，对应于字符 'B'。这是因为所有大写字母的 ASCII 码按升序连续排列，字符 'A' 的 ASCII 码加 1，就是字符 'B' 的 ASCII 码。

② 转义字符

有一些字符，如回车符、退格符等控制码，它们不能在屏幕上显示，也无法从键盘输入，只能用转义字符来表示。转义字符由反斜杠加上一个字符或数字组成，它把反斜杠后面的字符或数字转换成别的意义。虽然转义字符形式上由多个字符组成，但它是字符常量，只代表一个字符，它的使用方法与其他字符常量相同。表 6.3 列举了常见的转义字符。

表 6.3 转 义 字 符

字　　符	含　　义
\n	换行
\t	横向跳格
\\	反斜杠
\"	双引号
\'	单引号
\ddd	1~3 位八进制整数所代表的字符
\xhh	1~2 位十六进制整数所代表的字符

表 6.3 中最后两行采用 ASCII 码（八进制整数、十六进制整数）表示一个字符。例如，\102 表示 ASCII 码是八进制数 102 的字符，即字母 'B'；\x41 表示 ASCII 码是十六进制数 41 的字符，即字母 'A'。这样，ASCII 字符集中所有的字符都可以用转义字符表示。

3. 实型与实型常量（实数）

（1）实型

实数类型又称为浮点型，指存在小数部分的数。

浮点型数据有单精度浮点型（float）和双精度浮点型（double）两种，它们表示数值的方法是一样的，主要区别在于数据的精度和取值范围有所不同。与 float 型数据相比，double 型数据的精度高，取值范围大。

每个单精度浮点型数据在内存中占用 4 个字节存储空间，它的有效数字一般有 7~8 位，取值范围为 $\pm(10^{-38} \sim 10^{38})$；双精度浮点型数据所占的存储空间是单精度浮点型数据的两倍,即 8 个字节,它的有效数字一般有 15~16 位,取值范围为 $\pm(10^{-308} \sim 10^{308})$。这些指标与具体的计算机系统和 C 语言编译系统有关。

就浮点型数据而言,数值精度和取值范围是两个不同的概念。例如,实数 1 234 567.89 在单精度浮点型数据的取值范围内,但它的有效数字超过了 8 位,如果将它赋值给单精度浮点型变量,该变量的值就是 1 234 567.80,其中最后一位是一个随机数,损失了有效数字,降低了精度。

☞ 实数在计算机中只能近似表示,运算中也会产生误差。

(2)实型常量

实型常量即常说的实数,又称为浮点数,可以用十进制浮点表示法和科学计数法表示。实型常量都是双精度浮点型。

① 浮点表示法:实数由正号、负号、阿拉伯数字 0~9 和小数点组成,必须有小数点,并且小数点的前后至少一边要有数字。实数的浮点表示法又称实数的小数形式。

② 科学计数法:实数由正号、负号、数字和字母 e(或 E)组成,e 是指数的标志,在 e 之前要有数据,e 之后的指数只能是整数。实数的科学计数法又称实数的指数形式。

例如:3.14 和 6.026E-27 是合法的实数,而 0.2E2.3 和 E-5 是非法的实数。

科学计数法一般用于表示很大或很小的数,如普朗克常数 6.026×10^{-27} 表示为 6.026E-27,也可表示为 60.26e-28、602.6e-29 或 0.602 6e-26。

6.2 数据的输入和输出

在 C 语言中,数据的输入和输出都是通过函数调用来实现的。

6.2.1 整型数据的输入和输出

调用函数 scanf( ) 和 printf( ) 实现整型数据的输入和输出时,应根据数据的类型和输入输出的形式,在函数调用的格式控制字符串中使用相应的格式控制说明(见表 6.4)。

表 6.4 格式控制说明(整型数据)

数 据 类 型	输入输出形式		
	十 进 制	八 进 制	十 六 进 制
int	%d	%o	%x
long	%ld	%lo	%lx
unsigned	%u	%o	%x
unsigned long	%lu	%lo	%lx

基本的格式控制说明有%d、%u、%o 和%x,其含义见表 6.5,输入输出长整型数据时,在格式控制说明中加限定词 l(long 的首字母)。

表 6.5 基本格式控制说明的含义

格　式	含　义
%d	以十进制形式输入输出一个整数
%u	以十进制形式输入输出一个无符号整数
%o	以八进制形式输入输出一个整数
%x	以十六进制形式输入输出一个整数

根据表 6.4 给出的格式控制说明，可以选用十进制、八进制和十六进制三种形式来输出一个整数，同时，该整数也可以有十进制、八进制和十六进制三种表现形式，输出结果以格式控制说明为准。

例如，执行下列程序段：

```
printf("%d,%o,%x\n", 10, 10, 10);
printf("%d,%d,%d\n", 10, 010, 0x10);
printf("%d,%x\n", 012, 012);
```

运行结果

```
10, 12, a
10, 8, 16
10, a
```

八进制数 012 就可以用十进制和十六进制的形式输出。因此，不管一个整数采用哪种表现形式，它的数值是确定的。

在输出格式控制说明中，可以加宽度限定词，指定整型数据的输出宽度。例如，输出格式控制说明%md，指定了数据的输出宽度为 m（包括符号位），若数据的实际位数（含符号位）小于 m，则左端补空格，若大于 m，则按实际位数输出。

例如，执行下列程序段：

```
printf("input a, b:");
scanf("%o%d", &a, &b);
printf("%d %5d\n", a, b);    /* %5d 指定变量 b 的输出宽度为 5 */
```

运行结果

```
input a, b: 17 17
15   17
```

输入时，用格式控制说明指定的形式来读入数据。以八进制形式读入 17，相当于将 017（即 15）赋值给变量 a。以%5d 输出 b 的值 17，左端补了 3 个空格。

6.2.2 实型数据的输入和输出

调用函数 scanf( ) 和 printf( ) 实现实型数据的输入和输出时，在函数调用的格式控制字符串中使用相应的格式控制说明（见表 6.6）。

表 6.6 格式控制说明(实型数据)

函数	数据类型	格式	含 义
printf	float	%f	以小数形式输出浮点数(保留 6 位小数)
	double	%e	以指数形式输出浮点数(小数点前有且仅有一位非零的数字)
scanf	float	%f	以小数形式或指数形式输入一个单精度浮点数
		%e	
	double	%lf	以小数形式或指数形式输入一个双精度浮点数
		%le	

输出浮点数时，单精度和双精度浮点型数据使用相同的格式控制说明%f 和%e；输入浮点数时，格式控制说明%f 和%e 可以通用，但是，输入 double 型数据时，在格式控制说明中必须加限定词 l(long 的首字母)。

☞ double 型数据的输入格式控制说明必须用%lf 或%le。

在输出格式控制说明中可以加宽度限定词，指定实型数据的输出宽度。例如，输出格式控制说明%m.nf，指定输出浮点型数据时保留 n 位小数，且输出宽度是 m(包括符号位和小数点)。若数据的实际位数小于 m，左端补空格，若大于 m，按实际位数输出。

例如，执行下列程序段：

```
double d=3.141 592 6;
printf("%f,%e\n", d, d);
printf("%5.3f,%5.2f,%.2f\n", d, d, d);
```

运行结果

```
3.141 593, 3.141 59e+00
3.142, 3.14, 3.14
```

输出 d 的值 3.141 592 6 时,%5.3f 输出 3.142(保留 3 位小数),%5.2f 输出 3.14(保留两位小数，左端补一个空格),%.2f 输出 3.14(保留两位小数，按实际位数)。

6.2.3 字符型数据的输入和输出

字符的输入输出可以调用函数 getchar( )、putchar( )和 scanf( )、printf( )。

☞ getchar( )函数和 putchar( )函数只能处理单个字符的输入和输出。

scanf( )函数和 printf( )函数除了处理整型数据和浮点型数据的输入输出外，也可以处理字符型数据的输入和输出。此时，在函数调用的格式控制字符串中相应的格式控制说明为%c。

例如，执行下列程序段后：

```
scanf("%c%c%c", &ch1, &ch2, &ch3);
printf("%c%c%c%c%c", ch1, '#', ch2, '#', ch3);
```

运行结果

```
A bC
A# #b
```

输入多个字符时，这些字符之间不能有间隔。如果使用了间隔符(如空格" ")，由于它本身也是字符，该间隔符就被作为输入字符。输入字符 A 后，输入了一个空格，所以 ch2 的值是 ' '，ch3 的值是 'b'。

☞ 与字符常量在程序中的表示不同，输入输出字符时，字符两侧没有单引号。

C 语言中，一个字符型数据在内存中用一个字节存储它的 ASCII 码，它既可以按字符形式输出，也可以按整数形式输出。按字符形式输出时，可以调用函数 putchar( )或 printf( )(格式控制说明用%c)，系统自动将存储的 ASCII 码转换为相应的字符后输出；按整数形式输出时，可以调用函数 printf( )(格式控制说明选用%d、%o、%x 等)，直接输出它的 ASCII 码。

同样，一个整数(在有效的 ASCII 码范围内)也可以按字符形式输出，此时，输出字符的 ASCII 码等于该数。

【例 6-1】 大小写英文字母转换。输入一行字符，将其中的大写字母转换为相应的小写字母后输出，小写字母转换为相应的大写字母后输出，其他字符按原样输出。

输入一行字符，就是输入以回车符 '\n' 结束的一批字符，即以 '\n' 作为循环的结束标志，大小写字母的判断和转换用 else-if 语句实现。

源程序

```c
/*大小写英文字母转换*/
#include <stdio.h>
int main(void)
{
    char ch;                            /*定义一个字符变量 ch*/

    printf("Input characters:");        /*输入提示*/
    ch=getchar();                       /*输入一个字符，赋给变量 ch*/
    /*比较 ch 和 '\n'，当输入的字符不是回车时，继续循环；遇回车，则循环结束*/
    while(ch!='\n'){
        if(ch>='A' && ch<='Z'){         /*如果 ch 是大写字母*/
            ch=ch-'A'+'a';              /*大写字母转换为小写字母*/
        }else if(ch>='a' && ch<='z'){   /*如果 ch 是小写字母*/
            ch=ch-'a'+'A';              /*小写字母转换为大写字母*/
        }
        putchar(ch);                    /*输出转换后的字符*/
        ch=getchar();                   /*读入下一个字符*/
    }

    return 0;
}
```

运行结果

> Input characters: <u>Reold 123?</u>
> rEOLD 123?

程序中通过输入的字符来控制循环，遇回车循环结束。

程序中还包含了一些字符运算，这在实际编程中是很有用的。例如，若字符型变量 ch 的值是小写字母 'a' ~ 'z'，则运算 ch-'a'+'A' 把小写字母转换为大写字母；若字符型变量 ch 的值是大写字母 'A' ~ 'Z'，则运算 ch-'A'+'a' 把大写字母转换为小写字母。又如，若字符型变量 ch 的值是数字字符 '0' ~ '9'，运算 ch-'0' 把数字字符转换为数字，若整型变量 val 的值是数字 0 ~ 9，运算 val+'0' 把数字转换为数字字符。

C 语言编程时需要考虑 3 个问题，即数据表达、运算和流程控制。例 6-1 就是一个典型示例，程序中涉及字符型数据的表示，算术、赋值、逻辑和关系运算，在实现过程中使用了循环和分支结构，编程时综合运用了前 5 章介绍的编程思想和语言知识。

【练习 6-1】输入一个十进制数，输出相应的八进制数和十六进制数。例如：输入 31，输出 37 和 1F。

【练习 6-2】在程序段：

```
printf("input a, b:");
scanf("%o%d", &a, &b);
printf("%d %5d\n", a, b);    /* %5d 指定变量 b 的输出宽度为 5 */
```

中，如果将 scanf("%o%d", &a, &b) 改为 scanf("%x%d", &a, &b)，仍然输入 <u>17 17</u>，输出是什么？

【练习 6-3】英文字母转换。输入一行字符，将其中的英文字母转换后输出，其他字符按原样输出。其中英文字母(a ~ z 或 A ~ Z)的转换规则是：将当前字母替换为字母表中的后一个字母，同时将小写字母转换为大写，大写字母转换为小写，如 'a'->'B'、'C'->'d'，但是 'Z'->'a'、'z'->'A'。试编写相应程序。

6.3 类型转换

在 C 语言中，不同类型的数据可以混合运算。但这些数据首先要转换成同一类型，然后再作运算。数据类型的转换包括自动转换和强制转换。自动转换由 C 语言编译系统自动完成，强制转换则通过特定的运算完成。

6.3.1 自动类型转换

1. 非赋值运算的类型转换

数据类型的自动转换需遵循的规则见图 6.3。为保证运算的精度不降低，采用以下方法。

① 水平方向的转换：所有的 char 型和 short 型自动地转换成 int 型，所有的 unsigned short 型自动地转换成 unsigned 型，所有的 long 型自动地转换成 unsigned long 型，所有的

float 型自动地转换成 double 型。

② 垂直方向的转换：经过水平方向的转换，如果参加运算的数据的类型仍然不相同，再将这些数据自动转换成其中级别最高的类型。

例如，设变量 ac 的类型是 char，变量 bi 的类型是 int，变量 d 的类型是 double，求解表达式 ac+bi-d。运算次序是：先计算 ac+bi，将 ac 转换为 int 型后求和，结果是 int 型；再将 ac+bi 的和转换为 double 型，再与 d 相减，结果是 double 型。

```
高  double ← float
↑         ↑
    unsigned long ← long
↑         ↑
    unsigned ← unsigned short
↑         ↑
低   int ← char,short
```

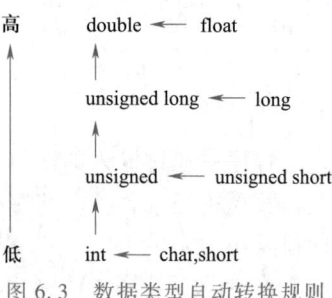

图 6.3　数据类型自动转换规则

2. 赋值运算的类型转换

赋值运算时，将赋值号右侧表达式的类型自动转换成赋值号左侧变量的类型。

例如，设变量 x 的类型是 double，计算表达式 x=1。运算时，先将 int 型常量 1 转换成 double 型常量 1.0，然后赋值给 x，结果是 double 型。

又如，设变量 a 的类型是 short，变量 b 的类型是 char，变量 c 的类型是 long，求解表达式 c=a+b。运算次序是：先计算 a+b，将 a 和 b 转换成 int 型后求和，结果是 int 型；再将 a+b 的和转换成变量 c 的类型 long，然后赋值给 c，结果是 long 型。

利用这条规则时，如果赋值号右侧表达式的类型比赋值号左侧变量的类型级别高，运算精度会降低。

例如，设变量 ai 的类型是 int，计算表达式 ai=2.56。运算时，先将 double 型常量 2.56 转换成 int 型常量 2，然后赋值给 ai，结果是 int 型。

在赋值运算时，赋值号两侧数据的类型最好相同，至少右侧数据的类型比左侧数据的类型级别低，或者右侧数据的值在左侧变量的取值范围内，否则，会导致运算精度降低，甚至出现意想不到的结果。

6.3.2　强制类型转换

使用强制类型转换运算符，可以将一个表达式转换成给定的类型。其一般形式是：

（类型名）　表达式；

例如，设 i 是 int 型变量，(double)i 将 i 的值转换成 double 型，而(int)3.8 将 3.8 转换成 int 型，得到 3。

无论是自动类型转换，还是强制类型转换，都是为了本次运算的需要，对数据的类型进行临时转换，并没有改变数据的定义。例如：表达式(double)i 的类型是 double，而 i 的类型并没有改变，仍然是 int。

☞　强制类型转换是运算符，不是函数，故(int)x 不能写成 int(x)。

强制类型转换运算符的优先级较高，与自增运算符++相同，它的结合性是从右到左。例如，(int)3.8+1.3 等价于((int)3.8)+1.3，它的值是 4.3，而(int)(3.8+1.3)的值是 5。

6.4　表达式

常量、变量、函数是最简单的表达式，用运算符将表达式正确连接起来的式子也是表达式。如以下都是表达式：

```
3;
10+sqrt(2.0);
x-2*3.14;
```

表达式就是由运算符和运算对象(操作数)组成的有意义的运算式子，它的值和类型由参加运算的运算符和运算对象决定，其中运算符就是具有运算功能的符号，运算对象指常量、变量和函数等表达式。

C语言中有多种表达式和相应的运算符，包括算术表达式、赋值表达式、关系表达式、逻辑表达式、条件表达式和逗号表达式等。

6.4.1 算术表达式

1. 算术运算符

算术运算符分为单目运算符和双目运算符两类(见表6.7)，单目运算符只需要一个操作数，而双目运算符需要两个操作数。

表 6.7 算术运算符

目数	单目				双目				
运算符	++	--	+	-	+	-	*	/	%
名称	自增	自减	正值	负值	加	减	乘	除	模(求余)

2. 自增运算符和自减运算符

自增运算符++和自减运算符--有两个功能。

（1）使变量的值增1或减1。

例如，设n是一个整型变量并已赋值，则

++n 和 n++ 都相当于 n=n+1；

--n 和 n-- 都相当于 n=n-1。

（2）取变量的值作为表达式的值。

例如，计算表达式++n 和 n++的值，则：

++n 的运算顺序是：先执行 n=n+1，再将 n 的值作为表达式++n 的值。

n++的运算顺序是：先将 n 的值作为表达式 n++的值，再执行 n=n+1。

☞ 自增运算符和自减运算符的运算对象只能是变量，不能是常量或表达式。形如 3++或++(i+j)都是非法的表达式。

3. 算术运算符的优先级和结合性

在算术四则运算中，遵循"先乘除后加减"的运算规则。同样，在C语言中，计算表达式的值也需要按运算符的优先级从高到低顺序计算。例如，表达式 a+b*c 相当于 a+(b*c)，这是因为操作数 b 的两侧有运算符+和*，而*的优先级高于+。

如果操作数两侧运算符的优先级相同，则按结合性(结合方向)决定计算顺序，若结合方向为"从左到右",则操作数先与左面的运算符结合;若结合方向为"从右到左",则操作数先与右面的运算符结合。

C 语言中部分运算符的优先级和结合性见表 6.8,同一行实线上的运算符优先级相同,不同行的运算符的优先级按从高到低的次序排列,可以用圆括号来改变运算符的执行次序。

表 6.8 部分运算符的优先级和结合性

运算符种类	运 算 符	结 合 方 向	优先级
逻辑运算符	!	从右向左(右结合)	高 ↑
算术运算符	++ -- + -(单目)		
	* / %(双目)		
	+ -(双目)		
关系运算符	< <= > >=	从左向右(左结合)	
	== !=		
逻辑运算符	&&		
	||		
条件表达式	?:	从右向左(右结合)	
赋值运算符	= += -= *= /= %=		
逗号运算符	,	从左向右(左结合)	↓ 低

例如,表达式-5+3%2 等价于(-5)+(3%2),结果为-4;表达式 3 * 5 %3 等价于(3 * 5)%3,结果为 0,这是因为 5 两侧运算符 * 和%的优先级相同,按从左到右的结合方向,5 先与 * 结合。而表达式-i++等价于-(i++),这是因为 i 两侧运算符-和++的优先级相同,按从右到左的结合方向,i 先与++结合。

4. 算术表达式

用算术运算符将运算对象连接起来的符合 C 语言语法规则的式子称为算术表达式,运算对象包括常量、变量和函数等表达式。算术表达式的值和类型由参加运算的运算符和运算对象决定。

5. 副作用的说明

(1) C 语言中,自增和自减是两个很特殊的运算符,相应的运算会得到两个结果。例如,设 n=3,表达式 n++经过运算之后,其值为 3,同时变量 n 的值增 1 为 4。即在求解表达式时,变量的值改变了,称这种变化为副作用。在编程时,副作用的影响往往会使得运算的结果与预期的值不相符合。

☞ 读者要慎用自增、自减运算,尤其不要用它们构造复杂的表达式。

(2) C 语言中,根据运算符的优先级和结合性决定表达式的计算顺序,但对运算符两侧操作数的求值顺序并未做出明确的规定,允许编译系统采取不同的处理方式。例如:计算表达式 f( )+g( )时,可以先求 f( ),再求 g( ),也可以相反。如果求值顺序的不同影响了表达式的结果,即相同的源程序在不同的编译系统下运行,结果可能不同,就给程序的移植造成了困难。所以,在实际应用中应该避免这种情况。

6.4.2 赋值表达式

1. 赋值运算符

C语言将赋值作为一种运算,赋值运算符=的左边必须是一个变量,作用是把一个表达式的值赋给一个变量。赋值运算符的优先级比算术运算符低,它的结合方向是从右向左(见表6.8)。例如,表达式 x=(3*4)等价于 x=3*4,表达式 x=y=3 等价于 x=(y=3)。

2. 赋值表达式

用赋值运算符将一个变量和一个表达式连接起来的式子称为赋值表达式。赋值表达式的简单形式是:

变量=表达式

赋值表达式的运算过程是:

(1) 计算赋值运算符右侧表达式的值。
(2) 将赋值运算符右侧表达式的值赋给赋值运算符左侧的变量。
(3) 将赋值运算符左侧的变量的值作为赋值表达式的值。

在赋值运算时,如果赋值运算符两侧的数据类型不同,在上述运算过程的第(2)步,系统首先将赋值运算符右侧表达式的类型自动转换成赋值运算符左侧变量的类型,再给变量赋值,并将变量的类型作为赋值表达式的类型。

例如,设 n 是整型变量,计算表达式 n=3.14*2 的值,首先计算 3.14*2 得到 6.28,将 6.28 转换成整型值 6 后赋给 n,该赋值表达式的值是 6,类型是整型。

又如,设 x 是双精度浮点型变量,计算表达式 x=10/4 的值,首先计算 10/4 得到 2,将 2 转换成双精度浮点型值 2.0 后赋给 x,该赋值表达式的值是 2.0,类型是双精度浮点型。

在赋值表达式中,赋值运算符右侧的表达式也可以是一个赋值表达式。如:

x=(y=3)

求解时,先计算表达式 y=3,再将该表达式的值 3 赋给 x,结果使得 x 和 y 都赋值为 3;相当于计算 x=3 和 y=3 两个赋值表达式。

由于赋值运算符的结合性是从右到左,因此,x=(y=3)等价于 x=y=3,即多个简单赋值运算可以组合为一个连赋值的形式。

3. 复合赋值运算符

赋值运算符分为简单赋值运算符和复合赋值运算符。简单赋值运算符就是=,复合赋值运算符又分为复合算术赋值运算符和复合位赋值运算符,在=前加上算术运算符就构成了复合算术赋值运算符(见表6.9),复合位赋值运算符在6.4.7节介绍。

表 6.9　复合算术赋值运算符

运 算 符	名　　称	等 价 关 系
+=	加赋值	x+=exp 等价于 x=x+(exp)
-=	减赋值	x-=exp 等价于 x=x-(exp)
*=	乘赋值	x*=exp 等价于 x=x*(exp)
/=	除赋值	x/=exp 等价于 x=x/(exp)
%=	取余赋值	x%=exp 等价于 x=x%(exp)

注：exp 指表达式。

所以，赋值表达式的一般形式是：

　　变量　赋值运算符　表达式

☞　x*=y-3 等价于 x=x*(y-3)，而不是 x=x*y-3。

6.4.3　关系表达式

1. 关系运算符

关系运算符(见表 6.10)是双目运算符，用于对两个操作数进行比较。

表 6.10　关系运算符

运算符	<	<=	>	>=	==	!=
名称	小于	小于或等于	大于	大于或等于	等于	不等于
优先级	高					低

关系运算符的优先级低于算术运算符，高于赋值运算符和逗号运算符，它的结合方向是从左向右(见表 6.8)。例如，设 a、b、c 是整型变量，ch 是字符型变量，则：

(1) a>b==c　等价于　(a>b)==c。
(2) d=a>b　等价于　d=(a>b)。
(3) ch>'a'+1 等价于　ch>('a'+1)。
(4) d=a+b>c　等价于　d=((a+b)>c)。
(5) 3<=x<=5　等价于　(3<=x)<=5。
(6) b-1==a!=c　等价于　((b-1)==a)!=c。

2. 关系表达式

用关系运算符将两个表达式连接起来的式子，称为关系表达式。关系表达式的值反映了关系运算(比较)的结果，它是一个逻辑量，取值"真"或"假"。由于 C 语言没有逻辑型数据，就用整数 1 代表"真"，0 代表"假"。这样，关系表达式的值就是 1 或 0，它的类型是整型。

【例 6-2】关系表达式的运用。

源程序

```
/*关系运算示例*/
#include <stdio.h>
int main(void)
{
    char ch='w';
    int a=2, b=3, c=1, d, x=10;

    printf("%d ", a>b==c);
    printf("%d ", d=a>b);
    printf("%d ", ch>'a'+1);
    printf("%d ", d=a+b>c);
    printf("%d ", b-1==a!=c);
    printf("%d\n", 3<=x<=5);

    return 0;
}
```

运行结果

0 0 1 1 0 1

程序输出了6个表达式的值,其中有两个是赋值表达式,请读者根据运算符的优先级做出判断。

关系表达式 b-1==a!=c 等价于关系表达式((b-1)==a)!=1,当a=2,b=3时,(b-1)==a的值是1,再计算1!=1,得到0。

关系表达式 3<=x<=5 等价于关系表达式(3<=x)<=5,当x=10时,3<=x的值是1,再计算1<=5,得到1。其实,无论x取什么值,关系表达式3<=x的值不是1就是0,都小于5,即3<=x<=5的值恒为1。由此看出,关系表达式 3<=x<=5 无法正确表示代数式 3<=x<=5。

6.4.4 逻辑表达式

1. 逻辑运算符

C语言提供了3种逻辑运算符(见表6.11),逻辑运算对象可以是关系表达式或逻辑量,逻辑运算的结果也是一个逻辑量,与关系运算一样,用整数1代表"真",0代表"假"。

表 6.11 逻辑运算符

目数	单目	双目	
运算符	!	&&	||
名称	逻辑非	逻辑与	逻辑或

例如，在逻辑表达式(x>=3)&&(x<=5)中，&& 是逻辑运算符，关系表达式 x>=3 和 x<=5 是逻辑运算对象，逻辑运算的结果是 1 或 0。

假设 a 和 b 是逻辑量，则对 a 和 b 可以进行的基本逻辑运算包括！a(或！b)、a && b 和 a‖b 3 种。作为逻辑量，a 或 b 的值只能是"真"或"假"，所以，a 和 b 可能的取值组合只有四种，即（"真"，"真"）、（"真"，"假"）、（"假"，"真"）和（"假"，"假"），与之对应的三种逻辑运算的结果也随之确定。将这些内容用一张表格表示，就是逻辑运算的"真值表"（见表 6.12），它反映了逻辑运算的规则，其中 a 和 b 的取值见括号中的内容。

表 6.12 逻辑运算的"真值表"

a	b	！a	a && b	a‖b
非 0（真）	非 0（真）	0	1	1
非 0（真）	0（假）	0	0	1
0（假）	非 0（真）	1	0	1
0（假）	0（假）	1	0	0

表 6.12 清楚地说明了逻辑运算符的功能，即：
（1）！a：如果 a 为"真"，结果是 0（"假"）；如果 a 为"假"，结果是 1（"真"）。
（2）a && b：当 a 和 b 都为"真"时，结果是 1（"真"）；否则，结果是 0（"假"）。
（3）a‖b：当 a 和 b 都为"假"时，结果是 0（"假"）；否则，结果是 1（"真"）。

如何判断逻辑量（如 a 和 b）的真、假呢？如果某个逻辑量的值为非 0，就是真；如果值为 0，就是假（见表 6.12）。

例如，计算(x>=3)&&(x<=5)，若 x=4，则 x>=3 和 x<=5 的值都是 1（非 0 为真），"逻辑与"运算的结果就是 1；若 x=10，则 x>=3 的值是 1（非 0 为真），而 x<=5 的值是 0（假），"逻辑与"运算的结果就是 0。

又如，计算！(x==2)，若 x=10，则 x==2 的值是 0（假），"逻辑非"运算的结果是 1；若 x=2，则 x==2 的值是 1（非 0 为真），"逻辑非"运算的结果是 0。

逻辑运算符的优先级见表 6.8，例如：
（1）a‖b&&c 等价于 a‖(b&&c)。
（2）！a&&b 等价于 (！a)&&b。
（3）x>=3&&x<=5 等价于 (x>=3)&&(x<=5)。
（4）！x==2 等价于 (！x)==2。
（5）a‖3+10&&2 等价于 a‖((3+10)&&2)。

2. 逻辑表达式

用逻辑运算符将关系表达式或逻辑量连接起来的式子，称为逻辑表达式。逻辑运算对象是值为"真"或"假"的逻辑量，它可以是任何类型的数据，如整型、浮点型、字符型等，C 编译系统以非 0 和 0 判定真和假。逻辑表达式的值反映了逻辑运算的结果，也是一个逻辑量，但系统在给出逻辑运算结果时用 1 代表"真"、0 代表"假"。

【例 6-3】逻辑表达式的运用。

源程序

```
/*逻辑运算示例*/
#include <stdio.h>
int main(void)
{
    char ch='w';
    int a=2, b=0, c=0;
    float x=3.0;

    printf("%d", a && b);
    printf("%d", a||b && c);
    printf("%d",!a && b);
    printf("%d", a||3+10&&2);
    printf("%d",!(x==2));
    printf("%d",!x==2);
    printf("%d\n", ch||b);

    return 0;
}
```

运行结果

0 1 0 1 1 0 1

程序中字符型变量 ch 的值是 'w'（其 ASCII 码值不为 0），整型变量 a 的值是 2，浮点型变量 x 的值是 3.0，都是非 0 的数，在逻辑运算时，相当于"真"，整型变量 b 和 c 的值都是 0，在逻辑运算时，相当于"假"，而逻辑运算的结果只能是 1 或 0。

!(x==2)是逻辑表达式，当 x=3.0 时，(x==2)的值是 0，再计算!0，得到 1。而!x==2 是关系表达式，等价于(!x)==2，当 x=3.0 时，!x 的值是 0，再计算 0==2，得到 0。其实，无论 x 取什么值，逻辑表达式!x 的值不是 1 就是 0，不可能等于 2，即!x==2 的值恒为 0。

与其他表达式的运算过程不同，求解用逻辑运算符 && 或者 || 连接的逻辑表达式时，按从左到右的顺序计算该运算符两侧的操作数，一旦能得到表达式的结果，就停止计算。例如：

（1）求解逻辑表达式 exp1 && exp2 时，先算 exp1，若其值为 0，则 exp1 && exp2 的值一定是 0。此时，已经没有必要计算 exp2 的值。例 6-3 中，计算表达式!a && b 时，先算!a，由于 a 的值是 2,!a 就是 0，该逻辑表达式的值一定是 0，不必计算 b 了。

（2）求解逻辑表达式 exp1 || exp2 时，先算 exp1，若其值为非 0，则 exp1 || exp2 的值一定是 1。此时，也不必计算 exp2 的值。例 6-3 中，计算表达式 a || 3+10 && 2 时，先算 a，由于 a 的值是 2，该逻辑表达式的值一定是 1，也不必计算 3+10 && 2 了。

【例 6-4】写出满足下列条件的 C 表达式。

① x 为零。

② x 和 y 不同时为零。

解答：
① 关系表达式 x==0 或逻辑表达式!x。

当 x 分别取值非 0 和 0 时，从真值表(见表 6.13)可以看出，两个表达式的结果相同，故两式等价。

表 6.13 真 值 表

x	x==0	!x
非 0	0	0
0	1	1

② 逻辑表达式!(x==0 && y==0)或 x!=0‖y!=0 或 x‖y。

从真值表(见表 6.14)可以看出，3 个表达式的结果相同，故三者等价。

表 6.14 真 值 表

x	y	!(x==0 && y==0)	x!=0‖y!=0	x‖y
非 0	非 0	1	1	1
非 0	0	1	1	1
0	非 0	1	1	1
0	0	0	0	0

6.4.5 条件表达式

条件运算符是 C 语言中的一个三目运算符，它将 3 个表达式连接在一起，组成条件表达式。条件表达式的一般形式是：

表达式 1? 表达式 2：表达式 3

条件表达式的运算过程是：先计算表达式 1 的值，如果它的值为非 0(真)，将表达式 2 的值作为条件表达式的值，否则，将表达式 3 的值作为条件表达式的值。

例如：设 a、b 是整型变量，将 a、b 的最大值赋给 z。可以用 if 语句实现：

```
if(a>b){
    z=a;
}else{
    z=b;
}
```

也可以用条件表达式求出 a、b 的最大值，再赋值给 z：

```
z=(a>b)? a: b;
```

如果条件表达式中表达式 2 和表达式 3 的类型不同，根据 6.3.1 节中讨论的类型自动转换规则确定条件表达式的类型。例如：表达式(n>0)? 2.9：1 的类型是 double 型。如果 n 是一个负数，该表达式的值是 1.0，而不是 1。

条件运算符的优先级较低,只比赋值运算符高。它的结合方向是自右向左(见表6.8)。例如:

(1) (n>0)?2.9:1 等价于 n>0?2.9:1。

(2) a>b?a:c>d?c:d 等价于 a>b?a:(c>d?c:d)。

灵活地使用条件表达式,不但可以使 C 语言程序简单明了,而且还能提高运算效率。

6.4.6 逗号表达式

C 语言中,逗号既可作分隔符,又可作运算符。逗号作为分隔符使用时,用于间隔说明语句中的变量或函数中的参数,例如:

```
int a, b, c;
printf("%d %d", x, y);
```

逗号作为运算符使用时,将若干个独立的表达式连接在一起,组成逗号表达式。逗号表达式的一般形式是:

表达式1,表达式2,…,表达式n

逗号表达式的运算过程是:先计算表达式 1 的值,然后计算表达式 2 的值……最后计算表达式 n 的值,并将表达式 n 的值作为逗号表达式的值,将表达式 n 的类型作为逗号表达式的类型。

例如,设 a,b,c 都是整型变量,计算逗号表达式"(a=2),(b=3),(c=a+b)"的值,该表达式由三个独立的表达式通过逗号运算符连接而成,从左到右依次求解这 3 个表达式后,该逗号表达式的值和类型由最后一个表达式"c=a+b"决定,值是 5,类型是整型。

逗号运算符的优先级是所有运算符中最低的,它的结合性是从左到右(见表6.8)。例如,表达式"(a=2),(b=3),(c=a+b)"等价于"a=2,b=3,c=a+b"。

逗号表达式常用于 for 循环语句中。

6.4.7 位运算

位运算是 C 语言与其他高级语言相比较,一个比较有特色的地方,利用位运算可以实现许多汇编语言才能实现的功能。

所谓位运算是指进行二进制位的运算。C 语言提供的位运算符如表 6.15 所示。

表 6.15 位 运 算 符

运 算 符	名 称
&	按位"与"
|	按位"或"
^	按位"异或"
~	取反
<<	左移
>>	右移

在使用位运算符时，注意以下几点：

（1）位运算符中除~是单目运算以外，其余均为二目运算。

（2）位运算符所操作的操作数只能是整型或字符型的数据以及它们的变体。

（3）操作数的移位运算不改变原操作数的值。

C语言的位运算符分为位逻辑运算符和移位运算符两类。下面将分别介绍各个位运算符。

1. 位逻辑运算符

位逻辑运算符有如下4种，二进制位逻辑运算的真值表见表6.16。

表6.16 二进制位逻辑运算真值表

A	B	~A	A|B	A&B	A^B
0	0	1	0	0	0
0	1	1	1	0	1
1	0	0	1	0	1
1	1	0	1	1	0

（1）单目运算符：~（取反）。

（2）双目运算符：&（按位"与"）、|（按位"或"）和^（按位"异或"）。

位逻辑运算符的运算规则：先将两个操作数（int 或 char 类型）化为二进制数，然后按位运算。

例如，位非运算~，将操作数按二进制数逐位求反，即1变为0，0变为1。

设 a=84，b=59，则 a&b 结果为16。因为84的二进制数为01 010 100，而59的二进制数为00 111 011，按上表的运算规则逐位求与，得二进制数00 010 000，即是十进制数16。具体过程如下：

$$\begin{array}{r} 01\ 010\ 100（84\ 的二进制数）\\ \&)00\ 111\ 011（59\ 的二进制数）\\ \hline 00\ 010\ 000（16\ 的二进制数） \end{array}$$

注意二进制位逻辑运算和普通的逻辑运算的区别。假设 x=0，y=28，则 x&y 等于0，x|y 等于28，而 x&&y 等于0，x||y 等于1。

对于位"异或"运算^有几个特殊的操作：

（1）a^a=0。

（2）a^~a=二进制全1（如果 a 以16位二进制表示，则为65 535）。

（3）~(a^~a)=0。

除此以外，位"异或"运算^还有一个很特别的应用，即通过使用位"异或"运算而不需临时变量就可交换两个变量的值。假设 a=19，b=23，想将 a 和 b 的值互换，可执行语句：

a ^= b ^= a ^= b;

该语句等效于下述两步：

```
b ^= a ^= b;
a = a ^ b;
```

b ^= a ^= b 可解释为：

b = b ^ (a ^ b) ⇔ a ^ b ^ b ⇔ a ^ 0 = a

因为操作数的位运算并不改变原操作数的值，除第 1 个 b 外，其余的 a、b 都是指原来的 a、b，即 b 得到 a 原来的值。

a = a ^ b 可解释为：

a = a ^ b ⇔ (a ^ b) ^ (b ^ a ^ b) ⇔ a ^ a ^ b ^ b = b

最初两步之一的"b ^= a ^= b;"中"a ^= b"使 a 改变，b 也已经改变，分别将原来的式子代入最后的 a = a ^ b，a 得到 b 原来的值。

2. 移位运算

移位运算是指对操作数以二进制位为单位进行左移或右移的操作。移位运算符有两种：>>（右移）和<<（左移）。

a>>b 表示将 a 的二进制值右移 b 位，a<<b 表示将 a 的二进制值左移 b 位。要求 a 和 b 都是整型，b 只能为正数，且不能超过机器字所表示的二进制位数。

移位运算具体实现有三种方式：循环移位、逻辑移位和算术移位（带符号）。

① 循环移位：在循环移位中，移入的位等于移出的位。

② 逻辑移位：在逻辑移位中，移出的位丢失，移入的位取 0。

③ 算术移位：在算术移位（带符号）中，移出的位丢失，左移入的位取 0，右移入的位取符号位，即最高位代表数据符号，保持不变。

C 语言中的移位运算方式与具体的 C 语言编译器有关，通常实现中，左移位运算后右端出现的空位补 0，移至左端之外的位则舍弃；右移运算与操作数的数据类型是否带有符号位有关，不带符号位的操作数右移位时，左端出现的空位补 0，移至右端之外的位则舍弃，带符号位的操作数右移位时，左端出现的空位按符号位复制，其余的空位补 0，移至右端之外的位则舍弃。

例如，假设 a = 58 = 00111010，a<<2 的值为：

←00111010←00 = 11101000 = 232 = 58 * 4

在数据可表达的范围里，一般左移 1 位相当于乘 2，左移 2 位相当于乘 4。

同样，假设 a = 58 = 00111010，a>>1 的值为：

0→00111010→ = 00011101 = 29 = 58/2

一般右移 1 位相当于除 2，右移 2 位相当于除 4。

再次提醒大家：操作数的移位运算并不改变原操作数的值。即经过上述移位运算，a 仍为 58，除非通过赋值 a = a>>2，改变 a 的值。

复合位赋值运算符就是在 = 前加上位运算符（见附录 A）。

6.4.8 其他运算

1. 长度运算符

长度运算符 sizeof 是一个单目运算符，用来返回变量或数据类型的字节长度。使用长度运算符可以增强程序的可移植性，使之不受具体计算机数据类型长度的限制。

例如，设 a 是整型变量，则 sizeof(a) 求整型变量 a 的长度，值为 4(bytes)，sizeof(int) 求整型的长度，值为 4(bytes)，sizeof(double) 求双精度浮点型的长度，值为 8(bytes)。

2. 特殊运算符

C 语言中，还有一些比较特殊的、具有专门用途的运算符。例如：

(1) ( ) 括号：用来改变运算顺序。

(2) [ ] 下标：用来表示数组元素，详见本书第 7 章。

(3) * 和 &：与指针运算有关，详见本书第 8 章。

(4) -> 和 .：用来表示结构分量，详见本书第 9 章。

3. 运算符的优先级与结合性

C 语言中，运算符共分 15 个优先级，分别用 1~15 来表示，1 表示优先级最高，15 表示优先级最低。各个运算符的优先级见附录 A。

C 语言中运算符的结合性分两类，左结合(从左到右)和右结合(从右到左)。单目运算符、三目运算符和赋值运算符的结合性是从右到左，其他运算符的结合性是从左到右。

6.4.9 程序解析

【例 6-5】输入一行字符，统计其中单词的个数。所谓"单词"是指连续不含空格的字符串，各单词之间用空格分隔，空格数可以是多个。

源程序

```c
#include <stdio.h>
int main(void)
{
    int cnt, word;              /* cnt 记录单词的个数, word 是新单词标识 */
    char ch;

    word = cnt = 0;             /* word 的初值为 0, 表示还没有遇到新单词 */
    printf("Input characters:");    /* 输入提示 */
    while((ch = getchar()) != '\n'){
        if(ch == ' '){
            word = 0;           /* 读入空格, 表示不是单词 */
                                /* word 赋 0, 表示没有遇到新单词 */
        }else if(word == 0){    /* 读入非空格且 word 为 0, 此为单词首字符 */
            word = 1;           /* word 赋 1, 表示遇到新单词 */
            cnt++;              /* 累加单词计数器 cnt */
        }
    }
    printf("%d\n", cnt);

    return 0;
}
```

运行结果

Input characters: *This sentence contains five words.*
5

程序中使用 while 语句控制字符的循环输入，以 '\n' 作为结束标记。其中，while 语句中的(ch=getchar())!='\n' 是一个关系表达式，运算符!=的左侧是赋值表达式。运算时，先计算赋值表达式(ch=getchar())，把输入的字符赋给变量 ch，同时该赋值表达式的值就是变量 ch 的值；然后再和 '\n' 比较。这样，用一个表达式就实现了输入和比较两种运算。

变量 word 是新单词标识，其值用于判别是否为新单词，若 word 为 0，表示未出现新单词，若出现新单词，则令 word 的值为 1。

☞ (ch=getchar())!='\n' 和 ch=getchar()!='\n' 不等价。

因为赋值运算符=的优先级低于关系运算符!=，所以不能省略(ch=getchar())!='\n'中的括号。表达式 ch=getchar()!='\n' 等价于 ch=(getchar()!='\n')，它是一个赋值表达式，运算时，先计算关系表达式(getchar()!='\n')，其值是 0 或 1，再赋给 ch，故 ch 中存放的不是输入的字符，而是关系运算的结果 0 或 1。

【练习 6-4】证明下列等价关系。
① a&&(b||c) 等价于 a&&b||a&&c。
② a||(b&&c) 等价于 (a||b)&&(a||c)。
③ !(a&&b) 等价于 !a||!b。
④ !(a||b) 等价于 !a&&!b。

习题 6

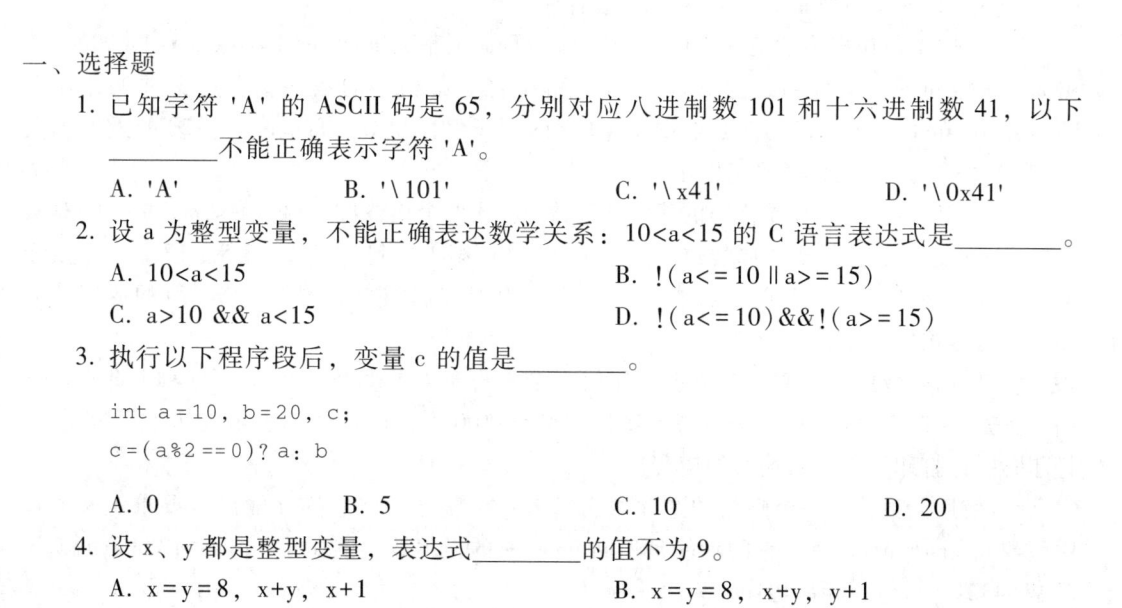

一、选择题

1. 已知字符 'A' 的 ASCII 码是 65，分别对应八进制数 101 和十六进制数 41，以下_____不能正确表示字符 'A'。
   A. 'A'　　　　B. '\101'　　　　C. '\x41'　　　　D. '\0x41'

2. 设 a 为整型变量，不能正确表达数学关系：10<a<15 的 C 语言表达式是_____。
   A. 10<a<15
   B. !(a<=10||a>=15)
   C. a>10 && a<15
   D. !(a<=10)&&!(a>=15)

3. 执行以下程序段后，变量 c 的值是_____。
   ```
   int a=10, b=20, c;
   c=(a%2==0)? a: b
   ```
   A. 0　　　　B. 5　　　　C. 10　　　　D. 20

4. 设 x、y 都是整型变量，表达式_____的值不为 9。
   A. x=y=8, x+y, x+1
   B. x=y=8, x+y, y+1

C. y=8, y+1, x=y, x+1　　　　　　D. x=8, x+1, y=8, x+y

5. 若 a 是整型变量，表达式 ~(a ^ ~a) 等价于_____。
   A. ~a　　　　　B. 1　　　　　C. 0　　　　　D. 2

6. 若表达式 sizeof(int) 的值为 2，则 int 类型数据可以表示的最大整数为_____。
   A. $2^{16}-1$　　　B. $2^{15}-1$　　　C. $2^{32}-1$　　　D. $2^{31}-1$

二、填空题

1. -127 的原码为_____、反码为_____、补码为_____。
2. 设 int a=5, b=6; 则表达式 (++a==b--)? ++a: --b 的值是_____。
3. 设变量定义如下，则表达式 'x'+1>c 的值是_____，'y'!=c+2 的值是_____，-a-5*b<=d+1 的值是_____，b==(a=2) 的值是_____。

   char c='w'; int a=1, b=2, d=-5;

4. 逻辑表达式 x&&1 等价于关系表达式_____。
5. 输入 123456#<Enter>，则输出结果是_____。

```
char ch;
while((ch=getchar())!='#'){
    putchar(ch);
    ch=getchar();
}
```

三、程序设计题

1. 分类统计字符个数：输入一行字符，统计出其中的英文字母、空格、数字和其他字符的个数。试编写相应程序。

2. 使用函数累加由 n 个 a 构成的整数之和：输入两个正整数 a 和 n，求 a+aa+aaa+aa…a(n 个 a) 之和。要求定义并调用函数 fn(a, n)，它的功能是返回 aa…a(n 个 a)。例如，fn(3, 2) 的返回值是 33。试编写相应程序。

3. 使用函数输出指定范围内的完数：输入两个正整数 m 和 n(1≤m, n≤1 000)，输出 m~n 之间的所有完数，完数就是因子和与它本身相等的数。要求定义并调用函数 factorsum(number)，它的功能是返回 number 的因子和。例如，factorsum(12) 的返回值是 16(1+2+3+4+6)。试编写相应程序。

4. 使用函数输出指定范围内的斐波那契数：输入两个正整数 m 和 n(1≤m, n≤10 000)，输出 m~n 之间所有的斐波那契数。斐波那契序列(第 1 项起)：1 1 2 3 5 8 13 21……要求定义并调用函数 fib(n)，它的功能是返回第 n 项斐波那契数。例如，fib(7) 的返回值是 13。试编写相应程序。

5. 使用函数验证哥德巴赫猜想：任何一个不小于 6 的偶数均可表示为两个奇素数之和。例如 6=3+3, 8=3+5, …, 18=5+13。将 6~100 之间的偶数都表示成两个素数之和，打印时一行打印 5 组。试编写相应程序。

6. 使用函数输出一个整数的逆序数：输入一个整数，将它逆序输出。要求定义并调用函数 reverse(number)，它的功能是返回 number 的逆序数。例如，reverse(12345) 的返回值是 54321。试编写相应程序。

7. 简单计算器：模拟简单运算器的工作，输入一个算式（没有空格），遇等号"="说明输入结束，输出结果。假设计算器只能进行加、减、乘、除运算，运算数和结果都是整数，4种运算符的优先级相同，按从左到右的顺序计算。例如，输入"1+2*10-10/2="后，输出10。试编写相应程序。

8. 统计一行字符，将每个单词的首字母改为大写后输出。所谓"单词"是指连续不含空格的字符串，各单词之间用空格分隔，空格数可以是多个，试编写相应程序。

第 7 章
数　　组

本章要点

- 什么是数组？为什么要使用数组？如何定义数组？

- 如何引用数组元素？

- 二维数组的元素在内存中按什么方式存放？

- 什么是字符串？字符串结束符的作用是什么？

- 如何实现字符串的存储和操作？

- 怎样理解 C 语言将字符串作为一个特殊的一维字符数组？

前面几章介绍的数据类型有整型、实型和字符型，它们都属于基本数据类型。除此之外，C 语言还提供了一些更为复杂的数据类型，称为构造类型或导出类型，它由基本类型按一定的规则组合而成。

数组是最基本的构造类型，它是一组相同类型数据的有序集合。数组中的元素在内存中连续存放，每个元素都属于同一种数据类型，用数组名和下标可以唯一地确定数组元素。

7.1 输出所有大于平均值的数

7.1.1 程序解析

【例 7-1】输出所有大于平均值的数。输入 n 个整数（1≤n≤10），计算这些数的平均值，再输出所有大于平均值的数。

计算若干个整数的平均值，在第 3 章和第 4 章都讨论过类似的问题，当时没有保留所有的输入数据。本题要求输出所有大于平均值的数，这就需要保存输入的 n 个数，在求出平均值之后，将它们逐一与平均值进行比较，程序中用 1 个整型数组，而不是若干个整型变量来存放它们。

数组的长度在定义时必须确定，如果无法确定需要处理的数据数量，至少也要估计其上限，并将该上限值作为数组长度。本题中因为 n≤10，数组长度就取上限 10。

源程序

```
/* 输出所有大于平均值的数 */
#include <stdio.h>
int main(void)
{
    int i, n;
    double average, sum;              /* average 存放平均值，sum 保存数据之和 */
    int a[10];                        /* 定义 1 个数组 a，它有 10 个整型元素 */

    printf("Enter n:");               /* 提示输入 n */
    scanf("%d", &n);
    if(n>=1 && n<=10){
        printf("Enter %d integers:", n);   /* 提示输入 n 个数 */
        /* 将输入数依次赋给数组 a 的前 n 个元素 a[0]~a[n-1] */
        for(i=0; i<n; i++){
            scanf("%d", &a[i]);
        }
        sum=0;
        for(i=0; i<n; i++){           /* 求数组 a 的前 n 个元素之和 */
```

```
            sum = sum+a[i];
        }
        average = sum/n;                /*求平均值*/
        printf("average=%.2f\n", average);
        printf(">average:");
        for(i = 0; i<n; i++){            /*逐个与平均值比较,输出大于平均值的数*/
            if(a[i]>average){
                printf("%d", a[i]);
            }
        }
        printf("\n");
    }else{
        printf("Invalid Value.\n");    /*输出错误提示*/
    }

    return 0;
}
```

运行结果

Enter n:<u>10</u>
Enter 10 integers:<u>55 23 8 11 22 89 0 -1 78 186</u>
average=47.10
>average:55 89 78 186

程序中定义一个整型数组 a 后,在内存中开辟了 10 个连续的单元,用于存放数组 a 的 10 个元素 a[0]~a[9]的值。这些元素的类型都是整型,由数组名 a 和下标唯一地确定每个元素。这 10 个数组元素接收输入数据后,相应内存单元的存储内容如图 7.1 所示。

a	55	23	8	11	22	89	0	-1	78	186
	a[0]	a[1]	a[2]	a[3]	a[4]	a[5]	a[6]	a[7]	a[8]	a[9]

图 7.1 数组元素的存储

在程序中使用数组,可以让一批相同类型的变量使用同一个数组变量名,用下标来相互区分。它的优点是表达简洁,可读性好,便于使用循环结构。

7.1.2 一维数组的定义和引用

1. 定义

定义一个数组,需要明确数组变量名,数组元素的类型和数组的大小(即数组中元素的数量)。

一维数组定义的一般形式为:

    类型名 数组名[数组长度];

类型名指定数组中每个元素的类型;数组名是数组变量(以下简称数组)的名称,是一个合法的标识符；数组长度是一个整型常量表达式，设定数组的大小。

例如：

```
int a[10];      /*定义一个有10个整型元素的数组a*/
char c[200];    /*定义一个有200个字符型元素的数组c*/
float f[5];     /*定义一个有5个单精度浮点型元素的数组f*/
```

☞ 数组长度是一个常量。

数组是一些具有相同类型的数据的集合，数组中的数据按照一定的顺序排列存放。同一数组中的每个元素都具有相同的数据类型，有统一的标识符即数组名，用不同的序号即下标来区分数组中的各元素。

在定义数组之后，系统根据数组中元素的类型及个数在内存中分配了一段连续的存储单元用于存放数组中的各个元素，并对这些单元进行连续编号，即下标，以区分不同的单元。每个单元所需的字节数由数组定义时给定的类型来确定。

假设 int 类型占用 2 个字节，前面定义的数组 a 的起始地址是 4010，则其内存分配形式如图 7.2 所示，每一个元素需 2 个字节，共 20 个字节。由图可看出，只要知道了数组首元素的地址以及每个元素所需的字节数，其余各个元素的存储地址均可计算得到。

C 语言规定，数组名表示该数组所分配连续内存空间中第一个单元的地址，即首地址。由于数组空间一经分配之后在运行过程中不会改变，因此数组名是一个地址常量，不允许修改。

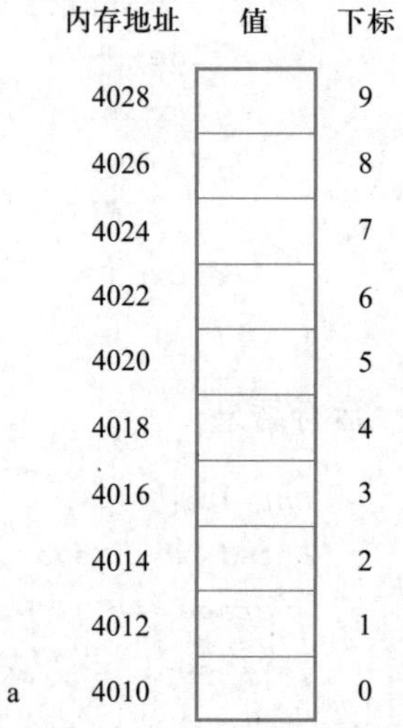

内存地址	值	下标
4028		9
4026		8
4024		7
4022		6
4020		5
4018		4
4016		3
4014		2
4012		1
a 4010		0

图 7.2　数组元素的内存状态

☞ 数组名是一个地址常量，存放数组内存空间的首地址。

2. 引用

定义数组后，就可以使用它了。C 语言规定，只能引用单个的数组元素，而不能一次引用整个数组。

数组元素的引用要指定下标，形式为：

数组名[下标]

下标可以是整型表达式。它的合理取值范围是[0，数组长度-1]，前面定义的数组 a 就有 10 个元素 a[0]，a[1]，…，a[9]，注意不能使用 a[10]。这些数组元素在内存中按下标递增的顺序连续存储(如图 7.2 所示)。

☞ 数组下标从 0 开始，下标不能越界。

数组元素的使用方法与同类型的变量完全相同。例如：

```
int k, a[10];
```

定义了整型变量 k 和整型数组 a。在可以使用整型变量的任何地方，都可以使用整型数组 a 的元素。例如：

```
         k = 3;
         a[0] = 23;
         a[k-2] = a[0]+1;
         scanf("%d", &a[9]);
```
都是合法的 C 语句。

请读者注意区分数组的定义和数组元素的引用，两者都要用到"数组名[整型表达式]"。定义数组时，方括号内是常量表达式，代表数组长度，它可以包括常量和符号常量，但不能包含变量。也就是说，数组的长度在定义时必须指定，在程序的运行过程中是不能改变的。而引用数组元素时，方括号内是表达式，代表下标，可以是变量，下标的合理取值范围是[0，数组长度-1]。

在编程时，注意不要让下标越界。因为，一旦发生下标越界，就会把数据写到其他变量所占的存储单元中，甚至写入程序代码段，有可能造成不可预料的运行结果。

7.1.3 一维数组的初始化

和简单变量的初始化一样，在定义数组时，也可以对数组元素赋初值。其一般形式为：

    类型名 数组名[数组长度] = {初值表};

初值表中依次放着数组元素的初值。例如：

```
         int a[10] = {1, 2, 3, 4, 5, 6, 7, 8, 9, 10};
```

定义数组 a，并对数组元素赋初值。此时，a[0] 为 1，a[1] 为 2，…，a[9] 为 10。

虽然 C 语言规定，只有静态存储的数组才能初始化，但一般的 C 编译系统都允许对动态存储的数组赋初值。本书中也允许对静态数组和动态数组初始化。例如：

```
         static int b[5] = {1, 2, 3, 4, 5};
```

初始化静态数组 b。静态存储的数组如果没有初始化，系统自动给所有的数组元素赋 0。即

```
         static int b[5];
```

等价于

```
         static int b[5] = {0, 0, 0, 0, 0};
```

数组的初始化也可以只针对部分元素，例如：

```
         static int b[5] = {1, 2, 3};
```

只对数组 b 的前 3 个元素赋初值，其余元素的初值为 0。即 b[0] 为 1，b[1] 为 2，b[2] 为 3，b[3] 和 b[4] 都为 0。又如：

```
         int fib[20] = {0, 1};
```

对数组 fib 的前 2 个元素赋初值，其余元素的初值为零。

数组初始化时，如果对全部元素都赋了初值，就可以省略数组长度，例如：

```
         int a[ ] = {1, 2, 3, 4, 5, 6, 7, 8, 9, 10};
```

此时，系统会根据初值的个数自动给出数组的长度。即上述初始化语句等价于：

```
int a[10]={1, 2, 3, 4, 5, 6, 7, 8, 9, 10};
```

显然,如果只对部分元素初始化,数组长度是不能省略的。为了改善程序的可读性,尽量避免出错,建议读者在定义数组时,不管是否对全部数组元素赋初值,都不要省略数组长度。

7.1.4 使用一维数组编程

数组的应用离不开循环。将数组的下标作为循环变量,通过循环,就可以对数组的所有元素逐个进行处理。

【例 7-2】 利用数组计算斐波那契数列。利用数组计算斐波那契数列的前 n 个数($1 \leq n \leq 46$),即 1, 1, 2, 3, 5, 8, …,并按每行打印 5 个数的格式输出,如果最后一行的输出少于 5 个数,也需要换行。

用数组计算并存放斐波那契数列的前 n 个数,有下列关系式成立:

```
f[0]=f[1]=1
f[n]=f[n-1]+f[n-2]   2≤n≤45
```

源程序

```c
/*输出斐波那契数列*/
#include <stdio.h>
#define MAXN 46                    /*定义符号常量 MAXN*/
int main(void)
{
    int i, n;
    int fib[MAXN]={1, 1};          /*数组初始化,生成斐波那契数列前两个数*/

    printf("Enter n:");
    scanf("%d", &n);
    if(n>=1&&n<=46){
        /*计算斐波那契数列剩余的 8 个数*/
        for(i=2; i<10; i++){
            fib[i]=fib[i-1]+fib[i-2];
        }
        /*输出斐波那契数列*/
        for(i=0; i<10; i++){
            printf("%6d", fib[i]);
            if((i+1)%5==0){        /*每输出 5 个数就换行*/
                printf("\n");
            }
        }
        if(n%5!=0){                /*如果总数不是 5 的倍数,换行*/
            printf("\n");
        }
```

```
    }else{
        printf("Invalid Value.\n");      /*输出错误提示*/
    }
    return 0;
}
```

运行结果

```
Enter n: 10
 1  1  2  3  5
 8 13 21 34 55
```

程序首部通过宏定义的方式定义了一个符号常量 MAXN，其值固定为 46，主函数中出现 MAXN 的位置一律用 46 替换。对宏定义的详细介绍见 10.3 节。

【例 7-3】 查找满足条件的所有整数——顺序查找法。输入正整数 n(1≤n≤10) 和整数 x，再输入 n 个整数并存入数组 a 中，然后在数组 a 中查找给定的 x。如果数组 a 中的元素与 x 的值相同，输出所有满足条件的元素的下标(下标从 0 开始)；如果没有找到，输出"Not Found"。

源程序

```
/*在数组中查找满足条件的所有整数——顺序查找法*/
#include <stdio.h>
#define MAXN 10                          /*定义符号常量 MAXN*/
int main(void)
{
    int i, flag, n, x;
    int a[MAXN];

    printf("Enter n, x:");               /*提示输入 n 和 x*/
    scanf("%d%d", &n, &x);
    printf("Enter %d integers:", n);     /*提示输入 n 个数*/
    for(i = 0; i<n; i++){
        scanf("%d", &a[i]);
    }
    /*在数组 a 中查找 x*/
    flag = 0;                            /*先假设 x 不在数组 a 中，置 flag 为 0*/
    for(i = 0; i<n; i++){
        if(a[i] == x){                   /*如果在数组 a 中找到了 x*/
            printf("Index is %d\n", i);  /*输出相应的下标*/
            flag = 1;                    /*置 flag 为 1，说明在数组 a 中找到了 x*/
        }                                /*第 21 行*/
    }
    if(flag == 0){                       /*如果 flag 为 0，说明 x 不在 a 中*/
        printf("Not Found\n");
    }
```

```
            return 0;
        }
```

运行结果 1

```
Enter n, x: 5 9
Enter 5 integers: 2 9 8 1 9
Index is 1
Index is 4
```

运行结果 2

```
Enter n, x: 4 101
Enter 5 integers: 9 8 -101 10
Not Found
```

请读者考虑，如果要求输出满足条件的元素的最小下标或者最大下标，应如何分别修改程序？

【例 7-4】 输入一个正整数 $n(1<n\leqslant 10)$，再输入 n 个整数，将它们存入数组 a 中。

① 求最小值及其下标。输出最小值和它所对应的最小下标。

② 交换最小值。将最小值与第一个数交换，输出交换后的 n 个数。

如果用变量 index 记录最小值对应的下标，则最小值就是 a[index]。算法见图 7.3 中的虚线框。

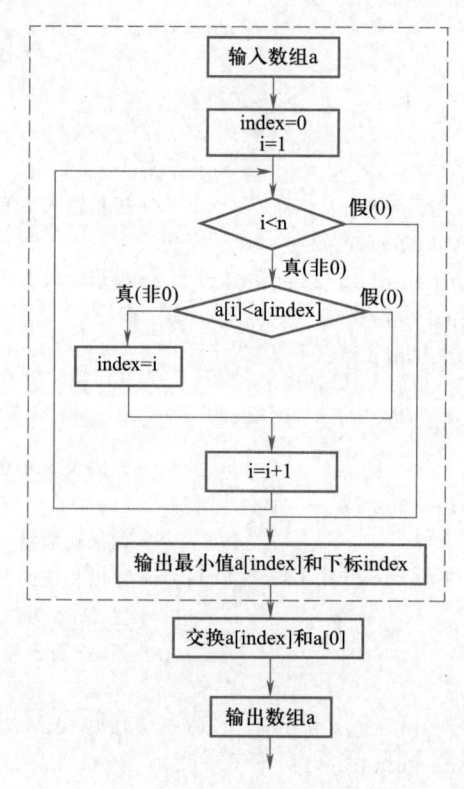

图 7.3 例 7-4 算法的程序流程图

源程序 1

```c
/* 找出数组的最小值和它所对应的最小下标 */
#include <stdio.h>
#define MAXN 10              /* 定义符号常量 MAXN */
int main(void)
{
    int i, index, n;
    int a[MAXN];

    printf("Enter n:");        /* 提示输入 n */
    scanf("%d", &n);
    printf("Enter %d integers:", n);  /* 提示输入 n 个数 */
    for(i = 0; i<n; i++){
        scanf("%d", &a[i]);
    }

    /* 找最小值 a[index] */
    index = 0;                 /* 假设 a[0]是最小值，即下标为 0 的元素最小 */
    for(i=1; i<n; i++){
        if(a[i]<a[index]){     /* 第 18 行，如果 a[i] 比假设的最小值还小 */
            index = i;         /* 再假设 a[i] 是新的最小值，即下标为 i 的元素最小 */
        }
    }
    /* 输出最小值和它所对应的最小下标 */
    printf("min is %d\tsub is %d\n", a[index], index);  /* 第 23 行 */

    return 0;
}
```

运行结果

```
Enter n: 6
Enter 6 integers: 2 9 -1 8 1 6
min is -1       sub is 2
```

请读者考虑，如果将第 18 行的条件表达式 a[i]<a[index] 改为 a[i]<=a[index]，程序的运行结果有变化吗？为什么？

题目中还要求将最小值与第一个数交换，就是将 a[index] 与 a[0] 交换。源程序 2 只需在源程序 1 的基础上做一些改动，在第 23 行后增加下列程序段：

```c
{   int temp;              /* 在复合语句中定义变量 temp */
    temp = a[index];       /* 以下 3 句交换 a[index]和 a[0] */
    a[index] = a[0];
```

```
        a[0]=temp;
        for(i=0; i<n; i++){
            printf("%d ", a[i]);
        }
    }
```

请读者自己完成源程序 2，并上机运行。

【例 7-5】 选择法排序。输入一个正整数 $n(1<n\leqslant 10)$，再输入 n 个整数，用选择法将它们从小到大排序后输出。

排序又称为分类，是程序设计的常用算法，包括冒泡排序、选择排序和插入排序等。

选择排序的算法步骤如下：

第 1 步：在未排序的 n 个数（$a[0]\sim a[n-1]$）中找到最小数，将它与 $a[0]$ 交换；

第 2 步：在剩下未排序的 $n-1$ 个数（$a[1]\sim a[n-1]$）中找到最小数，将它与 $a[1]$ 交换；

……

第 $n-1$ 步：在剩下未排序的 2 个数（$a[n-2]\sim a[n-1]$）中找到最小数，将它与 $a[n-2]$ 交换。

用程序流程图描述的算法见图 7.4。

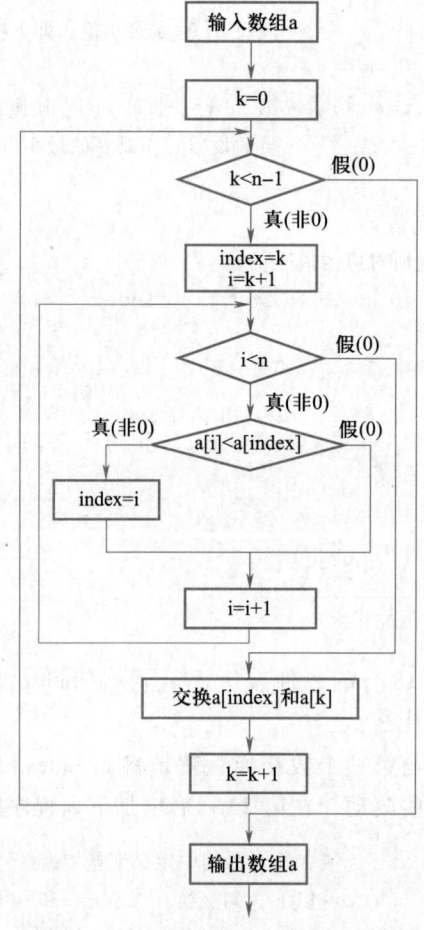

图 7.4 选择排序算法的程序流程图

源程序

```c
/*选择法排序*/
#include <stdio.h>
#define MAXN 10                      /*定义符号常量 MAXN*/
int main(void)
{
    int i, index, k, n, temp;
    int a[MAXN];

    printf("Enter n:");              /*提示输入 n*/
    scanf("%d", &n);
    printf("Enter %d integers:", n); /*提示输入 n 个数*/
    for(i=0; i<n; i++){              /*将输入数依次赋给数组 a 的 n 个元素 a[0]~a[n-1]*/
        scanf("%d", &a[i]);
    }
    /*对 n 个数排序*/
    for(k=0; k<n-1; k++){
        index=k;                     /*index 存放最小值所在的下标*/
        for(i=k+1; i<n; i++){        /*寻找最小值所在下标*/
            if(a[i]<a[index]){
                index=i;
            }
        }
        temp=a[index];               /*最小元素与下标为 k 的元素交换*/
        a[index]=a[k];
        a[k]=temp;
    }
    /*输出 n 个数组元素的值*/
    printf("After sorted:");
    for(i=0; i<n; i++){
        printf("%d ", a[i]);
    }
    printf("\n");

    return 0;
}
```

运行结果

```
Enter n: 5
Enter 5 integers: 3 5 2 8 1
After sorted: 1 2 3 5 8
```

程序运行时，数组元素 a[0]~a[4]值的变化见图 7.5。

k	index	a[0]	a[1]	a[2]	a[3]	a[4]	说明
		3	5	2	8	1	
0	4	1	5	2	8	3	a[0]~a[4]中最小数是a[4]，a[4]与a[0]交换
1	2	1	2	5	8	3	a[1]~a[4]中最小数是a[2]，a[2]与a[1]交换
2	4	1	2	3	8	5	a[2]~a[4]中最小数是a[4]，a[4]与a[2]交换
3	4	1	2	3	5	8	a[3]~a[4]中最小数是a[4]，a[4]与a[3]交换

图 7.5　例 7-5 数组元素 a[0]~a[4]值的变化

【**例 7-6**】调查电视节目受欢迎程度。某电视台要调查观众对该台 8 个栏目(设相应栏目编号为 1~8)的受欢迎情况，共调查了 $n(1 \leq n \leq 1\,000)$ 位观众。现要求编写程序，输入每一位观众的投票情况(每位观众只能选择一个最喜欢的栏目投票)，统计输出各栏目的得票情况。

这是一个分类统计的问题，输入一批整数(即选票)，统计各栏目得票数后输出。这就要求累计每个栏目的得票数，本例用一个整型数组 count 保存各栏目的得票数，数组下标对应栏目编号。这样，count[1]~count[8]分别表示 8 个栏目的得票数，即 count[i]代表了编号为 i 的栏目的得票数，当某一观众投票给栏目 i 时，直接执行 count[i]++即可。count[0]在本例中不使用。

源程序

```c
/* 投票情况统计 */
#include <stdio.h>
#define MAXN 8                          /* 定义符号常量 MAXN */
int main(void)
{
    int i, n, response;
    int count[MAXN+1];                  /* 数组下标对应栏目编号，不使用 count[0] */


    printf("Enter n:");                 /* 提示输入 n */
    scanf("%d", &n);
    for(i=1; i<=MAXN; i++){
        count[i]=0;                     /* 各栏目计数器清 0 */
    }
    for(i=1; i<=n; i++){                /* 输入并统计投票数据 */
        printf("Enter your response:"); /* 输入提示 */
        scanf("%d", &response);
        if(response>=1 && response<=MAXN){  /* 检查投票是否有效 */
            count[response]++;          /* 对应栏目得票加 1 */
```

```
            }else{
                printf("invalid:%d\n", response);
            }
        }
        printf("result:\n");                    /*输出得票数不为零的栏目得票情况*/
        for(i=1; i<=MAXN; i++){
            if(count[i]!=0){
                printf("%4d%4d\n", i, count[i]);
            }
        }
        return 0;
    }
```

运行结果

Enter n: <u>6</u>
Enter your response: <u>3</u>
Enter your response: <u>1</u>
Enter your response: <u>6</u>
Enter your response: <u>9</u>
invalid: 9
Enter your response: <u>8</u>
Enter your response: <u>1</u>
result:
  1 2
  3 1
  6 1
  8 1

【例 7-7】 二分查找法。设已有一个 $n(1 \leqslant n \leqslant 10)$ 个元素的整型数组 a，且按值从小到大有序排列。输入一个整数 x，然后在数组中查找 x，如果找到，输出相应的下标，否则，输出 "Not Found"。

查找和排序一样，都是程序设计的最基本的算法。例 7-3 介绍的顺序查找法是查找算法中最简单明了的一种，对数组元素从头到尾进行遍历，一旦数组元素量很大，其查找的效率就不高。二分查找是查找效率较高的一种，但前提是数组元素必须是有序的，算法思路如下：

设 n 个元素的数组 a 已有序（假定 a[0] 到 a[n-1] 升序排列），用 low 和 high 两个变量来表示查找区间的端点元素的下标，即在 a[low] ~ a[high] 间去查找 x。初始状态为 low = 0，high = n-1。首先用要查找的 x 与查找区间的中间位置元素 a[mid]（mid = (low+high)/2）比较，如果相等则找到，算法终止；如果 x<a[mid]，由于数组是升序排列的，则只要在 a[low] ~ a[mid-1] 区间继续查找；如果 x>a[mid]，则只要在 a[mid+1] ~ a[high] 区间继续查找。也就是根据与中间元素比较的情况产生了新的区间端点元素下标值 low、high，当出现 low>high 时算法终止，即不存在值为 x 的元素。

用程序流程图描述的算法见图 7.6。

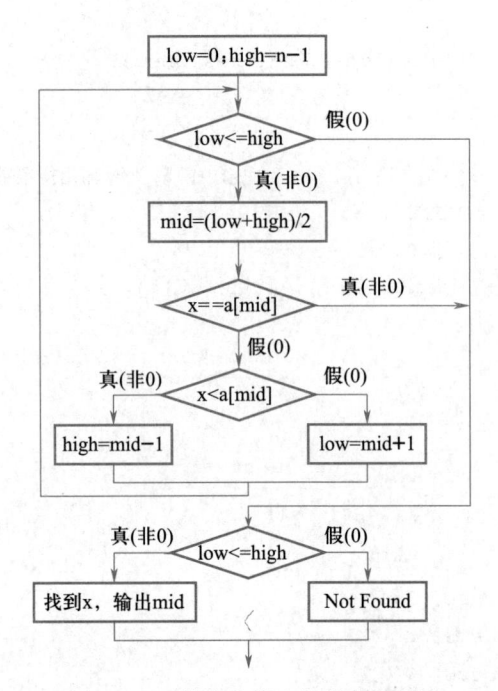

图 7.6　二分查找算法的程序流程图

源程序

```c
/* 二分查找法-简化初始条件 */
#include <stdio.h>
int main(void)
{
    int low, high, mid, n=10, x;
    int a[10]={1, 2, 3, 4, 5, 6, 7, 8, 9, 10};  /* 有序数组 */

    printf("Enter x:");                          /* 提示输入 x */
    scanf("%d", &x);
    low=0; high=n-1;                             /* 开始时查找区间为整个数组 */
    while(low<=high){                            /* 循环条件 */
        mid=(low+high)/2;                        /* 中间位置 */
        if(x==a[mid]){
            break;                               /* 查找成功，中止循环 */
        }else if(x<a[mid]){
            high=mid-1;                          /* 前半段，high 前移 */
        }else{
            low=mid+1;                           /* 后半段，low 后移 */
        }
    }
    if(low<=high){                               /* 找到，输出下标 */
        printf("Index is %d\n", mid);
```

```
        }else{                            /* x不在数组 a 中 */
            printf("Not Found\n");
        }

        return 0;
    }
```

> 运行结果 1

   Enter x: <u>8</u>
   Index is 7

> 运行结果 2

   Enter x: <u>71</u>
   Not Found

本题的重点是介绍二分查找算法，所以对初始条件进行了简化，假设 n 的值为 10，且将升序排列的 10 个整数初始化赋值给数组 a。请读者继续优化程序，判断输入的 n 个整数是否按从小到大的顺序排列，如果是按照升序排列的，则使用二分法查找；否则，提示数据输入有误或者先对数据进行排序再使用二分法查找。

【练习 7-1】将例 7-3 程序中的第 21 行前增加 break 语句，输出结果有变化吗？假设输入数据不变，输出什么？

【练习 7-2】求最大值及其下标。输入一个正整数 $n(1<n\leqslant 10)$，再输入 n 个整数，输出最大值及其对应的最小下标，下标从 0 开始。试编写相应程序。

【练习 7-3】将数组中的数逆序存放。输入一个正整数 $n(1<n\leqslant 10)$，再输入 n 个整数，存入数组 a 中，先将数组 a 中的这 n 个数逆序存放，再按顺序输出数组 a 中的 n 个元素。试编写相应程序。

【练习 7-4】找出不是两个数组共有的元素。输入一个正整数 $n(1<n\leqslant 10)$，再输入 n 个整数，存入第 1 个数组中；然后输入一个正整数 $m(1<m\leqslant 10)$，再输入 m 个整数，存入第 2 个数组中，找出所有不是这两个数组共有的元素。试编写相应程序。

7.2　找出矩阵中最大值所在的位置

7.2.1　程序解析

【例 7-8】求矩阵的最大值。输入两个正整数 m 和 $n(1\leqslant m, n\leqslant 6)$，再输入 1 个 $m\times n$ 的矩阵，找出最大值以及它的行下标和列下标。假设最大值唯一。

用一个二维数组存放矩阵中的元素，数组的行长度和列长度在定义时必须确定，本题中因为 $m, n\leqslant 6$，则二维数组的行长度和列长度都取上限 6。

如果用变量 row 和 col 分别记录最大值的行下标和列下标，则最大值就是 a[row][col]。

源程序

```c
/* 找出矩阵中的最大值及其行下标和列下标 */
#include <stdio.h>
#define MAXM 6                              /* 定义符号常量 MAXM */
#define MAXN 6                              /* 定义符号常量 MAXN */
int main(void)
{
    int col, i, j, m, n, row;
    int a[MAXM][MAXN];

    printf("Enter m, n:");                  /* 提示输入 m 和 n */
    scanf("%d%d", &m, &n);
    /* 将输入的数存入二维数组 */
    printf("Enter %d integers:\n", m*n);    /* 提示输入 m*n 个数 */
    /* 输入矩阵——按照先行后列的顺序 */
    for(i=0; i<m; i++){                     /* 行下标是外循环的循环变量 */
        for(j=0; j<n; j++){                 /* 列下标是内循环的循环变量 */
            scanf("%d", &a[i][j]);          /* 输入数组元素 */
        }
    }
    /* 遍历二维数组,找出最大值 a[row][col] */
    row=col=0;                              /* 先假设 a[0][0] 是最大值 */
    for(i=0; i<m; i++){
        for(j=0; j<n; j++){
            if(a[i][j]>a[row][col]){        /* 如果 a[i][j] 比假设值大 */
                row=i;                      /* 再假设 a[i][j] 是新的最大值 */
                col=j;
            }
        }
    }
    printf("max=a[%d][%d]=%d\n", row, col, a[row][col]);

    return 0;
}
```

运行结果

```
Enter m, n: 3 2
Enter 6 integers:
6    3
10   -9
5    -1
max=a[1][0]=10
```

程序中将输入的矩阵存入二维数组 a 中，然后遍历该数组，找出最大值的行下标和列下标，并输出最大值及其行、列下标。

7.2.2 二维数组的定义和引用

C 语言支持多维数组，最常见的多维数组是二维数组，主要用于表示二维表和矩阵。

1. 定义

二维数组的定义形式为：

  类型名 数组名[行长度][列长度];

类型名指定数组中每个元素的类型；数组名是数组变量（以下简称数组）的名称，是一个合法的标识符；行长度和列长度是整型常量表达式，分别给定数组的行数和列数。

例如：

  int a[3][2]; /*定义一个二维数组 a，3 行 2 列，共 6 个元素。*/

2. 引用

引用二维数组的元素要指定两个下标，即行下标和列下标，形式为：

  数组名[行下标][列下标]

行下标的合理取值范围是[0，行长度-1]，列下标的合理取值范围是[0，列长度-1]。对前面定义的数组 a，其行下标取值范围是[0，2]，列下标取值范围是[0，1]，6 个元素分别是：a[0][0]、a[0][1]、a[1][0]、a[1][1]、a[2][0] 和 a[2][1]，可以表示一个 3 行 2 列的矩阵（如图 7.7 所示）。注意下标不要越界。

二维数组的元素在内存中按行/列方式存放，即先存放第 0 行的元素，再存放第 1 行的元素……其中每一行的元素再按照列的顺序存放。图 7.8 给出数组 a 中各元素在内存中的存放顺序。

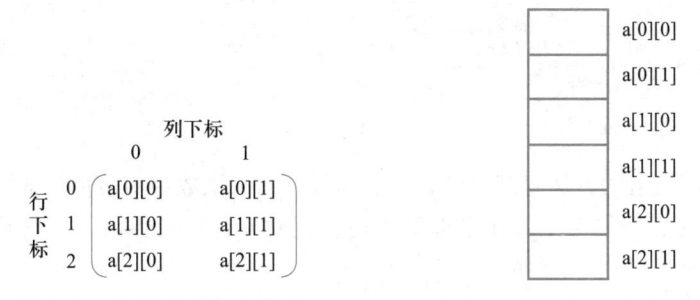

  图 7.7 用二维数组表示矩阵 图 7.8 二维数组在内存中的存放形式

由于二维数组的行（列）下标从 0 开始，而矩阵或二维表的行（列）从 1 开始，用二维数组表示二维表和矩阵时，就存在行（列）计数的不一致。为了解决这个问题，可以把矩阵或二维表的行（列）也看成从 0 开始，即如果二维数组的行（列）下标为 k，就表示矩阵或二维表的第 k 行（列）；或者定义二维数组时，将行长度（列长度）加 1，不再使用数组的第 0 行（列），数组的下标就从 1 开始。本书中除非特别声明，都采取第一种方法。

7.2.3 二维数组的初始化

在定义二维数组时，也可以对数组元素赋初值，二维数组的初始化方法有两种。

1. 分行赋初值

一般形式为：

  类型名 数组名[行长度][列长度]={{初值表0},…,{初值表k},…};

把初值表 k 中的数据依次赋给第 k 行的元素。例如：

  int a[3][3]={{1, 2, 3}, {4, 5, 6}, {7, 8, 9}};

初始化数组 a。此时，a 数组中各元素为：

$$\begin{bmatrix} 1 & 2 & 3 \\ 4 & 5 & 6 \\ 7 & 8 & 9 \end{bmatrix}$$

二维数组的初始化也可以只针对部分元素，例如：

  static int b[4][3]={{1, 2, 3}, { }, {4, 5}};

只对 b 数组第 0 行的全部元素和第 2 行的前两个元素赋初值，其余元素的初值都是 0。

2. 顺序赋初值

一般形式为：

  类型名 数组名[行长度][列长度]={初值表};

根据数组元素在内存中的存放顺序，把初值表中的数据依次赋给元素。例如：

  int a[3][3]={1, 2, 3, 4, 5, 6, 7, 8, 9};

等价于

  int a[3][3]={{1, 2, 3}, {4, 5, 6}, {7, 8, 9}};

如果只对部分元素赋初值，要注意初值表中数据的书写顺序。例如：

  static int b[4][3]={1, 2, 3, 0, 0, 0, 4, 5};

等价于

  static int b[4][3]={{1, 2, 3}, { }, {4, 5}};

由此可见，分行赋初值的方法直观清晰，不易出错，是二维数组初始化最常用的方法。

二维数组初始化时，如果对全部元素都赋了初值，或分行赋初值时，在初值表中列出了全部行，就可以省略行长度，例如：

  int a[ ][3]={1, 2, 3, 4, 5, 6, 7, 8, 9};

等价于：

  int a[3][3]={1, 2, 3, 4, 5, 6, 7, 8, 9};

与一维数组的情况类似，建议读者在定义二维数组时，不要省略行长度。

7.2.4 使用二维数组编程

将二维数组的行下标和列下标分别作为循环变量，通过二重循环，就可以遍历二维数组，即访问二维数组的所有元素。由于二维数组的元素在内存中按行优先方式存放，将行下标作为外循环的循环变量,列下标作为内循环的循环变量,可以提高程序的执行效率。

矩阵的运算通常使用二维数组实现。先讨论矩阵的输入,在例 7-8 中,使用二重循环将输入的矩阵存入二维数组中,运行示例的执行(输入)顺序见图 7.9。

	i	j	
第1次	0	0	a[0][0]=6
第2次	0	1	a[0][1]=3
第3次	1	0	a[1][0]=10
第4次	1	1	a[1][1]=-9
第5次	2	0	a[2][0]=5
第6次	2	1	a[2][1]=-1

图 7.9　例 7-8 用二重循环输入数组 a 的元素的顺序

如果将该二重循环改为如下程序段,即将列下标作为外循环的循环变量,行下标作为内循环的循环变量,输入数据不变,则二维数组 a 的元素值将如何变化呢?如果要保持数组 a 的元素值不变,则输入数据的顺序又要如何调整呢?请读者参照图 7.9 的格式进行分析,并上机运行验证。

```
/*输入矩阵—按照先列后行的顺序*/
for(j=0; j<n; j++){
    for(i=0; i<m; i++){
        scanf("%d", &a[i][j]);
    }
}
```

在例 7-9 中,将介绍如何实现矩阵输出的功能,即按照矩阵形式输出数组 a。

设 N 是正整数,定义一个 N 行 N 列的二维数组 a 后,数组元素表示为 a[i][j],行下标 i 和列下标 j 的取值范围都是[0,N-1]。用该二维数组 a 表示 n×n 方阵时,矩阵的一些常用术语与二维数组行、列下标的对应关系见表 7.1。

表 7.1　矩阵的术语与二维数组下标的对应关系

术　语	含　　　义	下 标 规 律
主对角线	从矩阵的左上角至右下角的连线	i==j
上三角	主对角线以上的部分	i<=j
下三角	主对角线以下的部分	i>=j
副对角线	从矩阵的右上角至左下角的连线	i+j==N-1

【例 7-9】方阵转置。输入一个正整数 $n(1<n⩽6)$,根据下式生成一个 $n×n$ 的方阵,将该方阵转置(行列互换)后输出。

a[i][j]=i*n+j+1(0⩽i⩽n-1, 0⩽j⩽n-1)

例如,当 n=3 时,有:

转置前　　　　　转置后

$$\begin{bmatrix} 1 & 2 & 3 \\ 4 & 5 & 6 \\ 7 & 8 & 9 \end{bmatrix} \qquad \begin{bmatrix} 1 & 4 & 7 \\ 2 & 5 & 8 \\ 3 & 6 & 9 \end{bmatrix}$$

由于 n≤6，取上限，定义一个 6*6 的二维数组 a，行列互换就是交换 a[i][j] 和 a[j][i]。

源程序

```c
/* 方阵转置 */
#include <stdio.h>
#define MAXN 6                         /* 定义符号常量 MAXN */
int main(void)
{
    int i, j, n, temp;
    int a[MAXN][MAXN];

    /* 给二维数组赋值 */
    printf("Enter n:");
    scanf("%d", &n);
    for(i=0; i<n; i++){                /* 行下标是外循环的循环变量 */
        for(j=0; j<n; j++){            /* 列下标是内循环的循环变量 */
            a[i][j]=i*n+j+1;           /* 给数组元素赋值 */
        }
    }
    /* 行列互换 */
    for(i=0; i<n; i++){
        for(j=0; j<n; j++){
            if(i<=j){                  /* 只遍历上三角阵 */
                temp=a[i][j];          /* 以下 3 句交换 a[i][j] 和 a[j][i] */
                a[i][j]=a[j][i];
                a[j][i]=temp;
            }
        }
    }
    /* 按矩阵的形式输出 a */
    for(i=0; i<n; i++){                /* 针对所有行的循环 */
        for(j=0; j<n; j++){            /* 输出第 i 行的所有元素 */
            printf("%4d", a[i][j]);
        }
        printf("\n");                  /* 换行 */
    }

    return 0;
}
```

运行结果

```
Enter n: 3
  1 4 7
  2 5 8
  3 6 9
```

程序中，遍历上三角阵的循环也可以写成：

```
for(i=0; i<n; i++){
    for(j=i; j<n; j++){
        ...
    }
}
```

按照矩阵形式输出数组 a 时，外循环是针对行下标的，对其中的每一行，首先输出该行上的所有元素(用针对列下标的内循环实现)，然后换行。

【例 7-10】计算天数。定义函数 day_of_year(year，month，day)，计算并返回年 year、月 month 和日 day 对应的是该年的第几天。

例如：调用 day_of_year(2000，3，1)返回 61，调用 day_of_year(1981，3，1)返回 60。因为 2000 年是闰年，1981 年不是闰年。判别闰年的条件为能被 4 整除但不能被 100 整除，或能被 400 整除。

表 7.2 列出了每月的天数，2 月的天数在闰年和非闰年有所不同，非闰年的天数存放在第 0 行，闰年的天数存放在第 1 行。表格中增加第 0 月，使得表格中的月和二维数组的列一致，简化了编程。定义一个二维数组 tab 来保存它们，tab[0][k]代表非闰年第 k 月的天数，tab[1][k]代表闰年第 k 月的天数。

表 7.2 每月的天数(闰年和非闰年)

年	月												
	0	1	2	3	4	5	6	7	8	9	10	11	12
非闰年	0	31	28	31	30	31	30	31	31	30	31	30	31
闰年	0	31	29	31	30	31	30	31	31	30	31	30	31

源程序

```
/*计算某个日期对应该年的第几天*/
int day_of_year(int year, int month, int day)
{
    int k, leap;
    int tab[2][13]={    /*数组初始化，将每月的天数赋给数组*/
        {0, 31, 28, 31, 30, 31, 30, 31, 31, 30, 31, 30, 31},
        {0, 31, 29, 31, 30, 31, 30, 31, 31, 30, 31, 30, 31}
    };

    /*判断闰年，当 year 是闰年时，leap=1；当 year 是非闰年时，leap=0*/
```

```
        leap=(year%4==0 && year%100!=0||year%400==0);

        /*计算天数*/
        for(k=1; k<month; k++)
            day=day+tab[leap][k];
    }

    return day;
}
```

请读者自己编写主函数，在其中调用 day_of_year( )函数。

【练习 7-5】用下列程序段替换例 7-8 中的对应程序段，假设输入数据不变，输出什么？与例 7-8 的输出结果一样吗？为什么？

```
        /*输入矩阵—按照先列后行的顺序*/
        for(j=0; j<n; j++){
            for(i=0; i<m; i++){
                scanf("%d", &a[i][j]);
            }
        }
```

【练习 7-6】在例 7-9 的程序中，如果将遍历上三角阵改为遍历下三角阵，需要怎样修改程序？运行结果有变化吗？如果改为遍历整个矩阵，需要怎样修改程序？输出是什么？为什么？

【练习 7-7】矩阵运算。读入一个正整数 $n(1 \leq n \leq 6)$，再读入 n 阶方阵 a，计算该矩阵除副对角线、最后一列和最后一行以外的所有元素之和。副对角线为从矩阵的右上角至左下角的连线。试编写相应程序。

【练习 7-8】方阵循环右移。读入 2 个正整数 m 和 $n(1 \leq n \leq 6)$，再读入 n 阶方阵 a，将该方阵中的每个元素循环向右移 m 个位置，即将第 0、1、…、$n-1$ 列变换为第 $n-m$、$n-m+1$、…、$n-1$、0、1、…、$n-m-1$ 列，移动后的方阵可以存到另一个二维数组中。试编写相应程序。

【练习 7-9】计算天数。输入日期（年、月、日），输出它是该年的第几天。要求调用例 7-10 中定义的函数 day_of_year(year, month, day)，试编写相应程序。

7.3 判断回文

7.3.1 程序解析

【例 7-11】判断回文字符串。输入一个以回车符为结束标志的字符串（少于 80 个字符），判断该字符串是否为回文。回文就是字符串中心对称，如 "noon"、"radar" 是回文，"reader" 不是回文。

在 C 语言中，字符串的存储和运算可以用一维字符数组来实现。数组长度取上限 80，以回车符 '\n' 作为输入结束符。

源程序

```c
/* 判断字符串是否为回文 */
#include <stdio.h>
#define MAXLINE 80                    /* 定义符号常量 MAXLINE */
int main(void)
{
    int i, k;
    char line[MAXLINE];

    /* 输入字符串 */
    printf("Enter a string:");         /* 输入提示 */
    k = 0;
    while((line[k]=getchar())!='\n'){  /* 输入结束符为 '\n' */
        k++;
    }
    line[k]='\0';                      /* 将字符串结束符 '\0' 存入数组 */

    /* 判断字符串 line 是否为回文 */
    i = 0;                             /* i 是字符串首字符的下标 */
    k = k-1;                           /* k 是字符串尾字符的下标 */
    /* i 和 k 两个下标从字符串首尾两端同时向中间移动，逐对判断对应字符是否相等 */
    while(i<k){
        if(line[i]!=line[k])           /* 若对应字符不相等，则提前结束循环 */
            break;
        }
        i++;
        k--;
    }
    if(i>=k){     /* 判断 while 循环是否正常结束，若是则说明字符串是回文 */
        printf("It is a palindrome\n");
    }else{                             /* while 循环非正常结束，说明对应字符不等 */
        printf("It is not a palindrome\n");
    }

    return 0;
}
```

运行结果 1

Enter a string: *radar*

It is a palindrome

运行结果 2

Enter a string: <u>reader</u>
It is not a palindrome

程序中首先输入一个字符串，再处理该字符串。在判断字符串是否为回文时，定义了 i 和 k 两个下标分别指向字符串首尾的两端，随着它们从字符串首尾两端同时向中间移动，逐对判断对应字符是否相等。

7.3.2 一维字符数组

一维字符数组用于存放字符型数据。它的定义、初始化和引用与其他类型的一维数组一样。例如：

```
char str[80];
```

定义一个有 80 个字符型元素的数组 str。例如：

```
char t[5]={'H', 'a', 'p', 'p', 'y'};
```

初始化数组 t，此时，t[0] 为 'H'，t[1] 为 'a'，t[2] 和 t[3] 都为 'p'，t[4] 为 'y'。又如：

```
static char s[6]={'H', 'a', 'p', 'p', 'y'};
```

对静态数组 s 的前 5 个元素赋初值，其余元素的初值为 0。上述初始化语句等价于：

```
static char s[6]={'H', 'a', 'p', 'p', 'y', 0};
```

整数 0 代表字符 '\0'，也就是 ASCII 码为 0 的字符。上述初始化语句还等价于：

```
static char s[6]={'H', 'a', 'p', 'p', 'y', '\0'};
```

相应内存单元的存储内容见图 7.10。

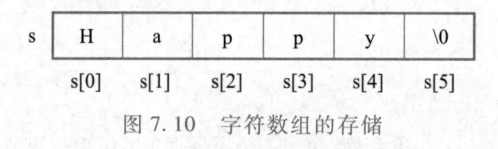

s	H	a	p	p	y	\0
	s[0]	s[1]	s[2]	s[3]	s[4]	s[5]

图 7.10 字符数组的存储

数组初始化时，如果对全部元素都赋了初值，就可以省略数组长度，例如：

```
static char s[ ]={'H', 'a', 'p', 'p', 'y', '\0'};
```

等价于前面的初始化语句，即数组长度是 6。

可以使用循环语句输出数组 t 的所有元素。

```
for(i=0; i<5; i++){
    putchar(t[i]);
}
```

7.3.3 字符串

字符串常量就是用一对双引号括起来的字符序列，即一串字符，它有一

个结束标志 '\0'。例如，字符串"Happy"由 6 个字符组成，分别是 'H'、'a'、'p'、'p'、'y' 和 '\0'，其中前 5 个是字符串的有效字符，'\0' 是字符串结束符。

字符串的有效长度就是有效字符的个数，例如，"Happy" 的有效长度是 5。

C 语言将字符串作为一个特殊的一维字符数组来处理。

1. 字符串的存储—数组初始化

字符串可以存放在一维字符数组中。例如：

```
static char s[6]={'H','a','p','p','y','\0'};
```

数组 s 中就存放了字符串 "Happy"。

字符数组的初始化还可以使用字符串常量，上述初始化等价于：

```
static char s[6]={"Happy"};
```

或

```
static char s[6]="Happy";
```

将字符串存入字符数组时，由于它有一个结束符 '\0'，数组长度至少是字符串的有效长度+1。例如，字符串"Happy"的有效长度是 5，存储它的数组的长度至少应为 6。

如果数组长度大于字符串的有效长度+1，则数组中除了存入的字符串，还有其他内容，即字符串只占用了数组的一部分。例如：

```
auto char str[80]="Happy";
```

只对数组的前 6 个元素（str[0]~str[5]）赋初值，其他元素的值不确定。但这并不会影响随后对字符串"Happy"的处理，由于字符串遇 '\0' 结束，所以，数组中第一个 '\0' 前面的所有字符和第一个 '\0' 一起构成了字符串"Happy"，也就是说，第一个 '\0' 之后的其他数组元素与该字符串无关。

☞ 字符串由有效字符和字符串结束符 '\0' 组成。

2. 字符串的操作

将字符串存入一维字符数组后，对字符串的操作就是对该字符数组的操作。但是，它和普通字符数组的操作又有所不同。以遍历数组或字符串为例，由于普通数组中数组元素的个数是确定的，一般用下标控制循环；而字符串并没有显式地给出有效字符的个数，只规定在字符串结束符 '\0' 之前的字符都是字符串的有效字符，一般通过比较数组元素的值是否等于 '\0' 来决定是否结束循环，即用结束符 '\0' 来控制循环。

3. 字符串的存储——赋值和输入

将字符串存入数组，除了上面介绍的初始化数组，还可以采用赋值和输入的方法。例如：

```
static char s[80];
s[0]='a';
s[1]='\0';
```

采用赋值的方法将字符串"a"存入数组 s。它等价于：

```
static char s[80]="a";
```

☞ 区分"a"和'a',前者是字符串常量,包括'a'和'\0'两个字符,用一维字符数组存放;后者是字符常量,只有一个字符,可以赋给字符变量。

输入的情况有些特殊,由于字符串结束符'\0'代表空操作,无法输入,因此,输入字符串时,需要事先设定一个输入结束符。一旦输入它,就表示字符串输入结束,并将输入结束符转换为字符串结束符'\0'。

7.3.4 使用字符串编程

C语言将字符串作为一个特殊的一维字符数组来处理。采用数组初始化、赋值或输入的方法把字符串存入数组后,对字符串的操作就是对字符数组的操作。此时,对字符数组的操作只能针对字符串的有效字符和字符串结束符,这就需要通过检测字符串结束符'\0'来判断是否结束字符串的操作。

【例7-12】凯撒密码。为了防止信息被别人轻易窃取,需要把电码明文通过加密方式变换成为密文。输入一个以回车符为结束标志的字符串(少于80个字符),再输入一个正整数offset,用凯撒密码将其加密后输出。凯撒密码是一种简单的替换加密技术,将明文中的所有字母都在字母表上向后偏移offset位后被替换成密文。例如,当偏移量offset是2时,表示所有的字母被向后移动2位后的字母替换,即所有的字母A将被替换成C,字母B将变为D……字母X变成Z,字母Y则变为A,字母Z变为B。

由于字符串少于80个字符,数组长度就取其上限80,以回车符'\n'作为输入结束符。

源程序

```
/*凯撒密码加密-向后偏移*/
#include <stdio.h>
#define MAXLINE 80                          /*定义符号常量MAXLINE*/
#define M 26         /*定义符号常量M,表示字母表中大写或者小写字母的数量26*/
int main(void)
{
    int i, offset;
    char str[MAXLINE];

    /*输入字符串*/
    printf("Enter a string:");               /*提示输入字符串*/
    i=0;
    while((str[i]=getchar())!='\n'){         /*输入结束符为'\n'*/
        i++;
    }
    str[i]='\0';                             /*将字符串结束符'\0'存入数组*/
    /*输入偏移量*/
```

```c
        printf("Enter offset:");             /* 提示输入 offset */
        scanf("%d", &offset);
        if(offset>=M){                       /* 如果 offset 大于等于 26 */
            offset=offset%M;                 /* 移位效果相当于取其余数 */
        }

        /* 加密 */
        for(i=0; str[i]!='\0'; i++){         /* 循环条件：str[i] 不等于 '\0' */
            if(str[i]>='A' && str[i]<='Z'){
                if((str[i]-'A'+offset)<M){
                    str[i]=str[i]+offset;
                }else{                       /* 如果向后越界 */
                    str[i]=str[i]-(M-offset);/* 循环移位 */
                }
            }else if(str[i]>='a' && str[i]<='z'){
                if((str[i]-'a'+offset)<M){
                    str[i]=str[i]+offset;
                }else{                       /* 如果向后越界 */
                    str[i]=str[i]-(M-offset);/* 循环移位 */
                }
            }
        }

        /* 输出密文字符串 */
        printf("After being encrypted:");
        for(i=0; str[i]!='\0'; i++){         /* 循环条件：str[i] 不等于 '\0' */
            putchar(str[i]);
        }
        printf("\n");

        return 0;
    }
```

运行结果

```
Enter a string: Hello Hangzhou
Enter offset: 2
After being encrypted: Jgnnq Jcpibjqw
```

程序中首先输入一个字符串，在输入一串字符后，输入结束符 '\n' 被转换为字符串结束符 '\0'，字符串 "Hello Hangzhou" 存入数组 str 中。

在对字符串进行加密处理时，由于字符串 "Hello Hangzhou" 只占用了数组的一部分，所以处理不能针对 str 的所有 80 个元素，只能针对该字符串，即数组 str 中第 1 个 '\0' 前面的字符。在处理时，程序从数组的首元素 str[0] 开始，按下标递增的顺序，逐个处理数组元素，一旦遇到某个元素是 '\0'，说明字符串已结束，处理也随之结束。

输出加密后的字符串也是同样的思路，只输出字符串中的有效字符。

如果向后偏移 offset 位改为向前偏移生成密文，如何修改程序？向后偏移或者向前偏移加密可以在同一个程序中实现吗？使用恺撒密码的密文如何解密？请读者思考并编程实现。

☞ 程序中的 str[i]='\0' 不能省略，否则字符串就不能正常结束，影响后面的操作。

【例 7-13】 字符转换。输入一个以回车符为结束标志的字符串（少于 10 个字符），提取其中的所有数字字符（'0'，…，'9'），将其转换为一个十进制整数输出。

由于字符串少于 10 个字符，数组长度就取其上限 10，以回车符 '\n' 作为输入结束符。

源程序

```
#include <stdio.h>
#define MAXLINE 10                      /*定义符号常量 MAXLINE*/
int main(void)
{
    int i, number;
    char str[MAXLINE];

    /*输入字符串*/
    printf("Enter a string:");          /*输入提示*/
    i = 0;
    while((str[i]=getchar())!='\n'){
        i++;
    }
    str[i]='\0';                         /*将结束符 '\0' 存入数组*/

    /*逐个判断是否为数字字符，并进行转换*/
    number = 0;                          /*存放结果，先清 0*/
    for(i=0; str[i]!='\0'; i++){         /*循环条件：str[i]不等于 '\0'*/
        if(str[i]>='0' && str[i]<='9')   /*是数字字符*/
            number=number*10+str[i]-'0'; /*转换成数字*/
        }
    }
    /*输出十进制整数*/
    printf("digit=%d\n", number);

    return 0;
}
```

运行结果

```
Enter a string: a12d3
digit=123
```

程序中首先输入一串字符，将字符串"a12d3"存入数组 str 中，再处理该字符串，将其中的数字字符('0'、…、'9')转换为整数后输出。将字符串转换为整数的循环执行过程见表 7.3。

表 7.3 字符串转换为整数的循环过程

i	str[i]	str[i]-'0'	number = number * 10+str[i]-'0'
0	'a'		
1	'1'	1	number = 0 * 10+1 = 1
2	'2'	2	number = 1 * 10+2 = 12
3	'd'		
4	'3'	3	number = 12 * 10+3 = 123
5	'\0'		

【例 7-14】十六进制字符串转换成十进制非负整数。输入一个以 '#' 为结束标志的字符串(少于 10 个字符)，滤去所有的非十六进制字符(不分大小写)，组成一个新的表示十六进制数字的字符串，输出该字符串并将其转换为十进制数后输出。

表示十六进制数字的字符为数字字符 '0'、'1'、'2'、…、'9'，大写英文字母 'A'、'B'、'C'、'D'、'E'、'F' 以及小写英文字母 'a'、'b'、'c'、'd'、'e'、'f'。将十六进制字符 hexad[i] 转换成十进制数 number 的表达式如下：

```
number = number * 16+hexad[i]-'0'        hexad[i]是数字字符
number = number * 16+hexad[i]-'A'+10     hexad[i]是大写英文字母
number = number * 16+hexad[i]-'a'+10     hexad[i]是小写英文字母
```

源程序

```
/*进制转换*/
#include <stdio.h>
#define MAXLINE 80                 /*定义符号常量 MAXLINE*/
int main(void)
{
    int i, k, number;
    char hexad[MAXLINE], str[MAXLINE];

    /*输入字符串*/
    printf("Enter a string:");     /*提示输入字符串*/
    i = 0;
    while((str[i]=getchar())!='#'){ /*输入结束符为 '#' */
        i++;
    }
    str[i]='\0';                   /*将字符串结束符 '\0' 存入数组 str*/
```

```c
            /*滤去非十六进制字符后生成新字符串 hexad */
            i=0; k=0;                              /*k：新字符串 hexad 的下标 */
            while(str[i]!='\0'){
                if((str[i]>='0'&&str[i]<='9')||(str[i]>='a'&&str[i]<='f')||
                    (str[i]>='A'&&str[i]<='F')){
                    hexad[k]=str[i];               /*将十六进制字符放入新字符串 */
                    k++;
                }
                i++;
            }
            hexad[k]='\0';                         /*新字符串结束标记 */

            /*输出十六进制新字符串 */
            printf("New string:");
            for(i=0; hexad[i]!='\0'; i++){
                putchar(hexad[i]);
            }
            printf("\n");

            /*转换为十进制整数 */
            number=0;                              /*存放十进制数，先清 0 */
            for(i=0; hexad[i]!='\0'; i++){         /*逐个转换 */
                if(hexad[i]>='0' && hexad[i]<='9'){
                    number=number*16+hexad[i]-'0';
                }else if(hexad[i]>='A' && hexad[i]<='F'){
                    number=number*16+hexad[i]-'A'+10;
                }else if(hexad[i]>='a' && hexad[i]<='f'){
                    number=number*16+hexad[i]-'a'+10;
                }
            }
            printf("Number=%d\n", number);         /*输出十进制值 */

            return 0;
        }
```

运行结果

```
Enter a string: -zy1+Ak0-bq?#
New string: 1A0b
Number=6667
```

【练习 7-10】查找指定字符。输入一个字符，再输入一个以回车符结束的字符串（少于 80 个字符），在字符串中查找该字符。如果找到，则输出该字符在字符串中所对应的最大下标，下标从 0 开始；否则输出"Not Found"。试编写相应程序。

【练习 7-11】字符串逆序。输入一个以回车符结束的字符串（少于 80 个字符），将该字符串逆序存放，输出逆序后的字符串。试编写相应程序。

习题 7

一、选择题

1. 假定 int 类型变量占用两个字节，则以下定义的数组 a 在内存中所占字节数是_____。

   int a[10]={0,2,4};

   A. 20　　　　　　　　　　　B. 10
   C. 6　　　　　　　　　　　　D. 3

2. 若有定义：int a[2][3];以下选项中对数组元素正确引用的是_____。

   A. a[2][0]　　　　　　　　B. a[2][3]
   C. a[0][3]　　　　　　　　D. a[1>2][1]

3. 以下程序段的输出结果是_____。

   int aa[4][4]={{1,2,3,4},{5,6,7,8},{3,9,10,2},{4,2,9,6}};
   int i,s=0;
   for(i=0;i<4;i++)
       s+=aa[i][3];
   printf("%d\n",s);

   A. 11　　　　　　　　　　　B. 19
   C. 13　　　　　　　　　　　D. 20

4. 设有数组定义：char array[ ]="China";则数组 array 所占的空间为_____字节。

   A. 4 个　　　　　　　　　　B. 5 个
   C. 6 个　　　　　　　　　　D. 7 个

5. 下述对字符数组的描述中错误的是_____。

   A. 字符数组可以存放字符串
   B. 字符数组中的字符串可以整体输入、输出
   C. 可以在赋值语句中通过赋值运算符"="对字符数组整体赋值
   D. 不可以用关系运算符对字符数组中的字符串进行比较

6. 对于以下定义，正确的叙述为_____。

   char x[ ]="abcdefg", char y[ ]={'a','b','c','d','e','f','g'};

   A. 数组 x 和数组 y 等价
   B. 数组 x 的长度大于数组 y 的长度
   C. 数组 x 和数组 y 的长度相同
   D. 数组 x 的长度小于数组 y 的长度

二、填空题

1. 写出以下程序段的输出结果：输入 4，则输出_____，输入 5，则输出_____，输入 12，则输出_____，输入-5，则输出_____。

   ```
   int i, n=5, x, a[10]={1, 3, 5, 7, 9};
   scanf("%d", &x);
   for(i=n-1; i>=0; i--)
       if(x<a[i]) a[i+1]=a[i];
       else break;
   a[i+1]=x; n++;
   printf("%d ", i+1);
   ```

2. 求数组中相邻元素之和。将数组 x 中相邻两个元素的和依次存放到 a 数组中。请填空。

   ```
   int i, a[9], x[10];
   for(i=0; i<10; i++)
       scanf("%d", &x[i]);
   for(_____; i<10; i++)
       a[i-1]=_____+x[i];
   ```

3. 简化的插入法排序。将一个给定的整数 x 插到已按升序排列的整型数组 a 中，使 a 数组仍然按升序排列。假定变量都已正确定义并赋值，请填空。

   ```
   for(i=0; i<n; i++){
       if(_____){
           break;
       }
   }
   for(_____){
       a[j+1]=a[j];
   }
   _____;
   n++;
   ```

4. 输入 8，以下程序段的输出结果为_____，输入 5，输出结果为_____。

   ```
   int i, max_sum, n, this_sum, a[ ]={-1, 3, -2, 4, -6, 1, 6, -1};
   scanf("%d", &n);
   max_sum=this_sum=0;
   for(i=0; i<n; i++){
       this_sum+=a[i];
       if(this_sum>max_sum)max_sum=this_sum;
       else if(this_sum<0)this_sum=0;
   }
   printf("%d\n", max_sum);
   ```

5. 输入 1 2 3 4 5 6，则程序段 A 的输出结果是_____，程序段 B 的输出结果是_____。

程序段 A	程序段 B

int i, j, table[3][2];
for(i=0; i<3; i++)
　　for(j=0; j<2; j++)
　　　　scanf("%d", &table[i][j]);
for(i=0; i<3; i++)
　　for(j=0; j<2; j++)
　　　　printf("%d#", table[i][j]);
	int i, j, table[3][2];
	for(j=0; j<2; j++)
	　　for(i=0; i<3; i++)
	　　　　scanf("%d", &table[i][j]);
	for(i=0; i<3; i++)
	　　for(j=0; j<2; j++)
	　　　　printf("%d#", table[i][j]);

6. 判断二维数组是否对称。检查二维数组 a 是否对称，即对所有 i, j 都满足 a[i][j] 和 a[j][i] 的值相等。假定变量都已正确定义并赋值，请填空。

```
found=1;
for(i=0; i<n; i++){
    for(j=0; j<n; j++){
        if(_____){
            _____;
            break;
        }
    }
    if(_____)break;
}
if(found!=0)printf("该二维数组对称\n");
else printf("该二维数组不对称\n");
```

7. 字符串复制。将字符串 str1 的内容复制到字符串 str2。假定变量都已正确定义并赋值，请填空。

```
i=0;
while(_____){
    _____;
    i++;
}
_____;
```

8. 删除字符串中的空格。将字符串 str 中的所有空格都删除。假定变量都已正确定义并赋值，请填空。

```
i=j=0;
while(_____){
    if(_____){
        str[j]=str[i];
```

            _____;
        }
        i++;
    }
    _____;

三、程序设计题

1. 选择法排序。输入一个正整数 $n(1<n\leqslant 10)$，再输入 n 个整数，将它们从大到小排序后输出。试编写相应程序。

2. 求一批整数中出现最多的数字。输入一个正整数 $n(1<n\leqslant 1\,000)$，再输入 n 个整数，分析每个整数的每一位数字，求出现次数最多的数字。例如输入 3 个整数 1234、2345、3456，其中出现次数最多的数字是 3 和 4，均出现了 3 次。试编写相应程序。

3. 判断上三角矩阵。输入一个正整数 $n(1\leqslant n\leqslant 6)$ 和 n 阶方阵 a 中的元素，如果 a 是上三角矩阵，输出"YES"，否则，输出"NO"。上三角矩阵指主对角线以下的元素都为 0 的矩阵，主对角线为从矩阵的左上角至右下角的连线。试编写相应程序。

4. 求矩阵各行元素之和。输入 2 个正整数 m 和 $n(1\leqslant m\leqslant 6,\ 1\leqslant n\leqslant 6)$，然后输入矩阵 $a(m$ 行 n 列)中的元素，分别求出各行元素之和，并输出。试编写相应程序。

5. 找鞍点。输入 1 个正整数 $n(1\leqslant n\leqslant 6)$ 和 n 阶方阵 a 中的元素，假设方阵 a 最多有 1 个鞍点，如果找到 a 的鞍点，就输出其下标，否则，输出"NO"。鞍点的元素值在该行上最大，在该列上最小。试编写相应程序。

6. 统计大写辅音字母。输入一个以回车结束的字符串(少于 80 个字符)，统计并输出其中大写辅音字母的个数。大写辅音字母是指除 'A', 'E', 'I', 'O', 'U' 以外的大写字母。试编写相应程序。

7. 字符串替换。输入一个以回车结束的字符串(少于 80 个字符)，将其中的大写字母用下面列出的对应大写字母替换，其余字符不变，输出替换后的字符串。试编写相应程序。

原字母对应字母

A ⟶ Z

B ⟶ Y

C ⟶ X

D ⟶ W

…

X ⟶ C

Y ⟶ B

Z ⟶ A

8. 字符串转换成十进制整数。输入一个以字符"#"结束的字符串，滤去所有的非十六进制字符(不分大小写)，组成一个新的表示十六进制数字的字符串，然后将其转换为十进制数后输出。如果过滤后字符串的首字符为"-"，代表该数是负数。试编写相应程序。

第 8 章
指　　针

本章要点

- 变量、内存单元和地址之间是什么关系？

- 如何定义指针变量，怎样才能使用指针变量？

- 什么是指针变量的初始化？

- 指针变量的基本运算有哪些？如何使用指针操作所指向的变量？

- 指针作为函数参数的作用是什么？

- 如何使用指针实现函数调用返回多个值？

- 如何利用指针实现内存的动态分配？

在第 7 章讲解了如何使用数组存放多个相同类型的数据并进行运算,但数组的长度在定义时必须给定,以后不能再改变。例如,例 7-1 中数组 a 的长度是 10,程序中只能引用 10 个数组元素 a[0]~a[9]。如果事先无法确定需要处理的数据数量,又应该如何处理呢?一种方法是估计一个上限,并将该上限作为数组长度,这常常会造成空间浪费;另一种方法是利用指针实现存储空间的动态分配。

指针是 C 语言中一个非常重要的概念,也是 C 语言的特色之一。使用指针可以对复杂数据进行处理,能对计算机的内存分配进行控制,在函数调用中使用指针还可以返回多个值。在本章中,除了介绍指针的基本概念外,还要介绍如何使用指针作为函数的参数,以及指针用于数组和字符处理的方式。

8.1 密码开锁

8.1.1 程序解析

几位同学去玩某密室逃脱游戏,密室门上有一把四位数的数字密码锁,只有在密室中找到开锁密码才能走出密室。密室中整齐地摆放着规格大小完全相同的 26 个寄存箱,每个寄存箱上按顺序都有一个英文字母和一个编号,字母从 A 到 Z,编号从 01 到 26。同学们在密室中认真搜寻,在角落里找到一把钥匙,钥匙上刻着字母 P,用这把钥匙打开 P 寄存箱(编号为 16),里面是一把刻着数字 24 的钥匙,用这把钥匙再打开编号为 24 的 X 寄存箱,里面有一张字条,上面写着"5342"。用这四个数字去开密码锁,果然打开了,成功逃脱密室。

上述过程可以用图 8.1 来表示:

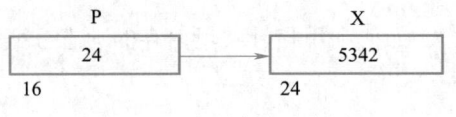

```
      P              X
    ┌────┐        ┌──────┐
    │ 24 │───────▶│ 5342 │
    └────┘        └──────┘
     16             24
```

图 8.1 密码存放示意图

分析:每个寄存箱都有一个名字和一个编号(即地址),可以通过名字找到寄存箱(如第一把钥匙上的 P),也可以通过编号(地址)访问寄存箱(如刻着数字 24 的钥匙)。在此游戏中,P 寄存箱比较特殊,不是直接保存密码值,而是存放了另一个寄存箱的编号(地址),同学们是根据线索顺藤摸瓜,通过 P 寄存箱间接找到 X 寄存箱中的密码的。

可以使用指针把上述故事写成下面的 C 程序。

【例 8-1】利用指针模拟密码开锁游戏。

源程序

```
/* 获取密码的两种方法 */
#include <stdio.h>
int main(void)
{
```

```
    int x = 5342;          /* 变量 x 用于存放密码值 5342 */
    int *p = NULL;         /* 定义整型指针变量 p，NULL 值为 0，代表空指针 */

    p = &x;                /* 将变量 x 的地址存储在 p 中 */

    /* 通过变量名 x 输出密码值 */
    printf("If I know the name of the variable, I can get it's value by name:
            %d\n", x);
    /* 通过变量 x 的地址输出密码值 */
    printf("If I know the address of the variable is:%x, then I also can get it's
value by address:%d\n", p, *p);

    return 0;
}
```

运行结果

If I know the name of the variable, I can get it's value by name: 5342
If I know the address of the variable is: 12ff7c, then I also can get it's value by address: 5342

程序中定义了变量 x 来存放密码，再定义一个特殊的指针变量 p，用于存放变量 x 的地址。这样既可以通过变量名 x 直接得到密码值，也可以在不知道变量名的情况下，通过指针变量 p 所存放的 x 的地址间接找到密码值。

8.1.2 地址和指针

地址和指针是计算机中的两个重要概念，在程序运行过程中，变量或者程序代码被存储在以字节为单位组织的存储器中。在 C 语言中，如果定义了一个变量，在编译时就会根据该变量的类型给它分配相应大小的内存单元。例如，假设 int 型变量占 2 个字节，则需要分配 2 个字节的内存单元，char 型变量需要分配 1 个字节的内存单元，float 型变量和 double 型变量则分别需要 4 个和 8 个字节的内存单元。

计算机为了对内存单元中的数据进行操作，一般是按"地址"存取的，也就是说对内存单元进行标识编号。如果把存储器看成一个建筑物，建筑物内的房间就是存储器单元，房间号就是地址。设有如下变量定义：

```
    int x = 20, y = 1, z = 155;
```

因为 int 型变量的存储长度为两个字节，因此假设 C 编译器将它们分配到地址为 1000~1001、1002~1003 和 1004~1005 的内存单元中，如图 8.2(a) 所示。实际上就在程序中，通过变量名进行操作，如调用函数 printf("%d", x)，输出 x 的值 20。而程序执行时是将变量翻译为它所在的内存地址进行操作的，上述输出操作可以描述为：将 x 所在的内存地址 1000~1001 单元的内容按照整型格式输出。这种使用变量的方法就叫做"直接访问"。一般以变量所在的内存单元的第 1 个字节的地址作为它的地址，如变量 x 的内存地址是 1000，y 的地址是 1002，z 的地址是 1004，变量 x、y、z 的内容分别为 20、1 和 155。

☞ 要注意区分内存单元的内容和内存单元的地址。

在 C 程序中还有一种使用变量的方法,即通过变量的地址进行操作:用指针(pointer)访问内存和操纵地址。

假设再定义一个变量 p,它位于 2000 单元,该单元中存放了变量 x 的地址 1000,如图 8.2(b)所示。此时,取出变量 p 的值 1000,就可以访问内存 1000 单元,实现对变量 x 的操作,也就是说通过变量 p,可以间接访问变量 x。

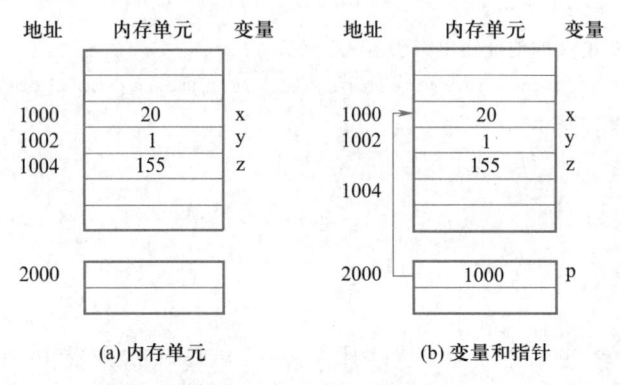

地址	内存单元	变量		地址	内存单元	变量
1000	20	x		1000	20	x
1002	1	y		1002	1	y
1004	155	z			155	z
				1004		
2000				2000	1000	p

(a) 内存单元　　　　　　　　(b) 变量和指针

图 8.2　内存单元和地址

与直接使用变量 x 相比较,使用变量 p 访问变量 x 的过程实现了对变量 x 的间接操作。在 C 语言中把这种专门用来存放变量地址的变量称为"指针变量",简称为指针。

C 语言使用指针对变量的地址进行操作。指针是用来存放内存地址的变量,如果一个指针变量的值是另一个变量的地址,就称该指针变量指向那个变量。前面提到的 p 就是指针变量,它存放了变量 x 的地址,即指针变量 p 指向变量 x。

在前面的章节中,已经多次看到了把地址作为 scanf( ) 的输入参数的用法。例如,函数调用 scanf("%d", &n),把输入的值存储到变量 n 所在的内存单元里。其中 &n 表示变量 n 的内存地址或存储位置。这里的 & 称为地址运算符,& 是一元运算符,与其他的一元运算符有同样的优先级和从右到左的结合性。

8.1.3　指针变量的定义

如果在程序中声明一个变量并使用地址作为该变量的值,那么这个变量就是指针变量。定义指针变量的一般形式为:

类型名　*指针变量名;

类型名指定指针变量所指向变量的类型,必须是有效的数据类型,如 int,float,char 等。指针变量名是指针变量的名称,必须是一个合法的标识符。

定义指针变量要使用指针声明符 *。例如:

　　int i, *p;

声明变量 i 是 int 型,变量 p 是指向 int 型变量的指针。指针值可以是特殊的地址 0,也可以是一个代表机器地址的正整数。

☞ 指针声明符 * 在定义指针变量时被使用,说明被定义的那个变量是指针。

在许多场合，可以把指针变量简称为指针，但实际上指针和指针变量在含义上存在一定的差异。一般来说，在 C 语言中，指针被认为是一个概念，是计算机内存地址的代名词之一，而指针变量本身就是变量，和一般变量不同的是它存放的是地址。大多数情况下，并不特别强调它们的区别，在本书中，如果未加声明，把指针和指针变量同等对待，都是指存放内存地址的指针变量。

指针变量用于存放变量的地址，由于不同类型的变量在内存中占用不同大小的存储单元，所以只知道内存地址，还不能确定该地址上的对象。因此在定义指针变量时，除了指针变量名，还需要说明该指针变量所指向的内存空间上所存放数据的类型。

下面是一些指针定义的例子：

```
int  *p;              /*定义一个指针变量 p，指向整型变量*/
char * cp;            /*定义一个指针变量 cp，指向字符型变量*/
float * fp;           /*定义一个指针变量 fp，指向实型变量*/
double * dp1, * dp2;  /*定义两个指针变量 dp1 和 dp2，指向双精度实型变量*/
```

☞ 定义多个指针变量时，每一个指针变量前面都必须加上 *。

注意，指针变量的类型不是指指针变量本身的类型，而是指它所指向的变量的数据类型。无论何种类型的指针变量，它们都是用来存放地址的，因此指针变量自身所占的内存空间大小和它所指向的变量数据类型无关，尽管不同类型的变量所占的内存空间不同，但不同类型指针变量所占的内存空间大小都是相同的。

指针变量被定义后，必须将指针变量和一个特定的变量进行关联后才可以使用它，也就是说，指针变量也要先赋值再使用，当然指针变量被赋的值应该是地址。假设有定义：

```
int i, *p;
```

下面的语句可以对指针变量 p 赋值：

```
p = &i;
p = 0;
p = NULL;
p = (int * )1732;
```

第一条语句中的指针 p 被看作是指向变量 i 或存放变量 i 的地址，也就是将指针 p 和变量 i 关联起来，这也是指针最常用的赋值方法，图 8.3 给出了指针变量 p 和整型变量 i 之间的关系。

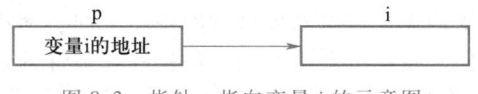

图 8.3 指针 p 指向变量 i 的示意图

第二条和第三条语句说明了怎样把特殊值 0 赋值给指针 p，这时指针的值为 NULL。常量 NULL 在系统文件 stdio.h 中被定义，其值为 0，将它赋给指针时代表空指针。C 语言中的空指针不指向任何单元。

在最后一条语句中，使用强制类型转换（int *）来避免编译错误，表示 p 指向地址为 1732 的 int 型变量。不提倡使用这类语句，一般不将绝对地址赋值给指针，但特殊值

NULL 例外。

在定义指针变量时，要注意以下几点。

（1）指针变量名是一个标识符，要按照 C 标识符的命名规则对指针变量进行命名。

（2）指针变量的数据类型是它所指向的变量的类型，一般情况下一旦指针变量的类型被确定后，它只能指向同种类型的变量。

（3）在定义指针变量时需要使用指针声明符 *，但指针声明符并不是指针的组成部分。例如，定义 int *p；说明 p 是指针变量，而不是 *p。

> ✓ 在对指针变量命名时（除整型指针外），建议用其类型名的首字母作为指针名的首字符，用 p 或 ptr 作为名字，以使程序具有较好的可读性。如将单精度浮点型指针取名为 fp, fptr, f_ptr 等。

8.1.4 指针的基本运算

如果指针的值是某个变量的地址，通过指针就能间接访问那个变量，这些操作由取地址运算符 & 和间接访问运算符 * 完成。此外，相同类型的指针还能进行赋值、比较和算术运算。

1. 取地址运算和间接访问运算

单目运算符 & 用于给出变量的地址。例如：

```
int *p, a = 3;
p = &a;
```

将整型变量 a 的地址赋给整型指针 p，使指针 p 指向变量 a。也就是说，用运算符 & 取变量 a 的地址，并将这个地址值作为指针 p 的值，使指针 p 指向变量 a。

☞ 指针的类型和它所指向变量的类型必须相同。

在程序中，"*"除了被用于定义指针变量外，还被用于访问指针所指向的变量，它也称为间接访问运算符。例如，当 p 指向 a 时，*p 和 a 访问同一个存储单元，*p 的值就是 a 的值，如图 8.4 所示。

```
    p                a
  ┌─────┐         ┌─────┐
  │ &a  │────────▶│  3  │ *p
  └─────┘         └─────┘
```

图 8.4 指针运算示意图

指针和地址的概念比较抽象，理解上也比较困难。下面将通过示例进一步解释取地址运算和间接访问运算的使用，帮助读者更好地理解指针和地址的含义。

【例 8-2】取地址运算和间接访问运算示例。

源程序

```c
/*取地址运算和使用指针访问变量*/
#include <stdio.h>
int main(void)
{
```

```
        int a=3, *p;              /*第4行：定义整型变量 a 和整型指针 p*/

        p=&a;                     /*把变量 a 的地址赋给指针 p，即 p 指向 a*/
        printf("a=%d, *p=%d\n", a, *p); /*输出变量 a 的值和指针 p 所指向变量的值*/
        *p=10;                    /*对指针 p 所指向的变量赋值，相当于对变量 a 赋值*/
        printf("a=%d, *p=%d\n", a, *p);
        printf("Enter a:");
        scanf("%d", &a);          /*输入 a*/
        printf("a=%d, *p=%d\n", a, *p);
        (*p)++;                   /*将指针所指向的变量加 1*/
        printf("a=%d, *p=%d\n", a, *p);

        return 0;
    }
```

运行结果

```
a=3, *p=3
a=10, *p=10
Enter a: 5
a=5, *p=5
a=6, *p=6
```

第 4 行的 "int a=3, *p;" 和其后出现的 *p，尽管形式是相同的，但两者的含义完全不同。第 4 行定义了指针变量，p 是变量名，*表示其后的变量是指针；而后面出现的 *p 代表指针 p 所指向的变量。本例中，由于 p 指向变量 a，因此，*p 和 a 的值一样。

再如表达式 *p=*p+1、++*p 和(*p)++，都是将指针 p 所指向变量的值加 1。而表达式 *p++等价于*(p++)，先取 *p 的值作为表达式的值，再将指针 p 的值加 1，运算后，p 不再指向变量 a。例如，在下面这几条语句中：

```
        int a=1, x, *p;
        p=&a;
        x=*p++;
```

指针 p 先指向 a，其后的语句 x=*p++;将 p 所指向的变量 a 的值赋给变量 x，然后修改指针的值，使得指针 p 不再指向变量 a。

从以上例子可以看到，要正确理解指针操作的意义，带有间接地址访问符 * 的变量的操作在不同的情况下会有完全不同的含义，这既是 C 的灵活之处，也是初学者最容易出错的地方。

2. 赋值运算

一旦指针被定义并赋值后，就可以如同其他类型变量一样进行赋值运算。例如：

```
        int a=3, *p1, *p2;        /*定义整型变量指针 p1 和 p2*/
        p1=&a;                    /*使指针 p1 指向整型变量 a*/
        p2=p1;
```

将变量 a 的地址赋给指针 p1，再将 p1 的值赋给指针 p2，因此指针 p1 和 p2 都指向变量 a（图 8.5）。此时，*p1、*p2 和 a 访问同一个存储单元，它们的值一样。

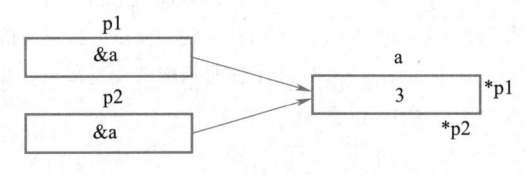

图 8.5　指针赋值示意图

给指针赋值是使指针和所指向变量之间建立关联的必要过程。指针之间的相互赋值只能在相同类型的指针之间进行，可以在定义时对指针进行赋值，也可以在程序运行过程中根据需要对指针重新赋值。但要特别注意：指针只有在被赋值以后才能被正确使用。指针的算术运算和比较运算将在 8.3 节介绍。

☞　只能将一个指针的值赋给另一个相同类型的指针。

8.1.5　指针变量的初始化

C 语言中的变量在引用前必须先定义并赋值，指针变量在定义后也要先赋值再引用。在定义指针变量时，可以同时对它赋初值。例如：

```
int a;
int *p1=&a;    /*在定义指针 p1 的同时给其赋值，使指针 p1 指向变量 a*/
int *p2=p1;    /*在定义指针 p2 的同时对其赋值，使 p2 和 p1 的值相同*/
```

以上对指针 p1 和 p2 的赋值都是在定义时进行的，使得指针 p1 和 p2 都指向变量 a。
在进行指针初始化的时候需要注意以下几点。
（1）在指针变量定义或者初始化时变量名前面的"*"只表示该变量是个指针变量，它既不是乘法运算符也不是间接访问符。
（2）把一个变量的地址作为初始化值赋给指针变量时，该变量必须在此之前已经定义。因为变量只有在定义后才被分配存储单元，它的地址才能赋给指针变量。
（3）可以用初始化了的指针变量给另一个指针变量作初始化值。
（4）不能用数值作为指针变量的初值，但可以将一个指针变量初始化为一个空指针。例如

```
int *p=1000;
```

是不对的，而

```
int *p=0;
```

是将指针变量初始化为空指针。这里 0 是 ASCII 字符 NULL 的值。
（5）指针变量定义时的数据类型和它所指向的目标变量的数据类型必须一致，因为不同的数据类型所占用的存储单元的字节数不同。

需要再次指出的是，定义指针变量后，就可以使用它，但必须先赋值后引用。指针如果没有被赋值，它的值是不确定的，即它指向一个不确定的单元，使用这样的指针，可能

会出现难以预料的结果，甚至导致系统错误。

【练习 8-1】 对于如下变量定义及初始化，与 m=n 等价的表达式是_____。

```
int m, n=5, *p=&m;
```

A．m=*p；　　　B．*p=n；　　　C．m=&n；　　　D．*p=m；

【练习 8-2】 执行以下程序段后，*p 的值为_____。

```
int m=1, *p=&m, *q;
q=p; *q=2;
```

8.2 角色互换

8.2.1 程序解析

【例 8-3】 角色互换。有两个角色分别用变量 a 和 b 表示。为了实现角色互换，现制定了 3 套方案，通过函数调用来交换变量 a 和 b 的值，即 swap1()、swap2() 和 swap3()。请分析这 3 个函数中，哪个函数可以实现这样的功能。

微视频：
指针

源程序

```
/*通过函数调用来交换变量值的示例程序*/
#include <stdio.h>
void swap1(int x, int y), swap2( int *px, int *py ), swap3(int *px, int *py);
int main(void)
{
   int a=1, b=2;
   int *pa=&a, *pb=&b;

   swap1(a, b);                /*使用变量 a, b 调用函数 swap1()*/
   printf("After calling swap1: a=%d b=%d\n", a, b);

   a=1; b=2;
   swap2(pa, pb);              /*使用指针 pa, pb 调用函数 swap2()*/
   printf("After calling swap2: a=%d b=%d\n", a, b);

   a=1; b=2;
   swap3(pa, pb);              /*使用指针 pa, pb 调用 swap3()*/
   printf("After calling swap3: a=%d b=%d\n", a, b);


   return 0;
```

```
    }
    void swap1(int x, int y)
    {
        int t;
        t = x;
        x = y;
        y = t;
    }
    void swap2(int *px, int *py)
    {
        int t;
        t = *px;
        *px = *py;
        *py = t;
    }
    void swap3(int *px, int *py)
    {
        int *pt;
        pt = px;
        px = py;
        py = pt;
    }
```

运行结果

```
After calling swap1: a=1, b=2
After calling swap2: a=2, b=1
After calling swap3: a=1, b=2
```

运行结果表明调用 swap1( ) 和 swap3( ) 后变量 a 和 b 的值都没有发生互换，但是调用 swap2( ) 后 a 和 b 的值发生了互换。下面将进行详细分析。

8.2.2 指针作为函数的参数

在第 5 章中，已经介绍过 C 语言中的函数参数包括实参和形参，两者的类型要一致。函数参数可以是整型、字符型和浮点型，当然也可以是指针类型。如果将某个变量的地址作为函数的实参，相应的形参就是指针。

在 C 语言中实参和形参之间的数据传递是单向的"值传递"方式，调用函数不能改变实参变量的值，当指针变量作为函数参数时也遵守这一个规则。调用函数不能改变实参指针变量的值，但可以改变实参指针变量所指向的变量的值。这样的机制被称为引用调用（Call by Reference）。采用引用调用机制需要在函数定义时将指针作为函数的形参，在函数调用时把变量的地址作为实参。

下面将通过解析例 8-3 来回顾并区别使用普通变量和指针变量作为参数的情况。

函数 swap1( ) 使用的是普通变量调用，也就是值调用，参数的传递是从实参变量到形参变量的单个方向上值的传递。在 swap1() 被调用时，将实参 a 和 b 的值传递给形参 x 和 y，如图 8.6(a) 所示。在函数中通过变量 t 实现了变量 x 和 y 值的交换，如图 8.6(b) 所示。但当返回主调函数后，函数 swap1() 中定义的变量都销毁了，而主调函数中的变量 a 和 b 的值没有任何改变，如图 8.6(c) 所示。即：在函数 swap1() 中改变了形参的值，但不会反过来影响到实参的值。因此，调用 swap1() 不能改变函数 main() 中实参 a 和 b 的值。即函数 swap1() 的调用过程没有实现 a 和 b 的值的交换。

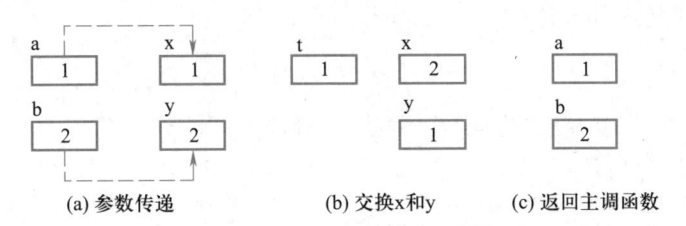

```
   a        x            t    x        a
 ┌───┐    ┌───┐         ┌───┐┌───┐    ┌───┐
 │ 1 │    │ 1 │         │ 1 ││ 2 │    │ 1 │
 └───┘    └───┘         └───┘└───┘    └───┘
   b        y               y            b
 ┌───┐    ┌───┐            ┌───┐       ┌───┐
 │ 2 │    │ 2 │            │ 1 │       │ 2 │
 └───┘    └───┘            └───┘       └───┘
  (a) 参数传递          (b) 交换x和y     (c) 返回主调函数
```

图 8.6　普通变量作为函数参数的示意图

函数 swap2() 的实参是指针变量 pa 和 pb，其值分别是变量 a 和 b 的地址。在函数 swap2() 被调用时，将实参 pa 和 pb 的值传递给形参 px 和 py。这样，px 和 py 中分别存放了 a 和 b 的地址，px 指向 a，py 指向 b，如图 8.7(a) 所示。由于 *px 和 a 代表同一个存储单元，只要在函数中改变 *px 的值，就改变了该存储单元的内容，如图 8.7(b) 所示。返回主调函数后，由于 a 代表的单元的内容发生了变化，a 的值就改变了，如图 8.7(c) 所示。因此，在函数 swap2() 中交换 *px 和 *py 的值，主调函数中 a 和 b 的值也相应交换了，即达到了交换数据的目的。

函数 swap3() 的参数形式与函数 swap2() 一样，调用时的参数传递过程也相同，如图 8.7(a) 所示。但在函数 swap3() 中直接交换了形参指针 px 和 py 的值，如图 8.7(d) 所示，由于同样的理由，形参 px 和 py 的改变不会影响实参 pa 和 pb，因此调用该函数并不能改变主调函数 main() 中变量 a 和 b 值，如图 8.7(e) 所示。

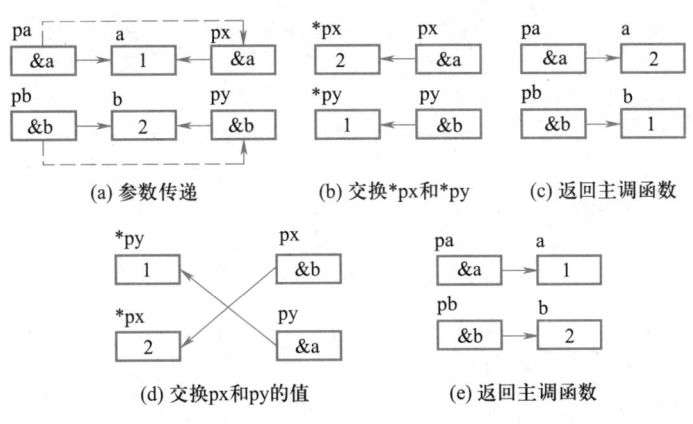

图 8.7　指针作为函数参数的示意图

总之，要通过函数调用来改变主调函数中某个变量的值，可以把指针作为函数的参数。在主调函数中，将该变量的地址或者指向该变量的指针作为实参。在被调函数中，用指针类型形参接受该变量的地址，并改变形参所指向变量的值。

在第 5 章中，介绍了函数只能通过 return 语句返回一个值。如果希望函数调用能将多个计算结果带回主调函数，用 return 语句是无法实现的，而将指针作为函数的参数就能使函数返回多个值。看下面的程序示例，了解函数如何通过指针返回多个值。

【例 8-4】输入年份和天数，输出对应的年、月、日。要求定义和调用函数 month_day (int year, int yearday, int *pmonth, int *pday)，其中 year 是年，yearday 是天数，pmonth 和 pday 指向的变量保存计算得出的月和日。例如，输入 2000 和 61，输出 2000-3-1，即 2000 年的第 61 天是 3 月 1 日。

源程序

```c
/*使用指针作为函数参数返回多个函数值的示例*/
#include <stdio.h>
void month_day(int year, int yearday, int *pmonth, int *pday);
                                              /*声明计算月、日的函数*/
int main(void)
{
    int day, month, year, yearday;      /*定义代表日、月、年和天数的变量*/
    printf("input year and yearday:");       /*提示输入数据：年和天数*/
    scanf("%d%d", &year, &yearday );
    month_day(year, yearday, &month, &day );  /*调用计算月、日函数*/
    printf("%d-%d-%d\n", year, month, day );

    return 0;
}
void month_day( int year, int yearday, int *pmonth, int *pday)
{
    int k, leap;
    int tab[2][13]={
        {0, 31, 28, 31, 30, 31, 30, 31, 31, 30, 31, 30, 31},
        {0, 31, 29, 31, 30, 31, 30, 31, 31, 30, 31, 30, 31},
    };            /*定义数组存放非闰年和闰年每个月的天数*/

    /*建立闰年判别条件 leap*/
    leap=(year%4==0 && year%100!=0)||year%400==0;

    for( k=1; yearday>tab[leap][k]; k++)
        yearday-=tab[leap][k];
    *pmonth=k;
    *pday=yearday;
}
```

运行结果

input year and yearday: 2000　61

2000-3-1

在函数 main( ) 中调用函数 month_day( ) 时，将变量 month 和 day 的地址作为实参，在被调函数中用形参指针 pmonth 和 pday 分别接收地址，并改变了形参所指向变量的值。因此，函数 main( ) 中 month 和 day 的值也随之改变。

【练习 8-3】计算两个数的和与差。要求自定义函数 sum_diff(double op1，double op2，double *psum，double *pdiff)，实现计算两个数的和与差，其中 op1 和 op2 是需要计算的两个数，psum 和 pdiff 指向的变量保存计算得出的和与差。

8.3 冒泡排序

指针和数组在许多方面有相似之处，例如指针名和数组名都代表内存地址。不同的是，指针名是一个变量，而数组名是一个常量。换言之，指针名所代表的地址是可以改变的，而数组一旦被定义后内存空间就被分配，也就是说数组名所代表的地址是不能改变的。因此研究指针和数组的关系类似于研究一个同类型的变量和常量之间的关系，当然前者更复杂些。

8.3.1 程序解析

【例 8-5】冒泡排序。输入 $n(n\leqslant 10)$ 个正整数，将它们从小到大排序后输出，要求使用冒泡排序算法。

源程序

```
/*冒泡排序算法*/
#include <stdio.h>
#define MAXN 10
void swap(int *px, int *py);        /*例 8-3 中函数 swap2( )的声明*/
void bubble(int a[ ], int n);
int main(void)
{
    int n, a[MAXN];
    int i;

    printf("Enter n(n<=10):");       /*提示输入 n*/
    scanf("%d", &n);
    printf("Enter %d integers:", n); /*提示输入 n 个数*/

    for(i=0; i<n; i++){
        scanf("%d", &a[i]);
    }
    bubble(a, n);
    printf("After sorted:");
```

```c
        for(i=0; i<n; i++){
            printf("%3d", a[i]);
        }

        return 0;
    }
    void bubble(int a[ ], int n)          /* n 是数组 a 中待排序元素的数量 */
    {
        int i, j, t;
        for(i=1; i<n; i++){                /*外部循环*/
            for(j=0; j<n-i; j++){          /*内部循环*/
                if(a[j]>a[j+1]){           /*比较相邻两个元素的大小*/
                    swap(&a[j], &a[j+1]);  /*调用函数 swap()实现交换 a[j]与 a[j+1]的值*/
                }
            }
        }
    }
```

运行结果

Enter n(n<=10): 8
Enter 8 integers: 7 3 66 3 -5 22 -77 2
After sorted: -77 -5 2 3 3 7 22 66

程序中定义了函数 bubble()实现数组元素的排序，其中又调用了函数 swap()实现交换 a[j]与 a[j+1]的值，这里的函数 swap()就是前面例 8-3 中的函数 swap2()，函数定义省略，请读者将程序补充完整并上机运行。函数 bubble()有两个参数，a 是待排序的整型数组名，n 是数组 a 中待排序的元素个数。对排序算法的详细分析见 8.3.4 节。

8.3.2 指针、数组和地址间的关系

在定义数组时，编译器必须分配基地址和足够的存储空间，以存储数组的所有元素。数组的基地址是在内存中存储数组的起始位置，它是数组中第一个元素（下标为 0）的地址，因此数组名本身是一个地址即指针值。在访问内存方面，指针和数组几乎是相同的，当然也有区别，这些区别是微妙且重要的：指针是以地址作为值的变量，而数组名的值是一个特殊的固定地址，可以把它看作是指针常量。假设给出如下定义：

```c
int a[100], *p;
```

系统分别把编号 3000，3002，3004……作为数组元素 a[0]，a[1]，a[2]，…，a[99]的地址（假定系统 int 型变量的长度为 2 个字节），那么其中内存位置 3000 是数组 a 的基地址，也是 a[0]的地址，因此以下两条语句是等价的。

```c
p=a;
p=&a[0];
```

它们都把 3000 这个地址值赋给了指针 p。同样如下语句也是等价的：

```
p = a+1;
p = &a[1];
```

它们都把 3002 赋给了 p。图 8.8 给出了数组 a 和指针 p 之间的关系。

☞ p=a+1 是合法的，但 a=a+1 就是非法的。

虽然在很多方面数组和指针都能处理同样的问题，但它们之间有一个本质的不同。数组 a 是指针常量，不是变量，所以像 a=p、a++ 和 a+=2 这样的表达式都是非法的，不能改变指针常量 a 的值。

指针每一次加 1 或减 1，并非指针的值加 1 或减 1，而是加上或减去该指针所指向的那个变量数据类型的长度，即它所指向的存储单元所占用的字节数。由于数组元素是连续存储的，如果 p 指向数组元素 a[0]，a[0] 的地址是 3000，则 p++ 后，p 的值就是 3002，正是 a[0] 的下一个存储单元 a[1] 的地址，故 p 指向 a[1]。类似的方式，像 p--、p+i 和 p+=i 这样的表达式都是有意义的。

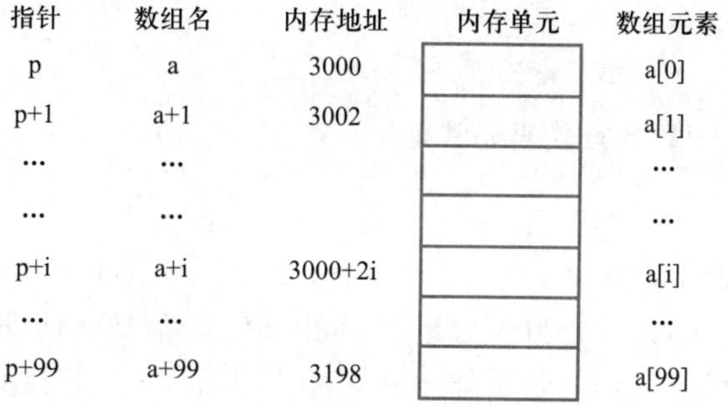

指针	数组名	内存地址	内存单元	数组元素
p	a	3000		a[0]
p+1	a+1	3002		a[1]
...	...			...
...	...			...
p+i	a+i	3000+2i		a[i]
...	...			...
p+99	a+99	3198		a[99]

图 8.8 数组和指针之间的关系

【例 8-6】输入正整数 $n(n \leqslant 10)$，再输入 n 个整数作为数组元素，分别使用数组和指针来计算并输出它们的和。

源程序

```c
/* 分别使用数组和指针计算数组元素之和 */
#include <stdio.h>
int main(void)
{
    int i, n, a[10], *p;         /* 定义数组和指针变量 */
    long sum = 0;

    printf("Enter n(n<=10):");
    scanf("%d", &n);
    printf("Enter %d integers:", n);
    for(i = 0; i<n; i++){
        scanf("%d", &a[i]);
    }
```

```
        for(i=0; i<n; i++){         /*使用数组求和*/
            sum=sum+*(a+i);         /*第15行*/
        }
        printf("calculated by array, sum=%ld\n", sum);
        sum=0;                      /*重新初始化 sum 为 0*/
        for(p=a; p<a+n; p++){       /*使用指针求和*/
            sum=sum+*p;
        }
        printf("calculated by pointer, sum=%ld\n", sum);

        return 0;
    }
```

运行结果

```
Enter n(n<=10): 10
Enter %d integers: 10 9 8 7 6 5 4 3 2 1
calculated by array, sum=55
calculated by pointer, sum=55
```

使用数组求和时，第15行代码通常是：

```
sum=sum+a[i];
```

由于 a+i 是距数组 a 的基地址的第 i 个偏移，所以 *(a+i) 与 a[i] 等价。

使用指针求和时，指针 p 先指向数组首元素 a[0]，累加 *p（即 a[0] 的值），然后 p 自增 1，指向下一个元素 a[1]，再累加 *p（即 a[1] 的值）……直至 p 大于最后一个数组元素的地址。通过指针 p 的值有规律的变化让它依次指向每一个数组元素，再用 *p 取出相应元素的值进行处理，体现出指针操作的基本特点。

正如表达式 *(a+i) 与 a[i] 等价一样，表达式 *(p+i) 与 p[i] 也等价。下面是数组元素求和的第三种方法：

```
p=a;
sum=0;
for(i=0; i<100; i++){
    sum+=p[i];
}
```

由此可知，数组名可以使用指针形式，而指针变量也可以转换为数组形式。

使用数组和指针可以实现相同的操作，但是指针的效率高、更灵活。实际上在 C 编译器中，对数组的操作是自动转换为指针进行的。但与数组操作相比，指针操作的程序代码阅读上不够直观，特别对 C 的初学者来说较难掌握。

【例 8-7】 使用指针计算数组元素个数和数组元素的存储单元数。

源程序

```
/*指针和数组及存储单元  */
```

```
#include <stdio.h>
int main(void)
{
    double a[2], *p, *q;

    p=&a[0];                          /*指针p向数组a的首地址*/
    q=p+1;                            /*指针q指向数组元素a[1]*/
    printf("%d\n", q-p);              /*计算指针p和q之间的元素的个数*/
    printf("%d\n", (int)q-(int)p);    /*计算指针p和q之间的字节数*/

    return 0;
}
```

运行结果

1
8

p 和 q 是指向数组元素的两个指针，那么 p-q 产生一个 int 型的值，该值表示在 p 和 q 之间的数组元素的个数。指针的算术运算和其他类型数据的算术运算看起来相似，但它们有着本质的不同。

最后一行所显示的内容与计算机系统相关，一般的系统都是以 8 个字节存储一个 double 型值，因此，在被解释为 double 型数据的两个机器地址间的差是 8。在指针 p 和 q 前面加上(int)强制转换，实际上给出两个 double 型数组元素所在的内存首地址，再进行算术运算得到结果为 8。

指针运算是 C 的重要特征之一。在 C 语言中，指针的算术运算只包括两个相同类型的指针相减以及指针加上或减去一个整数，其他的操作如指针相加、相乘和相除，或指针加上和减去一个浮点数都是非法的。两个相同类型指针还可以使用关系运算符比较大小。如在例 8-7 中，p<q 的值是 1(真)。

8.3.3 数组名作为函数的参数

在例 8-5 的函数定义中，数组的形参 a 实际上是一个指针。当进行参数传递时，主函数传递的是数组 a 的基地址，数组元素本身不被复制。作为一种表示习惯，编译器允许在作为参数声明的指针中使用数组方括号。为了说明这点，下面以一个对 int 型数组的元素进行累加的程序作为示例。

```
int sum(int a[ ], int n)    /*int a[ ]等价于int *a*/
{
  int i, s=0;
  for( i=0; i<n; ++i )
      s+=a[i];
  return s;
}
```

假设定义数组 int b[100]，在对 b 的数组元素赋值后，可以调用函数 sum() 对 b 中的元素作累加，见表 8.1 所示。

表 8.1　使用数组 b 作为实参调用 sum 函数的方法

调　　用	被计算和被返回的内容
sum(b, 100)	b[0]+b[1]+…+b[99]
sum(b, 88)	b[0]+b[1]+…+b[87]
sum(&b[7], k-7)	b[7]+b[8]+…+b[k-1]
sum(b+7, 2*k)	b[7]+b[8]+…+b[2*k+6]

表中最后一个函数的调用再次说明了对指针运算的用法。在 sum(b+7, 2*k) 中，把 b 的地址偏移 7，即从元素 b[7] 开始，在函数 sum() 中把指针变量 a 初始化为这个地址，这使得在函数调用中的所有地址计算结果都被相应地偏移，假如 k 已经赋值，那么累加到 b[2*k+6] 为止。

8.3.4　冒泡排序算法分析

对于搜索大型数据库来说，对数据进行排序的算法是至关重要的。用词典来查找字词是相对容易和方便的，这是因为字典按字母表顺序排了序。排序(Sort)是一种非常有助于解决查找问题的技术，此外，如何有效地排序本身就是计算机算法的一个重要的研究领域。在第 7 章中已经介绍了选择排序法，这里再介绍例 8-5 中应用的冒泡排序法。

之所以叫做冒泡排序，是因为在进行从小到大排序时，小的数经过交换会慢慢从底下"冒"上来。冒泡排序效率不高，这是因为它需要约 $n^2/2$ 次比较，然而对一些小数组来说，它的性能通常还是可以接受的。对例 8-5 中定义的数组 a，假定输入后值为 {7, 3, 66, 3, -5, 22, -77, 2}，再调用 bubble(a, 8)。表 8.2 给出了在每次外部循环后数组 a 中的元素。

表 8.2　冒泡排序每次循环后数组 a 的元素

未排序的数据	7	3	66	3	-5	22	-77	2
第 1 遍	3	7	3	-5	22	-77	2	66
第 2 遍	3	3	-5	7	-77	2	22	66
第 3 遍	3	-5	3	-77	2	7	22	66
第 4 遍	-5	3	-77	2	3	7	22	66
第 5 遍	-5	-77	2	3	3	7	22	66
第 6 遍	-77	-5	2	3	3	7	22	66
第 7 遍	-77	-5	2	3	3	7	22	66

在第一次循环的开始处，把 a[0] 与 a[1] 比较，由于它们不符合次序要求，对它们要做交换；然后把 a[1] 与 a[2] 比较，由于它们符合次序要求，对它们不做交换；再把 a[2]

与 a[3] 比较，依此类推。若邻接元素不符合次序要求，则要对它们进行交换。第一次循环的效果是把数组中的最大元素"冒泡"到 a[7]。在第二次循环后，不再检查 a[7]，即不再改变它，把 a[0] 再与 a[1] 比较，如此等等。在第二次循环后，第二大的数存放在 a[6] 中。由于每次循环都把当前最大的元素放在数组的合适位置中，在 n-1 次循环后，算法就完成了所有元素的排序。

排序是程序算法中非常有挑战意义的。这里给出的冒泡排序和第 7 章介绍的选择排序法，从效率上讲都不是很高，实际需要的排序时间也很长，特别是在数据量很大的情况下更是耗费时间。有兴趣的读者可以考虑改进冒泡排序算法，以提高算法的效率，这也有助于读者进一步理解程序设计算法，以及指针和数组的使用。

在第 7 章中介绍的二分查找法，其实质是分治法的思想。分治法（Divide and Conquer）的基本思想是将一个规模较大的问题分解为若干规模较小的子问题，找出各子问题的解，然后把各部分的解组合成整个问题的解。因此分治法的分（Divide）是指：划分一个大问题为若干个较小的子问题；治（Conquer）就是：分别解决子问题（最基本的问题除外），并从子问题的解构建原问题的解。

选择排序和冒泡排序只是众多排序方法中的两种，如果在排序中应用分治法，可以有两种思路：

（1）选择一个基准元素，将待排序数列分为比基准元素小的一组和大的一组数列，然后再分别对这两组数列排序，最后再直接合并两组排序的结果。这就是著名的快速排序法（Quick Sorting）。

（2）将待排序数列等分为两组，分别对这两组数列排序，最后再合并两组排序后的结果。这就是归并排序法（Merge Sorting）。

由于篇幅所限，本书就不列出详细算法和代码，感兴趣的读者可以自行学习。

【练习 8-4】根据表 8.2 所示，这组数据的冒泡排序其实循环到第 6 遍（即 n-2）时就已经排好序了，说明有时候并不一定需要 n-1 次循环。请思考如何改进冒泡排序算法并编程实现。（提示：若发现一遍循环后没有数据发生交换，说明已经排好序了）

【练习 8-5】重做例 8-5，要求使用选择排序算法。

8.4 字符串压缩

在 C 语言中，字符串（string，简称串）是一种特殊的 char 型一维数组。可以把字符串中的字符作为数组中的元素访问，或利用 char 型指针对其访问，这种灵活性使得在用 C 语言编写字符串处理程序时特别有用。在 C 语言的标准库中提供了很多有用的字符串处理函数。

虽然可以把对字符串的处理看作是对数组的处理的一种特别情况，但是对字符串的处理也有自身的特点，如可以用字符值 '\0' 终止字符串。本节中的示例程序用以说明使用指针处理字符串的思想。

8.4.1 程序解析

【例 8-8】输入一个长度小于 80 的字符串，按规则对字符串进行压缩，输出压缩后的字符串。压缩规则是：如果某个字符 x 连续出现 $n(n>1)$ 个，则将这 n 个字符替换为"nx"的形式；否则保持不变。

源程序

```
/*字符串压缩*/
#include <stdio.h>
#define MAXLINE 80
void zip(char *p);
int main(void)
{
    char line[MAXLINE];
    printf("Input the string:");
    gets(line);
    zip(line);
    puts(line);

    return 0;
}
void zip(char *p)
{
    char *q=p;
    int n;
    while(*p!='\0'){
        n=1;
        while(*p==*(p+n)){          /*统计连续重复字符个数*/
            n++;
        }
        if(n>=10){                  /*将 n 转换为字符*/
            *q++=(n/10)+'0';
            *q++=(n%10)+'0';
        }else if(n>=2){
            *q++=n+'0';
        }
        *q++=*(p+n-1);              /*复制重复字符*/
        p=p+n;                      /*指针 p 移动至下一个新字符*/
    }
    *q='\0';                        /*重置字符串结束标志*/
}
```

运行结果

> *Input the string*: *Mississippi*
> *Mi2si2si2pi*

字符数组 line 用于存放输入的字符串，调用函数 zip( ) 后，实现字符串的压缩。函数 zip( ) 的形参是字符指针 p，在调用时接收数组 line 的值（即数组首元素的地址），通过指针 p 的移动实现对字符串的遍历和处理。

函数 zip( ) 中，先统计从 p 位置开始的连续出现重复字符的个数 n，再将整数 n 的值转换成字符存入 q 指向的内存单元，并复制重复字符，然后将 p 移动至下一个新字符位置，最后重置字符串结束标志 '\0'，形成新的压缩后的字符串。

8.4.2 字符串和字符指针

首先讨论字符串常量的存储。字符串常量是用一对双引号括起来的字符序列，与基本类型常量的存储相似，字符串常量在内存中的存放位置由系统自动安排。由于字符串常量是一串字符，通常被看作一个特殊的一维字符数组，与数组的存储类似，字符串常量中的所有字符在内存中连续存放。所以，系统在存储一个字符串常量时先给定一个起始地址，从该地址指定的存储单元开始，连续存放该字符串中的字符。显然，该起始地址代表了存放字符串常量首字符的存储单元的地址，被称为字符串常量的值，也就是说，字符串常量实质上是一个指向该字符串首字符的指针常量。例如，字符串 "hello" 的值是一个地址，从它指定的存储单元开始连续存放该字符串的 6 个字符。

如果定义一个字符指针接收字符串常量的值，该指针就指向字符串的首字符。这样，字符数组和字符指针都可以用来处理字符串。例如：

```
char sa[ ]="array";
char *sp="point";
printf("%s", sa);           /*数组名 sa 作为 printf 的输出参数*/
printf("%s", sp);           /*字符指针 sp 作为 printf 的输出参数*/
printf("%s\n","string");    /*字符串常量作为 printf 的输出参数*/
```

输出：

> *array point string*

调用 printf( ) 函数，以 %s 的格式输出字符串时，作为输出参数，数组名 sa、指针 sp 和字符串 "string" 的值都是地址，从该地址所指定的单元开始连续输出其中的内容（字符），直至遇到 '\0' 为止。由此可见，输出字符串时，输出参数给出起始位置（地址），'\0' 用来控制结束。因此，字符串中其他字符的地址也能作为输出参数。例如：

```
printf("%s", sa+2);         /*数组元素 sa[2]的地址作为输出参数*/
printf("%s", sp+3);         /*sp+3 作为起始地址*/
printf("%s\n","string"+1);
```

输出：

> *ray nt tring*

字符数组与字符指针都可以处理字符串，但两者之间有重要区别。例如：

```
char sa[ ]="This is a string";
char *sp="This is a string";
```

字符数组 sa 在内存中占用了一块连续的单元，有确定的地址，每个数组元素存放字符串的一个字符，字符串就存放在数组中。字符指针 sp 只占用一个可以存放地址的内存单元，存储字符串首字符的地址，而不是将字符串存放到字符指针变量中去（图 8.9）。

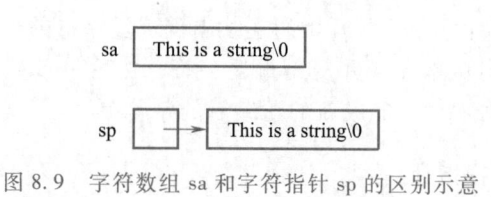

```
sa  This is a string\0

sp  ┌──┐──→ This is a string\0
    └──┘
```

图 8.9　字符数组 sa 和字符指针 sp 的区别示意

如果要改变数组 sa 所代表的字符串，只能改变数组元素的内容。如果要改变指针 sp 所代表的字符串，通常直接改变指针的值，让它指向新的字符串。因为 sp 是指针变量，它的值可以改变，转而指向其他单元。例如：

```
strcpy(sa,"Hello");
sp="Hello";
```

分别改变了 sa 和 sp 所表示的字符串。而

```
sa="Hello";
```

是非法的，因为数组名是常量，不能对它赋值。

定义字符指针后，如果没有对它赋值，指针的值是不确定的，不能明确它指向的内存单元。因此，如果引用未赋值的指针，可能会出现难以预料的结果。例如：

```
char *s;
scanf("%s", s);
```

没有对指针 s 赋值，却对 s 指向的单元赋值。如果该单元已分配给其他变量，其值就改变了。而

```
char *s, str[20];
s=str;
scanf("%s", s);
```

是正确的。数组 str 有确定的存储单元，s 指向数组 str 的首元素，并对数组赋值。

☞　为了尽量避免引用未赋值的指针所造成的危害，在定义指针时，可先将它的初值置为空，如 char *s=NULL。

现在分析一下例 8-8 中通过指针实现对字符串压缩的过程。程序先定义了字符数组 line，通过函数 gets( ) 读入一个字符串并存放在数组 line 中，然后将 line 作为实参，调用函数 zip( )，参数传递时形参 p 接收数组 line 的基地址。在函数 zip( ) 中分别通过指针变量 p 和 q 访问和操作 line 数组中的元素，在调用函数 zip( ) 后，字符数组 line 的元素就发生了变动。

当字符数组名、字符串常量或字符指针作为函数实参时,相应的形参都是字符指针,也可以如例 8-5 一样写成数组形式。

8.4.3 常用的字符串处理函数

在 C 语言的标准库中含有很多非常有用的字符串处理函数。它们都要求以字符串作为参数,并且它们都返回整数值或指向 char 的指针。在头文件 stdio.h 和 string.h 中给出了字符串处理函数原型,所以使用这些字符串处理函数时要引入相应的头文件。

1. 字符串的输入和输出

函数 scanf( ) 和 gets( ) 可用来输入字符串,而 printf( ) 和 puts( ) 输出字符串。它们在系统文件 stdio.h 中定义。

(1) scanf(格式控制字符串,输入参数表)

格式控制字符串中使用格式控制说明%s,输入参数必须是字符型数组名。该函数遇回车或空格输入结束,并自动将输入的数据和字符串结束符 '\0' 送入数组中。例如:

```
scanf("%s", s);      /*假设 s 为字符型数组*/
```

(2) printf(格式控制字符串,输出参数表)

格式控制字符串中相应的格式控制说明用%s,输出参数可以是字符数组名或字符串常量。输出遇 '\0' 结束。例如:

```
printf("%s", s);
```

由于在 C 语言中是使用一维字符数组存放字符串的,因此可以在字符串操作函数中直接使用数组名进行输入输出。

(3) 字符串输入函数 gets(s)

参数 s 是字符数组名。函数从输入得到一个字符串,遇回车输入结束,自动将输入的数据和 '\0' 送入数组中。采用函数 gets( ) 输入的字符串允许带空格。

实际上函数 gets( ) 有返回值,如果输入成功则返回值是字符串第一个字符的地址,如果输入失败则返回 NULL。但一般情况下使用 gets( ) 主要是为了输入字符串,而并不关心它的返回值。

(4) 字符串输出函数 puts(s)

参数 s 可以是字符数组名或字符串常量。输出时遇 '\0' 自动将其转换为 '\n',即输出字符串后换行。同样函数 puts( ) 也有返回值,如果成功执行了输出字符串的操作,则返回换行符号 '\n',否则返回 EOF。

以上组成了两组输入输出函数,尽管它们都可以达到输入输出字符串操作的目的,但还是有一些细微的差别。

2. 字符串的复制、连接和比较及字符串长度

字符串复制、连接和比较以及计算字符串长度的函数,在系统头文件 string.h 中定义。

(1) 字符串复制函数 char *strcpy(char *s1, char *s2)

该函数把字符串 s2 复制到 s1,直到遇到 s2 中的 '\0' 为止。s1 要有足够的空间容纳 s2,且 s1 中的内容被覆盖,函数返回的是 s1。同样可以简化以上函数的表达形式为:

```
        strcpy(s1, s2);
```
参数 s1 必须是字符型数组基地址,参数 s2 可以是字符数组名或字符串常量。例如:
```
        int i;
        char s1[80], s2[80], from[80]="happy";    /*初始化数组 from*/
        strcpy(str1, from);
        strcpy(str2,"key");
```
第三条语句调用了函数 strcpy( )把 from 中的字符串复制给 str1;第四条语句把字符串常量"key"复制给 str2 后,数组 str1 中存放了"happy",数组 str2 中存放了"key"。

(2) 字符串连接函数 strcat(s1, s2)

参数 s1 必须是字符数组基地址,参数 s2 可以是字符数组名或字符串常量。strcat( )函数将字符串 s2 接到字符串 s1 的后面,此时,s1 中原有的结束符 '\0' 被放置在连接后的结束位置上。数组 s1 的长度要足够大,以便存放连接后的新字符串。例如:
```
        char str1[80]="hello ", str2[80], t[80]="world";
        strcat(str1, t);
        strcpy(str2, str1);
        strcat(str2,"!");
```
先调用函数 strcat( )连接 str1 和 t,结果放在 str1 中(如图 8.10 所示),再调用函数 strcpy( )将 str1 中的字符串赋给 str2,最后调用函数 strcat( )连接 str2 和字符串常量"!"后,str2 中存放了"Hello world!"。

| str1 | h | e | l | l | o | \0 | | | | |
| t | w | o | r | l | d | \0 | | | | |

用 strcat(str1,t)后

| str1 | h | e | l | l | o | w | o | r | l | d | \0 |
| t | w | o | r | l | d | \0 | | | | | |

图 8.10 调用 strcat(str1,t)示意图

C 语言不允许使用算术运算加将字符数组直接连接,即 str1 = str1+t 和 str2 = str2+"!"都是非法的。连接两个字符串可直接调用库函数 strcat( ),或者逐个元素赋值。

(3) 字符串比较函数 strcmp(s1, s2)

和函数 strcpy( )中对参数的要求不同,函数 strcmp( )中的参数 s1 和 s2 可以是字符数组名或字符串常量。函数 strcmp( )返回一个整数,给出字符串 s1 和 s2 的比较结果:

① 若 s1 和 s2 相等,返回 0。
② 若 s1 大于 s2,返回一个正数。
③ 若 s1 小于 s2,则返回一个负数。

设 str1 和 str2 都是字符串,在 C 语言中,str1 = = str2、str1>str2 和 str1<=str2 比较的是两个字符串的起始地址,而 strcmp(str1, str2) = = 0、strcmp(str1, str2)>0 和 strcmp(str1, str2)<=0 比较两个字符串的内容。

字符串比较的规则是：从两个字符串的首字符开始，依次比较相对应的字符（比较字符的 ASCII 码），直到出现不同的字符或遇 '\0' 为止。如果所有的字符都相同，返回 0；否则，以第一个不相同字符的比较结果为准，返回这两个字符的差，即第一个字符串中的字符减去第二个字符串中的字符得到的差。例如：

strcmp("sea","sea")的值是 0，说明"sea"与"sea"相等。
strcmp("compute","compare")的值('u'-'a')是个正数，说明"compute"大于"compare"。
strcmp("happy","z")的值('h'-'z')是个负数，说明"happy"小于"z"。
strcmp("sea","seat")的值('\0'-'t')是个负数，说明"sea"小于"seat"。

（4）字符串长度函数 strlen(s1)

参数 s1 可以是字符数组名或字符串常量。函数 strlen() 返回字符串 s1 的 '\0' 之前的字符个数。即字符串有效字符的个数（不包括字符结束符 '\0'）。例如，strlen("happy")的值是 5，strlen("A")的值是 1。

表 8.3 给出了常用的字符串处理函数的例子。注意，编程时应为作为参数传递给函数的字符串分配足够大的空间。字符串越界是一个常见的编程错误。

表 8.3 常用的字符串处理函数的例子

声明和初始化	
char s1[ ] = "beautiful big sky country", s2[ ] = "how now brown cow";	
函数（表达式）	值
strlen(s1)	25
strlen(s2+8)	9
strcmp(s1, s2)	negative integer
语句	打印内容
printf("%s", s1+10);	big sky country

strcpy(s1+10, s2+8);
strcat(s1,"s!");
printf("%s", s1);
	beautiful brown cows!

在应用标准库中的任何函数之前，必须要提供函数原型。通常用

```
#include <string.h>
```

来引入头文件 string.h，这个头文件含有标准库中的所有字符串处理函数的原型。

【例 8-9】找最小的字符串。输入 n 个字符串，输出其中最小的字符串。

分析：为了让读者更好地理解字符串操作的特点，下面用对比的方法编写程序。显然，这两个程序的算法相似，但需要处理的数据类型不同。程序 B 的功能是输入 n 个整数，输出其中的最小值，定义了整型变量 x 和 min，分别存放输入数和最小数；程序 A 定义两个一维字符数组 sx 和 smin，分别保存输入的字符串和最小的字符串。它们运算的实

现方法也不同,如整型数据可以直接赋值,而数组的赋值就需调用函数 strcpy( )。

源程序

```
/* 程序 A: 处理字符串 */
#include <stdio.h>
#include <string.h>
int main()
{
    int i, n;
    char sx[80], smin[80];
    scanf("%d", &n);
    scanf("%s", sx);
    strcpy(smin, sx);
    for(i=1; i<n; i++){
        scanf("%s", sx);
        if(strcmp(sx, smin)<0)
            strcpy(smin, sx);
    }
    printf("min is %s\n", smin);

    return 0;
}
```

源程序

```
/* 程序 B: 处理数 */
#include <stdio.h>

int main()
{
    int i, n;
    int x, min;
    scanf("%d", &n);
    scanf("%d", &x);
    min=x;
    for(i=1; i<n; i++){
        scanf("%d", &x);
        if(x<min)
            min=x;
    }
    printf("min is %d\n", min);

    return 0;
}
```

运行结果

5
tool key about zoo sea
min is about

运行结果

5
2 8 -1 99 0
min is -1

读者可以自行阅读以上程序并理解 C 语言对字符串数据类型处理的特点。

C 语言标准库中还有其他多种用于处理字符和字符串的函数,分别包含在 ctype.h 和 string.h 文件中。读者可参阅本书附录 A。

☞ 如果使用 C 语言标准库中的字符、字符串函数,应在程序开始的预处理定义部分加上这些库函数所在的头文件名,如 ctype.h、stdlib.h、string.h 等。

【练习 8-6】在使用函数 scanf( )时,输入参数列表需要使用取地址操作符 &,但当参数为字符数组名时并没有使用,为什么?如果在字符数组名前加上取地址操作符 &,会发生什么?

【练习 8-7】C 语言不允许用赋值表达式直接对数组赋值,为什么?

【练习 8-8】输入一个字符串,把该字符串的前 3 个字母移到最后,输出变换后的字符串。比如输入"abcdef",输出为"defabc"。

*8.5 任意个整数求和

8.5.1 程序解析

【例8-10】 先输入一个正整数 n，再输入任意 n 个整数，计算并输出这 n 个整数的和。要求使用动态内存分配方法为这 n 个整数分配空间。

源程序

```c
/* 求任意个整数和 */
#include <stdio.h>
#include <stdlib.h>
int main()
{
    int n, sum, i, *p;
    printf("Enter n:");
    scanf("%d", &n);
/* 为数组 p 动态分配 n 个整数类型大小的空间 */
    if((p=(int *)calloc(n, sizeof(int)))==NULL){
        printf("Not able to allocate memory.\n");
        exit(1);
    }
    printf("Enter %d integers:", n);      /* 提示输入 n 个整数 */
    for(i=0; i<n; i++){
        scanf("%d", p+i);
    }
    sum=0;
    for(i=0; i<n; i++){                    /* 计算 n 个整数和 */
        sum=sum+*(p+i);
    }
    printf("The sum is %d\n", sum);
    free(p);                               /* 释放动态分配的空间 */

    return 0;
}
```

运行结果

```
Enter n: 10
Enter 10 integers: 3 7 12 54 2 -19 8 -1 0 15
The sum is 81
```

程序的功能很明确，先通过输入获得 n 的值，然后用函数 calloc( ) 申请能存放 n 个 int 型数据的内存单元。如果申请成功，就得到动态内存的首地址，将该地址存放在指针 p 中，通过移动指针存入 n 个整数，再通过移动指针取出各个数并计算它们的和。动态内存申请得到的是一个没有名字、只有首地址的连续存储空间，相当于一个无名的一维数组。该动态内存的首地址经过强制类型转换成 int 型并存放在指针变量 p 中，只能通过移动 p 来存取各个数据。

8.5.2 用指针实现内存动态分配

程序中需要使用各种变量来保存被处理的数据和各种状态信息，变量在使用前必须被定义且安排好存储空间（包括内存起始地址和存储单元大小）。C 语言的全局变量、静态局部变量的存储是在编译时确定的，其存储空间的实际分配在程序开始执行前完成。对于局部自动变量，在执行进入变量定义所在的复合语句时为它们分配存储单元，这种变量的大小也是静态确定的。

以静态方式安排存储的好处主要是实现比较方便，效率高，程序执行中需要做的事情比较简单。但这种做法也有限制，某些问题不太好解决。比如例 8-7 所描述的问题，每次求和的项数都可能不同，可能的办法就是先定义一个很大的数组，以保证输入的项数不要超过数组能容纳的范围。

一般情况下，运行中的很多存储要求在写程序时无法确定，因此需要一种机制，可以根据运行时的实际存储需求分配适当的存储区，用于存放那些在运行中才能确定数量的数据。C 语言为此提供了动态存储管理机制，允许程序动态申请和释放存储空间。

在 C 语言中主要用两种方法使用内存：一种是由编译系统分配的内存区；另一种是用内存动态分配方式，留给程序动态分配的存储区。动态分配的存储区在用户的程序之外，不是由编译系统分配的，而是由用户在程序中通过动态分配获取的。使用动态内存分配能有效地使用内存，同一段内存区域可以被多次使用，使用时申请，用完就释放。

1. 动态内存分配的步骤

（1）了解需要多少内存空间。
（2）利用 C 语言提供的动态分配函数来分配所需要的存储空间。
（3）使指针指向获得的内存空间，以便用指针在该空间内实施运算或操作。
（4）当使用完毕内存后，释放这一空间。

2. 动态内存分配函数

在进行动态存储分配的操作中，C 语言提供了一组标准函数，定义在 stdlib.h 里面。

（1）动态存储分配函数 malloc( )

函数原型是：

```
void *malloc(unsigned size)
```

功能：在内存的动态存储区中分配一连续空间，其长度为 size。若申请成功，则返回指向所分配内存空间的起始地址的指针；若申请内存空间不成功，则返回 NULL（值为 0）。malloc( ) 的返回值为 (void *) 类型（这是通用指针的一个重要用途）。在具体使用中，将 malloc( ) 的返回值转换为特定指针类型，赋给一个指针。例如，可以把例 8-12 中的申请内存语句改为如下方式：

```
/*动态分配 n 个整数类型大小的空间*/
    if((p=(int *)malloc(n*sizeof(int)))==NULL)
    {
        printf("Not able to allocate memory.\n");
        exit(1);
    }
```

调用 malloc( )时，应该利用 sizeof 计算存储块大小，不要直接写数值，因为不同平台数据类型占用空间大小可能不同。此外，每次动态分配都必须检查是否成功，考虑到意外情况的处理。

☞ 虽然这里存储块是动态分配的，但它的大小在分配后也是确定的。不要越界使用，尤其不能越界赋值，否则可能引起非常严重的错误。

（2）计数动态存储分配函数 calloc( )

函数原型是：

```
void *calloc( unsigned n, unsigned size)
```

功能：在内存的动态存储区中分配 n 个连续空间，每一存储空间的长度为 size，并且分配后还把存储块里全部初始化为 0。若申请成功，则返回一个指向被分配内存空间的起始地址的指针；若申请内存空间不成功，则返回 NULL(0)。

☞ malloc( )对所分配的存储块不做任何事情，calloc( )对整个区域进行初始化。

（3）动态存储释放函数 free( )

函数原型是：

```
void free(void *ptr)
```

功能：释放由动态存储分配函数申请到的整块内存空间，ptr 为指向要释放空间的首地址。如果 ptr 的值是空指针，则 free 什么都不做。该函数无返回值。

为了保证动态存储区的有效利用，在知道某个动态分配的存储块不再用时，就应及时将它释放。

☞ 释放后不允许再通过该指针去访问已经释放的块，否则也可能引起灾难性错误。

（4）分配调整函数 realloc( )

函数原型是：

```
void *realloc(void *ptr, unsigned size)
```

功能：更改以前的存储分配。ptr 必须是以前通过动态存储分配得到的指针。参数 size 为现在需要的空间大小。如果分配失败，返回 NULL，同时原来 ptr 指向存储块的内容不变。如果成功，返回一片能存放大小为 size 的区块，并保证该块的内容与原块的一致。如果 size 小于原块的大小，则内容为原块前 size 范围内的数据；如果新块更大，则原有数据存在新块的前一部分。如果分配成功，原存储块的内容就可能改变了，因此不允许再通过 ptr 去使用它。

【练习 8-9】使用动态内存分配的方法实现例 8-5 的冒泡排序。

习题 8

一、选择题
1. 下列语句定义 px 为指向 int 类型变量 x 的指针，正确的是_____。
   A. int x, *px=x;   B. int x, *px=&x;   C. int *px=&x, x;   D. int x, px=x;
2. 以下选项中，对基本类型相同的指针变量不能进行运算的运算符是_____。
   A. =   B. ==   C. +   D. -
3. 下列程序的输出结果是_____。
   ```
   void f(int *p)
   {   *p=5;
   }
   int main(void)
   {   int x=10, *px=&x;
       f(px);
       printf("%d#", (*px)++);
       printf("%d\n", x);
       return 0;
   }
   ```
   A. 5#6   B. 6#6   C. 10#11   D. 11#11
4. 以下程序的输出结果是_____。
   ```
   void sub(int x, int y, int *z)
   {   *z=y-x;
   }
   int main(void)
   {   int a, b, c;
       sub(10, 5, &a);
       sub(7, a, &b);
       sub(a, b, &c);
       printf("%d,%d,%d\n", a, b, c);
       return 0;
   }
   ```
   A. 5, 2, 3   B. 5, -2, -7
   C. -5, -12, -17   D. -5, -12, -7
5. 若有以下定义，且 0<=i<10，则对数组元素的错误引用是_____。

int i, a[ ]={0, 1, 2, 3, 4, 5, 6, 7, 8, 9}, *p=a;

A. *(a+i)　　　　B. a[p-a+i]　　　　C. p+i　　　　D. *(&a[i])

6. 下列程序段的输出结果是_____。

int a[10]={0, 1, 2, 3, 4, 5, 6, 7, 8, 9}, *p=a+3;
printf("%d", *++p);

A. 3　　　　B. 4　　　　C. a[4]的地址　　　　D. 非法

7. 对于下面的程序段，叙述正确的是_____。

char s[ ]="china", *p=s;

A. *p 与 s[0]相等
B. 数组 s 中的内容和指针变量 p 中的内容相等
C. s 和 p 完全相同
D. 数组 s 的长度和 p 所指向的字符串长度相等

8. 下面程序段的运行结果是_____。

chars[ ]="language", *p=s;
while(*p++!='u'){
    printf("%c", *p - 'a'+'A');
}

A. LANGUAGE　　　B. ANGU　　　C. LANGU　　　D. LANG

二、填空题

1. 输出一维数组最大元素和最小元素的下标。查找一维数组的最大元素和最小元素的下标，分别存放在函数 main( )的 maxsub 和 minsub 变量中。请填空。

```
void find(int *, int, int *, int *);
int main(void)
{
    int maxsub, minsub, a[ ]={5, 3, 7, 9, 2, 0, 4, 1, 6, 8};
    find(_____);
    printf("maxsub=%d, minsub=%d\n", maxsub, minsub);
    return 0;
}
void find(int *a, int n, int *maxsub, int *minsub)
{
    int i;
    *maxsub=*minsub=0;
    for(i=1; i<n; i++){
        if(a[i]>a[*maxsub])_____;
        if(a[i]<a[*minsub])_____;
    }
}
```

2. 数组插值。函数 insert( ) 的功能是在一维数组 a 中将 x 插入到下标为 i(i>=0) 的元素前，如果 i>=元素个数，则 x 插入到末尾，元素个数存放在指针 n 所指向的变量中，插入后元素个数加 1。请填空。

```
void insert(int a[ ], int *n, int x, int i)
{
    int j;
    if(_____){
        for(j = *n-1; _____; j--){
            _____=a[j];
        }
    }else{
        i = *n;
    }
    a[i] = _____;
    (*n)++;
}
```

3. 判断回文。先消除输入字符串 s 的前后空格，再判断其是否为"回文"（即字符串正读和倒读都是一样的），若是则输出 Yes，否则输出 No。请填空。

```
char ch, s[80], *p, *q;
int i, j, n;
gets(s);
p = _____;
while(*p == ' '){
    _____;
}
n = strlen(s);
q = _____;
while(*q == ' '){
    q--;
}
while(_____ && *p == *q){
    p++;
    _____;
}
if(p<q) printf("No\n");
else printf("Yes\n");
```

4. 最大字符移位。在字符串 str 中找出最大的字符，将在该字符前的所有字符往后顺序移动一位，再把最大字符放在字符串的第一个位置上。如 "knowledge" 变成 "wknoledge"。请填空。

```
char max, str[80], *p=str, *q=str;
```

```
        gets(p);
        max = * (p++);
        while( * p!='\0'){
            if(max< * p){
                max = * p;
                _____;
            }
            p++;
        }
        p = q;
        while(_____){
            _____;
            p--;
        }
        * p = max;
        puts(p);
```

5. 字符传送。将字符串 s1 的所有字符传送到字符串 s2 中，要求每传送 3 个字符就再存放一个星号。如字符串 s1 为"abcdefg"，则字符串 s2 为"abc * def * g"。请填空。

```
        char s1[80], s2[80], * p = s1;
        int cnt = 0, k = 0;
        gets(p);
        while( * p!='\0'){
            s2[k] = * p;
            k++; p++; cnt++;
            if(_____){
                s2[k] = ' * ';
                _____;
                _____;
            }
        }
        s2[k] = '\0';
        puts(s2);
```

三、程序设计题

1. 拆分实数的整数与小数部分：要求自定义一个函数 void splitfloat(float x, int * intpart, float *fracpart)，其中 x 是被拆分的实数，* intpart 和 * fracpart 分别是将实数 x 拆分出来的整数部分与小数部分。编写主函数，并在其中调用函数 splitfloat( )。试编写相应程序。

2. 在数组中查找指定元素：输入一个正整数 $n(1<n\leqslant 10)$，然后输入 n 个整数存入数组 a 中，再输入一个整数 x，在数组 a 中查找 x，若找到则输出相应的下标，否则显示 Not found。要求定义和调用函数 search(int list[ ], int n, int x)，在数组 list 中查找元素 x，若找到则返回相应下标，否则返回 -1，参数 n 代表数组 list 中元素的数量。试编写相应

程序。

3. 循环后移：有 n 个整数，使前面各数顺序向后移 m 个位置，移出的数再从开头移入。编写一个函数实现以上功能，在主函数中输入 n 个整数并输出调整后的 n 个数。试编写相应程序。

4. 报数：有 n 个人围成一圈，按顺序从 1 到 n 编好号。从第一个人开始报数，报到 $m(m<n)$ 的人退出圈子，下一个人从 1 开始报数，报到 m 的人退出圈子。如此下去，直到留下最后一个人。输入整数 n 和 m，并按退出顺序输出退出圈子的人的编号。试编写相应程序。

5. 使用函数实现字符串复制：输入一个字符串 t 和一个正整数 m，将字符串 t 中从第 m 个字符开始的全部字符复制到字符串 s 中，再输出字符串 s。要求自定义并调用函数 void strmcpy(char *s, char *t, int m)。试编写相应程序。

6. 删除字符：输入一个字符串，再输入一个字符 ch，将字符串中所有的 ch 字符删除后输出该字符串。要求定义和调用函数 delchar(s, c)，该函数将字符串 s 中出现的所有 c 字符删除。试编写相应程序。

7. 字符串排序：输入 5 个字符串，按由小到大的顺序输出。试编写相应程序。

8. 判断回文：判断输入的一串字符是否为"回文"。所谓"回文"是指顺读和倒读都一样的字符串。如"XYZYX"和"xyzzyx"都是回文。试编写相应程序。

9. 分类统计字符个数：输入一行文字，统计其中的大写字母、小写字母、空格、数字以及其他字符各有多少。试编写相应程序。

10. （选做）输出学生成绩（动态分配）：输入学生人数后输入每个学生的成绩，最后输出学生的平均成绩、最高成绩和最低成绩。要求使用动态内存分配来实现。试编写相应程序。

第 9 章
结　　构

本章要点

- 什么是结构？结构与数组有什么差别？
- 有几种结构的定义形式？它们之间有什么不同？
- 什么是结构的嵌套？
- 什么是结构变量和结构成员变量？如何引用结构成员变量？
- 结构变量如何作为函数参数使用？
- 什么是结构数组？如何定义和使用结构数组？
- 什么是结构指针？它如何实现对结构分量的操作？
- 结构指针是如何作为函数的参数的？

第9章 结 构

结构(Structure)类型是一种允许程序员把一些数据分量聚合成一个整体的数据类型。一个结构中包含的每个数据分量都有名字，这些数据分量称为结构成员或者结构分量，结构成员可以是 C 语言中的任意变量类型，程序员可以使用结构类型来创建适合于问题的数据聚合。像数组和指针一样，结构也是一种构造数据类型(或叫派生数据类型)，它与数组的区别在于：数组中所有元素的数据类型必须是相同的，而结构中各成员的数据类型可以不同。因此，在学习结构时要注意与数组进行类比，这样更有助于理解与掌握。

本章主要介绍结构的基本概念和定义方法，结构变量与结构数组的定义和使用，以及结构指针的概念和基本操作。而有关如何使用结构指针构造链表的知识将在本书的第 11 章中介绍和讨论。

9.1 输出平均分最高的学生信息

9.1.1 程序解析

【例 9-1】输出平均分最高的学生信息。假设学生的基本信息包括学号、姓名、三门课程成绩以及个人平均成绩。输入 n 个学生的成绩信息，计算并输出平均分最高的学生信息。

源程序

```c
/*输出平均分最高的学生信息*/
#include <stdio.h>
struct student{                         /*学生信息结构定义*/
    int num;                            /*学号*/
    char name[10];                      /*姓名*/
    int computer, english, math;        /*三门课程成绩*/
    double average;                     /*个人平均成绩*/
};
int main(void)
{
    int i, n;
    struct student max, stu;            /*定义结构变量*/
    printf("Input n:");
    scanf("%d", &n);
    printf("Input the student's number, name and course scores \n");
    for(i=1; i<=n; i++){
        printf("No.%d:", i);
        scanf("%d%s%d%d%d", &stu.num, stu.name, &stu.math, &stu.english, &stu.computer);
        stu.average=(stu.math+stu.english+stu.computer)/3.0;
```

```
        if(i==1){
            max=stu;
        }else if(max.average<stu.average){
            max=stu;
        }
    }
    printf("num:%d, name:%s, average:%.2lf\n", max.num, max.name, max.average);

    return 0;
}
```

运行结果

Input n: <u>3</u>
Input the student's number, name and course scores
No.1: <u>101 Zhang 78 87 85</u>
No.2: <u>102 Wang 91 88 90</u>
No.3: <u>103 Li 75 90 84</u>
num: *102, name*: *Wang, average*: *89.67*

在程序首部定义了结构类型 struct student，其中的成员分别代表学生的基本信息项。在主函数 main() 中用此结构类型定义了两个结构变量 stu、max，结构变量可以通过结构成员操作符"."对其某个成员进行引用，如 stu.average、max.average，如果两个结构变量的类型相同，也可以直接赋值，如 max=stu，将一个结构变量的所有成员值都复制给另一个结构变量。

9.1.2 结构的概念与定义

在例 9-1 中有如下一段代码使用结构来表示学生信息：

```
struct student{
    int num;                           /*学号*/
    char name[10];                     /*姓名*/
    int computer, english, math;       /*3门课程成绩*/
    double average;                    /*个人平均成绩*/
};
```

大括号中以变量定义的形式列出了学生的各信息项，而所有这些内容又被组合在一起，构成了一个名为 struct student 的结构数据类型。在本章的后续示例程序中都将使用这个结构数据类型。

如果使用前面学过的数据类型来表示学生信息，由于学生信息中各项内容的数据类型有所不同，因此，需要为每一项内容分别定义一个变量或数组。当要访问某个学生的信息时，只能分别访问这些分离的变量或数组。这会给操作带来很多不便之处。更重要的是，这几项内容同属于某个学生，它们之间是有内在联系的，为每一项内容分别定义变量或数组的方法割裂了它们之间的关联关系。

由此可以看出，结构是 C 语言中一种新的构造数据类型，它能够把有内在联系的不同类型的数据汇聚成一个整体，使它们相互关联；同时，结构又是一个变量的集合，可以按照对基本数据类型的操作方法单独使用其成员变量。结构就是这样一种特殊的构造数据类型。

在 C 语言中，整型、实型等基本数据类型是被系统预先定义好了的，程序员可以用其直接定义变量。而结构类型是由用户根据需要，按规定的格式自行定义的数据类型。从上面的例子可以得出结构类型定义的一般形式为：

```
struct 结构名{
    类型名 结构成员名1;
    类型名 结构成员名2;
    …
    类型名 结构成员名n;
};
```

struct 是定义结构类型的关键字，在 struct 之后，自行命名一个结构名，它必须是一个合法的 C 标识符，如例 9-1 中的 student。struct 与结构名两者合起来共同组成结构类型名，如 struct student。大括号内的内容是结构所包括的结构成员，也叫结构分量，结构成员可以有多个。这样，大括号中定义的成员信息被聚合为一个整体并形成了一个新的数据类型。

☞ 关键字 struct 和它后面的结构名一起组成一个新的数据类型名。结构的定义以分号结束，这是因为 C 语言中把结构的定义看做一条语句。

构成结构的每一个分项（即结构成员或结构分量）可以用前面章节中学习过的任意数据类型来定义，由于结构中各成员的类型可以不同，与数组相比，它提供了一种便利的手段，将不同类型的相关信息组织在一起。

又如，平面上的任意一点都可以用 x 坐标和 y 坐标来共同确定。

```
struct point{
  double x;
  double y;
};
```

定义了一个名为 struct point 的结构数据类型，它由数据类型皆为实型的两个成员 x、y 组成。虽然 x、y 的类型相同，也可以用数组的方式表示，但采用结构来描述其整体性更强，增加了程序的可读性，使程序更加清晰。

9.1.3 结构的嵌套定义

在实际生活中，一个较大的实体可能由多个成员构成，而这些成员中有些又有可能由一些更小的成员构成。前面已经介绍过，一个结构的成员是由合法的 C 语言数据类型和变量名组成的，进一步地说，在定义结构成员时所用的数据类型也可以是结构类型，这样就形成了结构类型的嵌套。

例如，在前面的例 9-1 中，学生信息项中还可以再增加一项"通信地址"，它又包含：城市、街道、门牌号、邮政编码，这样就形成了嵌套结构，如图 9.1 所示。

学号	姓名	通信地址				计算机	英语	数学	平均成绩
		城市	街道	门牌号	邮编				

图 9.1 学生信息的嵌套结构

下面重新定义其结构类型：

```
struct address{            /*定义地址结构*/
  char city[10];
  char street[20];
  int code;
  int zip;
};
struct nest_student{
  int num;
  char name[10];
  struct address addr;     /*定义通信地址成员*/
  int computer, english, math;
  double average;
};
```

结构类型 struct nest_student 的成员变量 addr 被定义成结构类型 struct address，而 struct address 又包含了 4 个成员，即一个结构的成员被定义成另一个结构类型。结构类型的嵌套定义使成员数据被进一步细分，这有利于对数据的深入分析与处理。

☞ 在定义嵌套的结构类型时，必须先定义成员的结构类型，再定义主结构类型。

9.1.4 结构变量的定义和初始化

如同 C 语言中的基本数据类型一样，在定义了结构类型后，还需要定义结构类型的变量，然后才能通过结构变量来操作和访问结构的数据。因为 C 语言编译器只有在定义相应的结构变量后才为其分配存储单元。

在例 9-1 中，语句：

```
struct student stu, max;
```

定义了结构变量 stu、max，其数据类型都为 struct student。

在 C 语言中定义结构变量有如下 3 种方式。

1. 单独定义

单独定义是指先定义一个结构类型，再定义这种结构类型的变量。

例 9-1 中结构变量 stu 的定义就是采用这种方式，这样，stu 就可以用于表示和记录一个学生的信息。

☞ 关键字 struct 和结构名 student 必须联合使用，因为它们合起来表示一个数据类型名。

2. 混合定义

混合定义是指在定义结构类型的同时定义结构变量。

这种定义方法的一般形式为：

```
struct 结构名{
    类型名 结构成员名 1;
    类型名 结构成员名 2;
    …
    类型名 结构成员名 n;
}结构变量名表;
```

例如：

```
struct student{
  int num;
  char name[10];
  int computer, english, math;
  double average;
}s1, s2;
```

这种方式和第一种方式的实质是一样的，都是既定义了结构类型 struct student，也定义了结构变量 s1、s2。

3. 无类型名定义

无类型名定义是指在定义结构变量时省略结构名。

这种方式采用如下形式定义结构类型并同时定义结构变量：

```
struct{
    类型名 结构成员名 1;
    类型名 结构成员名 2;
    …
    类型名 结构成员名 n;
}结构变量名表;
```

第 3 种定义形式省略了结构名。要注意的是，由于没有给出结构名，在此定义语句后面无法再定义这个类型的其他结构变量，除非把定义过程再写一遍。一般情况下，除非变量不会再增加，还是建议采用前两种结构变量的定义形式。

结构变量也可以初始化，即在定义时对其赋初值。例如：

```
struct student stu={101,"Zhang", 78, 87, 85};
```

对结构变量 stu 进行初始化。结构变量的初始化采用初始化表的方法，大括号内各数据项间用逗号隔开，将大括号内的数据项按顺序对应地赋给结构变量内各个成员，且要求数据类型一致。

C 语言规定，结构类型变量的存储布局按其类型定义中成员的先后顺序排列，图 9.2 显示了结构变量 stu 初始化后在内存中的存储形式。

num	name	computer	english	math	average
101	zhang	78	87	85	

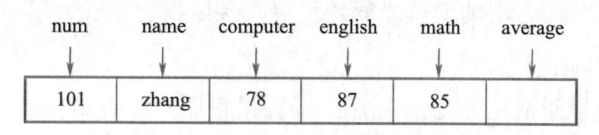

图 9.2　结构变量的存储形式

通常，一个结构类型变量所占的内存空间是其各个成员所占内存空间之和。可以用 sizeof 计算其所需存储空间，如 sizeof(struct student)或者 sizeof(stu)。sizeof 的运算对象可以是结构类型名，也可以是结构变量名，计算结果以字节为单位。

9.1.5　结构变量的使用

1. 结构变量成员的引用

使用结构变量主要就是对其成员进行操作。在 C 语言中，使用结构成员操作符"."来引用结构成员，格式为：

结构变量名. 结构成员名

例 9-1 中，stu. num、stu. name 就分别表示学生的学号与姓名。

在 C 语言中，对结构变量成员的使用方法与同类型的变量完全相同。例如：

```
stu.num=101;
strcpy(stu.name,"zhang");
```

对嵌套结构成员的引用方法和一般成员的引用方法类似，也是采用结构成员操作符"."进行的，例如：

```
struct nest_student nest_stu;
nest_stu.addr.zip=310015;
```

表示学生的通信地址的邮编。由此可见，嵌套定义的结构变量中，每个成员按从左到右、从外到内的方式引用，这与 Web 地址的书写方式相似。

此外，由于结构成员运算符的优先级属最高级别，所以一般情况下都是优先执行，即和一般运算符混合运算时，结构成员运算符优先。

2. 结构变量的整体赋值

如果两个结构变量具有相同的类型，则允许将一个结构变量的值直接赋给另一个结构变量。赋值时，将赋值符号右边结构变量的每一个成员的值都赋给了左边结构变量中相应的成员。这是结构中唯一的整体操作方式。例如，语句

```
s2=s1;
```

与下列语句等效：

```
s2.num=s1.num;
strcpy(s2.name, s1.name);
s2.math=s1.math;
s2.english=s1.english;
s2.computer=s1.computer;
s2.average=s1.average;
```

☞ 只有相同结构类型的变量之间才可以直接赋值。

3. 结构变量作为函数参数

在一个由多个函数组成的 C 语言程序中，如果程序中含有结构类型的数据，就有可能需要用结构变量作为函数的参数或返回值，以便在函数间传递数据。

结构变量作为函数参数的特点是，可以传递多个数据且参数形式较简单。但是，对于成员较多的大型结构，参数传递时所进行的结构数据复制使得效率较低。

【练习 9-1】定义一个能够表示复数的结构类型，一个复数包括实数与虚数两个部分。

【练习 9-2】人的出生日期由年、月、日组成，请在例 9-1 中的学生信息结构中增加一个成员：出生日期，用嵌套定义的方式重新定义该结构类型。

【练习 9-3】例 9-1 中，如果要计算的是三门课程的课程平均分，应该如何改写程序？

9.2 学生成绩排序

一个结构变量只能表示一个实体的信息（例如，变量 stu 只能表示一个学生信息），如果有许多相同类型的实体，就需要使用结构数组。例如，在例 9-1 中，每位学生的信息项都是相同的，因此可以将这些具有相同结构类型的变量组织起来，形成一个结构数组。

9.2.1 程序解析

【例 9-2】学生成绩排序。输入 $n(n<50)$ 个学生的成绩信息，按照学生的个人平均成绩从高到低输出他们的信息。

源程序

```c
/*学生成绩排序*/
#include <stdio.h>
struct student{                        /*学生信息结构定义*/
  int num;                             /*学号*/
  char name[10];                       /*姓名*/
  int computer, english, math;         /*三门课程成绩*/
  double average;                      /*个人平均成绩*/
};
int main(void)
{
  int i, index, j, n;
  struct student students[50], temp;   /*定义结构数组*/

  /*输入*/
  printf("Input n:");
  scanf("%d", &n);
  for(i=0; i<n; i++){
```

```c
        printf("Input the info of No.%d:\n", i+1);
        printf("number:");
        scanf("%d", &students[i].num);
        printf("name:");
        scanf("%s", students[i].name);
        printf("math score:");
        scanf("%d", &students[i].math);
        printf("english score:");
        scanf("%d", &students[i].english);
        printf("computer score:");
        scanf("%d", &students[i].computer);
        students[i].average=(students[i].math+students[i].english
                            +students[i].computer)/3.0;
    }

    /*结构数组排序,选择排序法*/
    for( i=0; i<n-1; i++){
        index=i;
        for(j=i+1; j<n; j++){
            if(students[j].average>students[index].average){/*比较平均成绩*/
                index=j;
            }
        }
        temp=students[index]; /*交换数组元素*/
        students[index]=students[i];
        students[i]=temp;
    }

    /*输出排序后的信息*/
    printf("num\t name\t average\n");
    for(i=0; i<n; i++){
        printf("%d \t%s \t %.2lf\n", students[i].num, students[i].name,
            students[i].average);
    }

    return 0;
}
```

请读者自行运行该程序。

本例中,定义了结构数组 students 用于存储学生信息,先输入 n 个学生的基本信息,再计算个人平均成绩,然后使用选择排序法根据个人平均成绩从高到低对学生的信息排序,最后按顺序输出结构数组中的数据。

9.2.2 结构数组操作

结构数组是结构与数组的结合体,与普通数组的不同之处在于每个数组元素都是一个结构类型的数据,包括多个成员项。

结构数组的定义方法与结构变量类似,例如:

```
struct student students[50];
```

定义了一个结构数组 students,它有 50 个数组元素,从 students[0]到 students[49],每个数组元素都是结构类型 struct student,这样就可以存储 50 个学生的信息。

在定义结构数组时,也可以同时对其进行初始化,其格式与二维数组的初始化类似:

```
struct student students[50]={
    {101,"zhang", 76, 85, 78 }, {102,"wang", 83, 92, 86}};
```

在 C 语言中,编译程序为所有结构数组元素分配足够的存储单元,结构数组的元素是连续存放的。在这个例子中,只初始化了 students[0]和 students[1]这两个数组元素,但对于其他数组元素,编译程序仍然会预分配内存空间,如图 9.3 所示:

students[0]	101	zhang	76	85	78
students[1]	102	wang	83	92	86
...	...	...	...	...	...
students[49]					

图 9.3 结构数组的存储形式

由于每个结构数组元素的类型都是结构类型,其使用方法就和相同类型的结构变量一样。例如,对于结构数组 students,既可以引用数组的元素,如 students[i],也可以引用结构数组元素的成员。对结构数组元素成员的引用是通过使用数组下标与结构成员操作符"."相结合的方式来实现的,其一般格式为:

结构数组名[下标].结构成员名

如 students[i].num、students[i].name 分别表示结构数组元素 students[i]中的成员"学号"和"姓名",而对其的使用方法与同类型的变量完全相同。例如:

```
students[i].num=101;
strcpy(students[i].name,"zhang");
```

此外,由于结构数组中的所有元素都属于相同的结构类型,因此,数组元素之间可以直接赋值,如 students[i]=students[k]。

【练习 9-4】定义一个包含 5 名学生信息的结构数组,并对该结构数组的所有元素进行初始化。

【练习 9-5】参考例 9-2,输入并保存 10 个学生的成绩信息,分别输出平均成绩最高和最低的学生信息。

9.3 修改学生成绩

9.3.1 程序解析

【例 9-3】 修改学生成绩。输入 $n(n<50)$ 个学生的成绩信息,再输入一个学生的学号、课程以及成绩,在自定义函数中修改该学生指定课程的成绩。

源程序

```c
/*修改学生成绩,结构指针作为函数参数*/
#include <stdio.h>
struct student{                      /*学生信息结构定义*/
  int num;                           /*学号*/
  char name[10];                     /*姓名*/
  int computer, english, math;       /*三门课程成绩*/
  double average;                    /*个人平均成绩*/
};
int update_score(struct student *p, int n, int num, int course, int score);
                                     /*函数声明*/
int main(void)
{
  int course, i, n, num, pos, score;
  struct student students[50];       /*定义结构数组*/

  /*输入n个学生信息*/
  printf("Input n:");
  scanf("%d", &n);
  for(i=0; i<n; i++){
      printf("Input the info of No.%d:\n", i+1);
      printf("number:");
      scanf("%d", &students[i].num);
      printf("name:");
      scanf("%s", students[i].name);
      printf("math score:");
      scanf("%d", &students[i].math);
      printf("english score:");
      scanf("%d", &students[i].english);
      printf("computer score:");
      scanf("%d", &students[i].computer);
  }
```

```c
/* 输入待修改学生信息 */
printf("Input the number of the students to be updated:");
scanf("%d", &num);
printf("Choice the course: 1.math 2.english 3.computer:");
scanf("%d", &course);
printf("Input the new score:");
scanf("%d", &score);

/* 调用函数,修改学生成绩 */
pos=update_score(students, n, num, course, score);

/* 输出修改后的学生信息 */
if(pos==-1){
    printf("Not found!\n");
}else{
    printf("After update:\n");
    printf("num \t math \t english \t computer \n");
    printf("%d \t %d \t %d \t %d\n", students[pos].num, students[pos].math,
            students[pos].english, students[pos].computer);
}

    return 0;
}


/* 自定义函数,修改学生成绩 */
int update_score(struct student *p, int n, int num, int course, int score)
{
    int i, pos;
    for(i=0; i<n; i++, p++){            /* 按学号查找 */
        if(p->num==num)break;
    }
    if(i<n){                            /* 找到,修改成绩 */
        switch(course){
            case 1: p->math=score; break;
            case 2: p->english=score; break;
            case 3: p->computer=score; break;
        }
        pos=i;                          /* 被修改学生在数组中的下标 */
    }else{                              /* 无此学号 */
        pos=-1;
    }


    return pos;
}
```

本例中，主函数 main( ) 中定义了结构数组 students，先输入 n 个学生的信息，然后输入待修改的学生信息（其中，根据选项选择待修改的课程名称），再调用函数 update_score( ) 实现学生成绩的修改，最后输出修改后的学生成绩信息。

函数 update_score( ) 的第一个参数是结构指针，函数调用时，实参为结构数组名，将结构数组 students 的首地址传递给形参 p。在函数中，通过结构指针 p 对结构数组进行操作，从而完成学生成绩信息的修改。

9.3.2 结构指针的概念

在第 8 章中已经学习过指针的知识，指针可以指向任何一种类型的变量，而结构变量也是 C 语言中的一种合法变量，因此，指针也可以指向结构变量，这就是结构指针。即：结构指针就是指向结构类型变量的指针。

例如，如果编写如下语句：

```
struct student stu={101,"zhang", 78, 87, 85}, *p;
p=&stu;
```

第一条语句定义了 struct student 类型的变量 stu 并初始化，另外还定义了一个结构指针变量 p；第二条语句使结构指针 p 指向结构变量 stu，如图 9.4 所示。

| p→ | 101 | zhang | 78 | 87 | 85 |

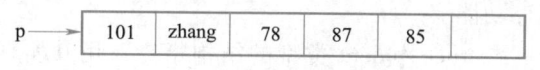

图 9.4 结构指针指向结构类型变量

结构类型的数据往往由多个成员组成，结构指针的值实际上是结构变量的首地址，即第一个成员的地址。

有了结构指针的定义，既可以通过结构变量 stu 直接访问结构成员，也可以通过结构指针变量 p 间接访问它所指向的结构变量中的各个成员。具体有两种形式。

（1）用 *p 访问结构成员

如：

```
(*p).num=101;
```

其中 *p 表示的是 p 指向的结构变量。注意，(*p) 中的括号是不可少的，因为成员运算符 "." 的优先级高于 "*" 的优先级，若没有括号，则 *p.num 等价于 *(p.num)，含义发生了变化，从而会产生错误。

（2）用指向运算符 -> 访问指针指向的结构成员

如：

```
p->num=101;
```

以上两种形式最终得到的效果是一样的。但在使用结构指针访问结构成员时，通常使用指向运算符 ->。

当 p 指向结构变量 stu 时，下面 3 条语句的效果是一样的：

```
stu.num=101;
(*p).num=101;
p->num=101;
```

9.3.3 结构指针作为函数参数

例 9-3 中，有自定义函数：

```
int update_score(struct student *p, int n, int num, int course, int score);
```

其中第一个形参就是结构指针。其调用语句为：

```
pos=update_score(students, n, num, course, score);
```

对应的实参是结构数组名 students。即将结构数组 students 的首地址值传递给结构指针 p。经过参数传递之后，在函数 update_score()中就可以通过结构指针 p 对结构数组 students 中的数据进行间接访问操作了。

结构变量也可以作为函数参数，在参数传递时，把实参结构中的每一个成员值传递给形参结构的成员。但是，当结构成员数量众多时，在参数传递过程中就需要消耗很多空间。而使用结构指针作为函数参数只要传递一个地址值，因此，能够极大地提高参数传递的效率。

就例 9-3 而言，在函数 update_score()中需要修改主函数 main()中结构数组 students 的数据，根据前面章节介绍的知识，在此处也只能使用指针作为函数参数的方式才能通过间接访问操作来实现程序功能。

【练习 9-6】定义一个 struct student 类型的结构指针，用其实现一个学生信息的输入和输出。

【练习 9-7】改写例 9-3 中的函数 update_score()，将第一个形参改为结构数组形式。

习题 9

一、选择题

1. 以下定义结构变量的语句中，错误的是_____。
    A. struct student{ int num; char name[20];}s;
    B. struct{ int num; char name[20];}s;
    C. struct student{ int num; char name[20];}; student s;
    D. struct student{ int num; char name[20];}; struct student s;

2. 如果结构变量 s 中的生日是"1984 年 11 月 11 日"，下列对其生日的正确赋值是_____。

```
struct student{
    int no; char name[20]; char sex;
    struct{
        int year; int month; int day;
    }birth;
}s;
```

A. year = 1984; month = 11; day = 11;

B. birth. year = 1984; birth. month = 11; birth. day = 11;

C. s. year = 1984; s. month = 11; s. day = 11;

D. s. birth. year = 1984; s. birth. month = 11; s. birth. day = 11;

3. 以下程序段的输出结果为_____。

```
struct{
    int x, y;
}s[2]={{1, 3},{2, 7}};
printf("%d\n", s[0].y/s[1].x);
```

  A. 0   B. 1   C. 2   D. 3

4. 设有如下定义，则对 data 中的 a 成员的正确引用是_____。

```
struct sk{
    int a; double b;
}data, *p=&data;
```

  A. (*p).data.a   B. (*p).a   C. p->data.a   D. p.data.a

5. 对于以下结构定义，++p->str 中的++加在_____。

```
struct{
    int len; char *str;
}*p;
```

  A. 指针 str 上   B. 指针 p 上

  C. str 指向的内容上   D. 语法错误

6. 若有下列定义，则以下不合法的表达式是_____。

```
struct student{
    int num; int age;
}stu[3]={{101, 20},{102, 19},{103, 20}}, *p=stu;
```

  A. (p++)->num   B. p++   C. (*p).num   D. p=&stu.age

二、填空题

1. 写出下面程序段的运行结果_____。

```
struct example{
    struct{
        int x; int y;
    }in;
    int a; int b;
}e;
e.a=1; e.b=2;
e.in.x=e.a*e.b;
e.in.y=e.a+e.b;
printf("%d,%d\n", e.in.x, e.in.y);
```

2. 时间计算。读入时间数值,将其加 1 秒后输出,时间格式为"hh:mm:ss",即"小时:分钟:秒",当小时等于 24 小时,置为 0。请填空。

```
#include <stdio.h>
struct{
    int hour, minute, second;
}time;
int main(void)
{
    scanf("%d:%d:%d", _____);
    time.second++;
    if(_____==60){
        _____;
        time.second=0;
        if(time.minute==60){
            time.hour++;
            time.minute=0;
            if(_____){
                time.hour=0;
            }
        }
    }
    printf("%d:%d:%d\n", time.hour, time.minute, time.second);
    return 0;
}
```

3. "."称为_____运算符,"->"称为_____运算符。
4. 写出下面程序段的运行结果_____。

```
struct example{
    int a; double b; char *c;
}x={23, 98.5,"wang"}, *px=&x;
printf("%d,%s,%.1f,%s\n", x.a, x.c, (*px).b, px->c);
```

5. 写出下面程序段的运行结果_____。

```
struct table{
    int x, y;
}a[4]={{10, 20}, {30, 40}, {50, 60}, {70, 80}};
struct table *p=a;
printf("%d,", p++->x);
printf("%d,", ++p->y);
printf("%d\n", (a+3)->x);
```

6. 写出下面程序段的运行结果_____。

```
struct{
```

```
        int a; int *b;
}s[4], *p;
int i, n=1;
for(i=0; i<4; i++){
        s[i].a=n;
        s[i].b=&s[i].a;
        n=n+2;
}
p=&s[0];
printf("%d\n", ++*p->b);
p++;
printf("%d,%d\n", (++p)->a, (p++)->a);
```

三、程序设计题

1. 时间换算：用结构类型表示时间内容（时间以时、分、秒表示），输入一个时间数值，再输入一个秒数 n（$n<60$），以 h：m：s 的格式输出该时间再过 n 秒后的时间值（超过 24 点就从 0 点开始计时）。试编写相应程序。

2. 计算两个复数之积：编写程序，利用结构变量求解两个复数之积。
   提示：求解 $(a1+a2i)×(b1+b2i)$，乘积的实部为：$a1×b1-a2×b2$，虚部为：$a1×b2+a2×b1$。

3. 平面向量加法：输入两个二维平面向量 $V1=(x1, y1)$ 和 $V2=(x2, y2)$ 的分量，计算并输出两个向量的和向量。试编写相应程序。

4. 查找书籍：从键盘输入 10 本书的名称和定价并存入结构数组中，从中查找定价最高和最低的书的名称和定价，并输出。试编写相应程序。

5. 通信录排序：建立一个通信录，通信录的结构记录包括：姓名、生日、电话号码；其中生日又包括三项：年、月、日。编写程序，定义一个嵌套的结构类型，输入 n（$n<10$）个联系人的信息，再按他们的年龄从大到小的顺序依次输出其信息。试编写相应程序。

6. 按等级统计学生成绩：输入 10 个学生的学号、姓名和成绩，输出学生的成绩等级和不及格人数。每个学生的记录包括学号、姓名、成绩和等级，要求定义和调用函数 set_grade()，根据学生成绩设置其等级，并统计不及格人数，等级设置：85~100 为 A，70~84 为 B，60~69 为 C，0~59 为 D。试编写相应程序。

第 10 章
函数与程序结构

本章要点

- 如何把多个函数组织起来？

- 如何用结构化程序设计的思想解决问题？

- 如何用函数嵌套求解复杂的问题？

- 如何用函数递归解决问题？

- 如何使用宏？

- 函数模块间是采用何种方式进行通信的？

函数对读者来说并不陌生，它是用以实现某个特定功能的一段独立程序，在第 5 章中已经介绍了函数的基本使用方法。一个完整的 C 程序由一个主函数 main( ) 和若干个函数组成，C 语言中所有语句都是以函数作为载体，就像磁盘中的信息是以文件作为载体一样。

10.1 有序表的操作

10.1.1 程序解析

【例 10-1】 有序表的增删查操作。首先输入一个无重复元素的、从小到大排列的有序表，并在屏幕上显示以下菜单（编号和选项），用户可以反复对该有序表进行插入、删除和查找操作，也可以选择结束。当用户输入编号 1～3 和相关参数时，将分别对该有序表进行插入、删除和查找操作，输入其他编号，则结束操作。

```
[1] Insert
[2] Delete
[3] Query
[Other option] End
```

使用一维数组表示有序表，对有序表实现插入、删除、查找和输入、输出等常规操作时，可以分别编写一个独立的函数来实现相应的操作。为简化主函数，设计了控制函数 select( )，经它辨别用户输入的编号后，调用相应的插入、删除和查找函数，再调用有序表输出函数显示结果。本例一共包含 7 个函数，它们的调用结构如图 10.1 所示。

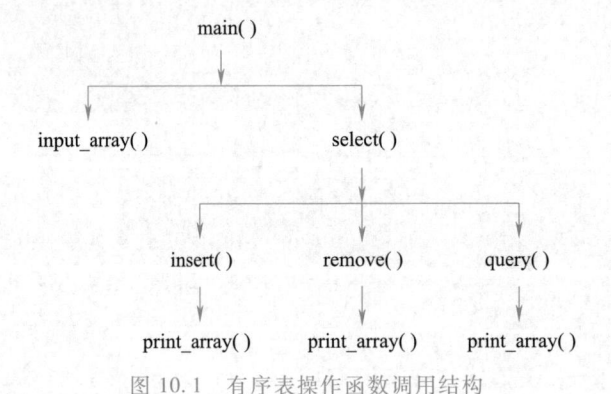

图 10.1 有序表操作函数调用结构

源程序

```c
/*有序表的增删查操作*/
#include <stdio.h>
#define MAXN 100                /*定义符号常量表示数组 a 的长度*/
int Count = 0;                  /*用全局变量 Count 表示数组 a 中待处理的元素个数*/
void select(int a[], int option, int value); /*决定对有序数组 a 进行何种操作的
                                                控制函数*/
```

```c
void input_array(int a[ ]);              /* 输入有序数组 a 的函数 */
void print_array(int a[ ]);              /* 输出有序数组 a 的函数 */
void insert(int a[ ], int value);  /* 在有序数组 a 中插入一个值为 value 的元素的函数 */
void remove(int a[ ], int value);  /* 删除有序数组 a 中等于 value 的元素的函数 */
void query(int a[ ], int value);   /* 用二分法在有序数组 a 中查找元素 value 的函数 */

int main(void)
{
    int option, value, a[MAXN];

    input_array(a);                      /* 调用函数输入有序数组 a */
    printf("[1] Insert \n");             /* 以下 4 行显示菜单 */
    printf("[2] Delete \n");
    printf("[3] Query \n");
    printf("[Other option] End\n");
    while(1){                            /* 循环 */
        printf("Input option:");         /* 提示输入编号 */
        scanf("%d", &option);            /* 接收用户输入的编号 */
        if(option<1||option>3){          /* 如果输入 1、2、3 以外的编号，结束循环 */
            break;
        }
        printf("Input an element:");     /* 提示输入参数 */
        scanf("%d", &value);             /* 接收用户输入的参数 value */
        select(a, option, value);        /* 调用控制函数 */
        printf("\n");
    }
    printf("Thanks.");                   /* 结束操作 */
    return 0;
}
/* 控制函数 */
void select(int a[ ], int option, int value)
{
    switch(option){
        case 1:
            insert(a, value);            /* 调用插入函数在有序数组 a 中插入元素 value */
            break;
        case 2:
            remove(a, value);            /* 调用删除函数在有序数组 a 中删除元素 value */
            break;
        case 3:
            query(a, value);             /* 调用查询函数在有序数组 a 中查找元素 value */
            break;
    }
```

```c
}
/*有序表输入函数*/
void input_array(int a[ ])
{
    printf("Input the number of array elements:");
    scanf("%d", &Count);
    printf("Input an ordered array element:");
    for(int i=0; i<Count; i++){
        scanf("%d", &a[i]);
    }
}

/*有序表输出函数*/
void print_array(int a[ ])
{
    printf("The ordered array a is:");
    for(int i=0; i<Count; i++){    /*输出时相邻数字间用一个空格分开,行末无空格*/
        if(i==0){
            printf("%d", a[i]);
        }else{
            printf("%d", a[i]);
        }
    }
}
/*有序表插入函数*/
void insert(int a[ ], int value)
{
    int i, j;
    for(i=0; i<Count; i++){        /*定位:找到待插入的位置,即退出循环时 i 的值*/
        if(value<a[i]){
            break;
        }
    }
    for(j=Count-1; j>=i; j--){     /*腾位:将 a[i]~a[Count-1]向后顺移一位*/
        a[j+1]=a[j];
    }
    a[i]=value;                    /*插入:将 value 的值赋给 a[i]*/
    Count++;                       /*增1:数组 a 中待处理的元素数量增 1*/
    print_array(a);                /*调用输出函数,输出插入后的有序数组 a*/
}

/*有序表删除函数*/
void remove(int a[ ], int value)
{
```

```c
        int i, index = -1;                    /* index 的值为-1 表示没找到，否则表示找到 */
        for(i = 0; i<Count; i++){/* 定位：如果找到待删除的元素，用 index 记录其下标 */
            if(value == a[i]){
                index = i;
                break;
            }
        }
        if(index == -1){                      /* 没找到，则输出相应的信息 */
            printf("Failed to find the data, deletion failed.");
        }else{                                /* 找到，则删除 a[index] */
            for(i = index; i<Count-1; i++){/* 将 a[Count-1]~ a[index+1]向前顺移一位 */
                a[i] = a[i+1];
            }
        }
        Count--;                              /* 减 1：数组 a 中待处理的元素数量减 1 */
        print_array(a);                       /* 调用输出函数，输出删除后的有序数组 a */
}
/* 有序表二分法查询函数 */
void query(int a[ ], int value)
{
        int mid, left = 0, right = Count-1;   /* 开始时查找区间为整个数组 */
        while(left<=right){                   /* 循环条件 */
            mid = (left+right)/2;             /* 得到中间位置 */
            if(value == a[mid]){              /* 查找成功，输出下标，函数返回 */
                printf("The index is:%d", mid);
                return;
            }else if(value<a[mid]){           /* 缩小查找区间为前半段，right 前移 */
                right = mid-1;
            }else{                            /* 缩小查找区间为后半段，left 后移 */
                left = mid+1;
            }
        }
        printf("This element does not exist.");   /* value 不在数组 a 中 */
}
```

运行结果

Input the number of array elements: <u>6</u>
Input an ordered array element: <u>-2 3 7 9 101 400</u>
[1] Insert
[2] Delete
[3] Query
[Other option] End
Input option: <u>1</u>

```
Input an element: 0
The ordered array a is: -2 0 3 7 9 101 400
Input option: 3
Input an element: 101
The index is: 5
Input option: 9
Thanks.
```

对数组 a 成功插入、删除后，数组元素的数量也会相应地增 1 或减 1，本例使用全局变量 Count 记录数组 a 中待处理的元素个数。请读者考虑 3 个问题并上机实现：如果不使用全局变量 Count，如何修改程序；如何修改输入函数 input_array( )的定义，当输入数据无序或者重复时，使数组 a 有序且无重复元素；如何修改插入函数 insert( )的定义，使重复元素不会被插入。

本例采用结构化程序设计思想，把一个对相对较大的问题分解为 4 层结构，7 个函数，使程序的构思、编写及上机调试等过程的复杂度大大降低，阅读起来也变得容易。

10.1.2 函数的嵌套调用

例 10-1 中主函数 main( )调用函数 select( )，该函数又进一步调用 3 个有序表操作函数，这种在一个函数中再调用其他函数的情况称为函数的嵌套调用。如果函数 A 调用函数 B，函数 B 再调用函数 C，一个调用一个地嵌套下去，构成了函数的嵌套调用。具有嵌套调用函数的程序，需要分别定义多个不同的函数，每个函数完成不同的功能，它们合起来解决复杂的问题。

按照例 10-1 的运行情况，函数调用之间的关系与执行过程如图 10.2 所示。主函数根据输入命令调用 select( )函数，select( )函数再根据命令决定调用哪一个有序表操作函数。例 10-1 函数的调用与返回共有 8 个步骤，首先输入命令"1"执行插入操作，插入完成显示结果后返回到 select( )函数，再返回主函数 main( )，等待新命令(步骤①~④)。再输入新命令"3"，重新调用 select( )函数，select( )函数再根据命令决定调用查找函数，找到并输出结果后返回到 select( )函数，再返回主函数 main( )(步骤⑤~⑧)。

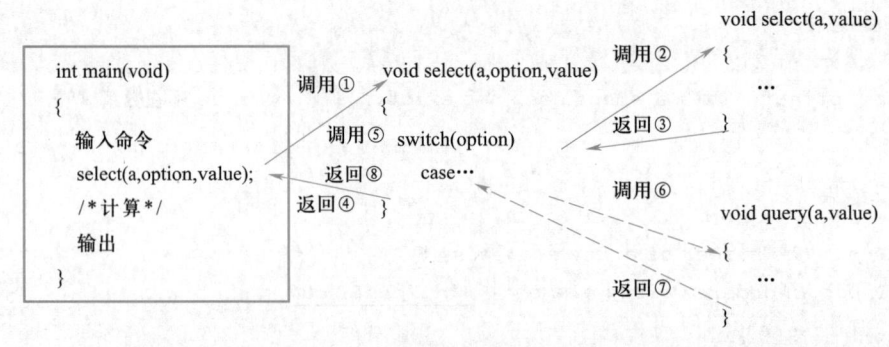

图 10.2 函数嵌套调用及返回过程

对于一个具体的问题，一般按照结构化程序设计方法来组织函数，主要原则可以概括为"自顶向下，逐步求精，函数实现"。

（1）自顶向下：程序设计时，应先考虑总体步骤，后考虑步骤的细节；先考虑全局目标，后考虑局部目标。先从最上层总目标开始设计，逐步使问题具体化，不要一开始就追求众多的细节。

（2）逐步求精：对于复杂的问题，其中大的操作步骤应该再将其分解为一些子步骤的序列，逐步明晰实现过程。

（3）函数实现：通过逐步求精，把程序要解决的全局目标分解为局部目标，再进一步分解为具体的小目标，把最终的小目标用函数来实现。问题的逐步分解关系构成了函数间的调用关系，图 10.1 给出了例 10-1 的分解与调用关系。

函数可以封装问题解决的实现，使问题解决过程局部化，避免功能间的干扰。函数设计时应注意如下问题。

（1）限制函数的长度。一个函数语句数不宜过多，既便于阅读、理解，也方便程序调试。若函数太长，可以考虑把函数进一步分解实现。

（2）避免函数功能间的重复。对于在多处使用的同一个计算或操作过程，应当将其封装成一个独立的函数，以达到一处定义、多处使用的目的，避免功能模块间的重复。

（3）减少全局变量的使用。应采用定义局部变量作为函数的临时工作单元，使用参数和返回值作为函数与外部进行数据交换的方式。只有当确实需要多个函数共享的数据时，才定义其为全局变量。

以函数作为基本功能实现载体，以函数调用结构图为函数关联，可有效组织多个函数，实现复杂问题的结构化程序设计。

10.2 汉诺塔问题

10.2.1 问题解析

汉诺(Hanoi)塔问题。传说印度古代某寺庙中有一个梵塔，塔内有 3 个座 A、B 和 C，座 A 上放着 64 个大小不等的盘，其中大盘在下，小盘在上。有一个和尚想把这 64 个盘从座 A 搬到座 B，但一次只能搬一个盘，搬动的盘只允许放在其他两个座上，且大盘不能压在小盘上。现要求用程序模拟该过程，并输出搬动步骤。

这是一个递归程序设计的经典例子。读者不妨拿 3 个盘子来模拟一下，虽然操作步骤类型不多，也有重复的要求，但重复步骤不尽相同，故很难描述出明确的重复性规律，因此难以用循环实现。例如 4 个盘子的搬动步骤，无法在 3 个盘子的搬动基础上，通过简单增加循环变量来实现。本节将介绍递归函数，通过递归方法解决此类无法用已有知识解决的问题。

问题分析如下。

（1）如果只有一个盘子，可直接搬动，问题解决。

（2）假设要搬 64 个盘子的和尚是寺庙的方丈，他可以命令小和尚，把上面 63 个盘子从座 A 先搬到座 C，然后方丈自己只需把最大号盘，从座 A 搬到座 B，再命令小和尚把 63

个盘子从座 C 搬到座 B。问题也得以解决。

这个思想与数学归纳法一致，问题是需要用程序实现。63 个盘子如能搬动成功，64 个盘子当然也就没问题，可是谁来解决 63 个盘子的搬动呢？

从编程的角度出发，程序是给出解决问题的规律或方法，而不是一次次地具体展开。因此，不要钻到细节的实现上去，不必关心 63 个盘子如何搬，62 个盘子如何搬……只做轻松的方丈，让计算机做小和尚。把 64 个盘子的问题简化成 63 个盘子的问题，该简化方法就是解题规律，小和尚需要仿照这个方法去做，再找个小小和尚来搬 62 个盘子。计算机中的函数可以扮演小和尚、小小和尚的角色。

从上述分析，可以找出递归方法的两个要点。

（1）递归出口：一个盘子的解决方法。

（2）递归式子：如何把搬动 64 个盘子的问题简化成搬动 63 个盘子的问题。

可以把汉诺塔的递归解法归纳成如下 3 个步骤：

① $n-1$ 个盘子从座 A 搬到座 C；

② 第 n 号盘子从座 A 搬到座 B；

③ $n-1$ 个盘子从座 C 搬到座 B。

$n=64$ 的问题简化成 $n=63$ 的问题，$n=63$ 的问题又简化成 $n=62$ 的问题……最终可以简化成 $n=1$ 的问题，最终依靠递归出口来解决问题。所以这样的描述是完备的。

算法

```
hanoi(n 个盘，A→B)
{  if(n==1)
      直接把盘子 A→B;
   else
   {
      hanoi(n-1 个盘，A→C);
      把 n 号盘子 A→B;
      hanoi(n-1 个盘，C→B);
   }
}
```

至此已建立了递归程序设计思想，其实现类似于结构化程序设计的函数调用过程，无非是函数调用了自身。汉诺塔的程序实现将在 10.2.3 节介绍。

10.2.2 递归函数基本概念

【例 10-2】用递归函数实现求 $n!$。

求 $n!$ 有两种方法：

1. 递推法

在学习循环时，计算 $n!$ 采用的就是递推法：

$$n!=1\times2\times3\times\cdots\times n$$

用循环语句实现：

```
result=1;
for(i=1; i<=n; i++)
```

```
        result=result*i;
    }
```

2. 递归法

把 $n!$ 以递归方式进行定义：

$$n!=\begin{cases}n\times(n-1)! & \text{当 } n>1 \quad\quad 递归式子\\ 1 & \text{当 } n=1 \text{ 或 } n=0 \quad 递归出口\end{cases}$$

即求 $n!$ 可以在 $(n-1)!$ 的基础上再乘上 n。如果把求 $n!$ 写成函数 fact(n)，则 fact(n) 的实现依赖于 fact(n-1)。

虽然求 $n!$ 问题不是只能采用递归才能实现，但通过这个熟悉的例子能帮助读者快速掌握递归方法。

源程序

```
#include <stdio.h>
double fact(int n);                    /*函数声明*/
int main(void)
{
    int n;

    scanf("%d", &n);
    printf("%f", fact(n));             /*函数调用*/

    return 0;
}

double fact(int n)                     /*函数定义*/
{
    double result;

    if(n==1||n==0){                    /*递归出口*/
        result=1;
    }else{
        result=n*fact(n-1);            /*函数递归调用*/
    }
    return result;
}
```

在例 10-2 的 fact() 函数中出现了一种新调用方法，即 fact(n) 函数中再次调用了 fact(n-1)，这种函数自己调用自己的形式称为函数的递归调用。按照汉诺塔问题分析，递归函数编程时，要抓住递归方法的两个要点：递归出口与递归调用式子。fact() 函数的核心语句 if-else 体现的就是这两个要点。

fact() 函数中，定义了保存运算结果的变量 result，并赋值 result=n*fact(n-1)，然后通过 return result 返回 $n!$ 的结果。

☞ 不能写成 fact(n)= n * fact(n-1)。

C 语言除了支持函数直接调用自己外，还支持间接调用自己。如图 10.3 所示。

函数直接递归调用	函数间接递归调用	

int f(int x)
{
  int y;
  …
  y=f(x-1)
  …
  return y;
}
	int f(int x)
	{
	  int y;
	  …
	  y=g(x)
	  …
	  return y;
	}
		int g(int x)
		{
		  int z;
		  …
		  z=f(x-1)
		  …
		  return z;
		}

图 10.3 函数递归调用的两种形式

读者对 fact(n)定义也许会觉得不完整，因为 fact(n-1)还不知道，result 无法算出。这里需要区分程序书写与程序执行。就像循环程序并不是把所有的循环体语句重复书写，只是给出执行规律，具体执行由计算机去重复。递归函数同样给出的是执行规律，至于 fact(n-1)如何求得，应由计算机按照给出的规律自行计算。

下面看一下递归函数的执行过程，可以更好地理解递归函数。

图 10.4 给出了计算 fact(4)的调用过程。数字①~⑧是递归函数调用返回的顺序编号。首先 main()函数以 4 作参数调用 fact()，fact(4)依赖于 fact(3)的值，所以必须先计算出 fact(3)才能求 fact(4)。当 fact(4)递归调用自己计算 fact(3)时，fact(4)并未结束，而是暂

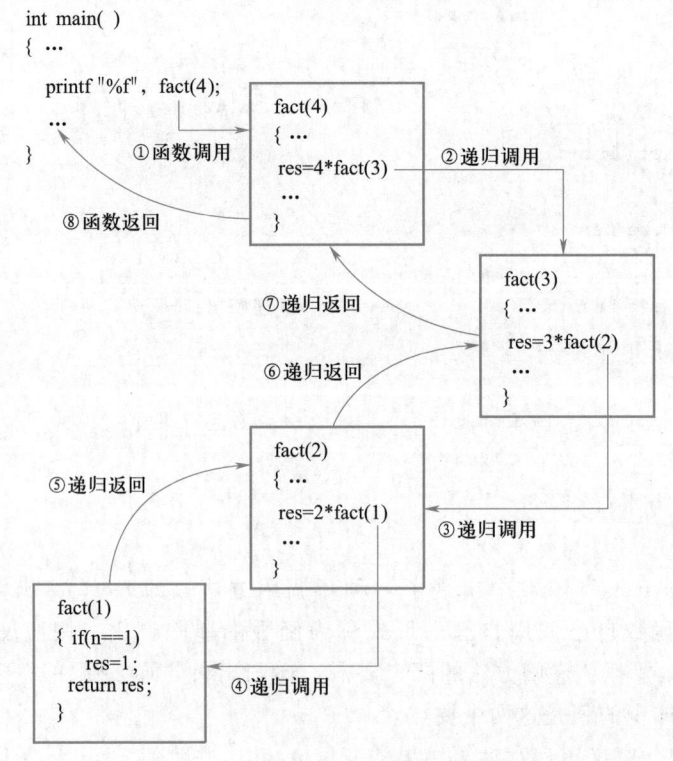

图 10.4 fact()函数的调用返回过程

时停一下，等算出 fact(3)后再继续计算 fact(4)，这时计算机内部 main( )、fact(4)和 fact(3)这 3 个函数同时被执行，fact(3)是 fact(4)的克隆体，尽管程序代码、变量名相同，但属不同的函数体、不同参数、不同变量。这样依次递归，当调用到 fact(1)时，同时有 5 个函数运行着，各个克隆的 fact( )均未结束，只有当 n=1，fact(1)=1 时，不必再继续递归调用下去。有了 fact(1)的确切值，就可以计算 fact(2)，不断返回，不断结束原来递归克隆的函数，最后可以计算出 fact(4)，返回到主函数 main( )。

从实现过程上看，fact( )函数不断调用自己，如果没有终结的话会发生死机，就像循环没有结束条件会导致死循环。任何递归函数都必须包含条件，来判断是否要递归下去，一旦结束条件成立，递归克隆应该不再继续，以递归出口值作为函数结果，然后返回，结束一个递归克隆函数体。通过一层层的返回，一层层地计算出 $i!(i=1, 2, \cdots, n-1)$，最终算出 $n!$。

递归的实质是把问题简化成形式相同、但较简单一些的情况，程序书写时只给出统一形式，到运行时再展开。程序中每经过一次递归，问题就得到一步简化，比如把 $n!$ 的计算简化成对 $(n-1)!$ 的计算，不断地简化下去，最终归结到一个初始值，就不必再递归了。

10.2.3 递归程序设计

从递归函数的程序编写角度看，必须抓住以下两个关键点。

（1）递归出口：即递归的结束条件，到何时不再递归调用下去。

（2）递归式子：递归的表达式，如 result = n * fact(n-1)。

对于递归函数可以从数学归纳法来理解。用数学归纳法证明问题，首先证明初值成立，然后假设 n 时成立，再证明 n+1 时也成立，问题即可得到证明。这里的初值验证就像是递归的出口，从 n 到 n+1 的证明相当于找递归式子。

递归程序设计是一个非常有用的工具，可以解决一些用其他方法很难解决的问题。如果读者进一步学习计算机的其他后续课程，递归是一种常用手段。但递归程序设计的技巧性要求比较高，对于一个具体问题，要想归纳出递归式子有时是很困难的，并不是每个问题都像 fact( )函数那样直截了当。

【**例 10-3**】 定义函数 gcd(m,n)，用递归法求 m 和 n 的最大公约数。

使用辗转相除法求最大公约数的递归算法描述如下：

$$\gcd(m,n) = \begin{cases} n & m \bmod n = 0 \text{ 递归出口} \\ \gcd(n, m \bmod n) & m \bmod n \neq 0 \text{ 递归式子} \end{cases}$$

源程序

```
int gcd(int m, int n)              /*用递归法求最大公约数*/
{
    if(m%n==0){                    /*递归出口*/
        return n;
    }else{
        return gcd(n, m%n);        /*递归调用*/
    }
}
```

请读者自行编写主函数来调用 gcd( )函数，并上机运行。

【例 10-4】 编写递归函数 reverse(int n)实现将整数 n 逆序输出。

将整数 n 逆序输出可以用循环实现，且循环次数与 n 的位数有关。递归实现整数逆序输出也需要用位数作为控制点。归纳递归实现的两个关键点如下。

递归出口：直接输出 n，如果 n<=9，即 n 为 1 位数。

递归式子：输出个位数 n%10，如果 n 为多位数，再递归调用 reverse(n/10)输出前 n-1 位。

源程序

```
void reverse(int num)
{
    if(num<=9){
        printf("%d", num);          /*递归出口*/
    }else{
        printf("%d", num%10);
        reverse(num/10);            /*递归调用*/
    }
}
```

由于本例的结果是在屏幕上输出，因此函数返回类型为 void。

【例 10-5】 汉诺(Hanoi)塔问题。要求用程序模拟盘子搬动过程，并输出搬动步骤。
10.2.1 小节已经给出程序算法：

```
hanoi(n 个盘，A→B)
{   if(n==1){
        直接把盘子 A→B;
    }else{
        hanoi(n-1 个盘，A→C);
        把 n 号盘子 A→B;
        hanoi(n-1 个盘，C→B);
    }
}
```

按照搬动规则，必须有 3 个座才能完成搬动，一个座是搬动源，一个座是搬动目的地，另一个座在中间过渡使用。在搬动过程中，3 个座的作用是动态变化的，因此在函数中 3 个座必须指定，令其作为函数的参数。具体搬动步骤在程序中只能通过信息显示来仿真，用 printf( )实现。

源程序

```
#include <stdio.h>
void hanoi(int n, char a, char b, char c);
int main(void)
{
    int n;
```

```
    printf("input the number of disk:");
    scanf("%d", &n);
    printf("the steps for %d disk are:\n", n);
    hanoi(n, 'a', 'b', 'c');

    return 0;
}

/*搬动 n 个盘，从 a 到 b，c 为中间过渡 */
void hanoi(int n, char a, char b, char c)
{
    if(n==1){
        printf("%c-->%c\n", a, b);
    }else{
        hanoi(n-1, a, c, b);
        printf("%c-->%c\n", a, b);
        hanoi(n-1, c, b, a);
    }
}
```

运行结果

input the number of disk: 3
the steps for 3 disk are:
a -->b
a -->c
b -->c
a -->b
c -->a
c -->b
a -->b

程序很简短，一个非常复杂的问题用递归轻而易举地解决了。

3 个盘子需要搬动 7 次。不难证明，n 个盘子将搬动 2^n-1 次。当 n 为 64 时，搬动数约为 10^{19} 次，如果和尚们每天 24 小时不间断地搬，并假设每秒钟搬一次，大约需要 10^{11} 年，这比地球的年龄还要长！即使计算机每秒搬 10^9 次，也需要 100 年！

递归程序设计的关键是归纳出递归式子，不同的问题其递归式子也不同，需要具体分析，然后确定递归的尽头——递归出口，递归函数的核心语句就是这两点。在编写程序时只给出运算规律，具体实现细节应该让计算机去处理。读者千万不要钻到细节的实现上去，否则会陷入实现细节的泥沼中很难理出头绪。图 10.4 之所以介绍 fact( )实现过程中函数调用与返回情况，主要为了帮助读者更好地理解递归函数。

【例 10-6】 分治法求解金块问题：老板有一袋金块（共 n 块，$2 \leqslant n \leqslant 100$），两名最优秀的雇员每人可以得到其中的一块，排名第一的得到最重的金块，排名第二的则得到袋子中最轻的金块。输入 n 及 n 个整数，用分治法求出最重金块和最轻金块。

将 n 个金块的重量存放在数组 a 中，找出最大值和最小值。以求最大值为例，定义递归函数 max(int a[ ], int m, int n)，其功能是在 a[m]~a[n] 中找出最大值，算法描述如下：

（1）若 $m==n$，即数组 a 中只有 1 个元素，则它就是最大值，返回 a[m]。此为递归出口；

（2）当数组 a 的元素数量大于 1 时，将数组 a 分割为两部分，递归求出这两部分的最大值，并返回其中较大的值，最后的结果就是整个数组的最大值。

源程序

```
/* 分治法求 a[m]~a[n]中最大值的递归函数 */
int max(int a[ ], int m, int n)
{
    int k, u, v;

    if(m==n){           /* 数组 a 中只有 1 个元素，返回最大值 a[m] */
        return a[m];
    }
    k=(m+n)/2;          /* 计算中间元素的下标 k */
    u=max(a, m, k);     /* 递归调用函数 max()，在 a[m]~a[k]中找出最大值赋给 u */
    v=max(a, k+1, n);   /* 递归调用函数 max()，在 a[k+1]~a[n]中找出最大值赋给 v */

    return(u>v)? u: v;  /* 比较 u 和 v，返回其中较大的值 */
}
```

分割数组 a 时，如果元素数量为偶数，被分割的部分大小相同；如果元素数量为奇数，则第一部分比第二部分多一个元素。

请读者参考以上函数定义，自行定义递归函数 min(int a[ ], int m, int n)，其功能是在 a[m]~a[n] 中找出最小值，并编写主函数来调用函数 max() 和 min()，完成金块问题的分治法求解。

第 8 章介绍过分治法的思想：将一个难以直接解决的大问题，分割成一些规模较小的相同问题，以便各个击破，分而治之。使用分治法的核心是递归，因为由分治法产生的子问题往往是原问题的较小模式，这就为使用递归提供了方便，分治与递归像一对孪生兄弟，经常同时应用在算法设计之中。

【练习 10-1】使用递归函数计算 1 到 n 之和：若要用递归函数计算 sum = 1+2+3+…+n（n 为正整数），请写出该递归函数的递归式子及递归出口。试编写相应程序。

10.3 长度单位转换

10.3.1 程序解析

【例 10-7】欧美国家长度使用英制单位，如英里、英尺、英寸等，其中 1 英里 = 1 609

米，1 英尺 = 30.48 厘米，1 英寸 = 2.54 厘米。请编写程序将输入的英里转换成米，英尺和英寸转换成厘米。

源程序

```c
#include <stdio.h>
#define Mile_to_meter 1609              /* 1 英里 = 1609 米 */
#define Foot_to_centimeter 30.48        /* 1 英尺 = 30.48 厘米 */
#define Inch_to_centimeter 2.54         /* 1 英寸 = 2.54 厘米 */
int main(void)
{
    float foot, inch, mile;             /* 定义英里、英尺、英寸变量 */

    printf("Input mile, foot and inch:");
    scanf("%f%f%f", &mile, &foot, &inch);   /* 分别输入英里、英尺、英寸 */
    printf("%f miles = %f meters \n", mile, mile * Mile_to_meter);
            /* 计算英里的米数 */
    printf("%f feet = %f centimeters \n", foot, foot * Foot_to_centimeter);
            /* 计算英尺的厘米数 */
    printf("%f inches = %f centimeters \n", inch, inch * Inch_to_centimeter);
            /* 计算英寸的厘米数 */

    return 0;
}
```

运行结果

Input mile, foot and inch: <u>1.2 3 5.1</u>
1.200 000 miles = 1 930.800 077 meters
3.000 000 feet = 91.440 000 centimeters
5.100 000 inches = 12.954 000 centimeters

本例中使用了三个#define，分别描述了将英里转换成米、英尺和英寸转换成厘米的转换系数，这些系数是固定不变的，例子中通过宏定义将其定义成为符号常量，既保证了符号常量的不变性，也增加了程序的可读性。

10.3.2 宏基本定义

宏定义#define 是 C 语言中常用的功能。用宏来定义一些符号常量，可以方便程序的编制。例 10-1 中用它定义了π。

宏定义的格式：

#define　宏名　宏定义字符串

define 前面以#开始，表示它在编译预处理中起作用，而不是真正的 C 语句，行尾无须跟分号。宏名可以按照 C 语言标识符规定自己定义，一般为了与变量名、函数名区别，常采用大写字母串作宏名，宏名与宏定义字符串间用空格分隔，所以宏名中间不能有空格。宏定义字符串是宏名对应的具体实现过程，可以是任意字符串，中间可以有空格，以回车符作结束。例如：

```
#define  PI     3.1415926
#define  TRUE   1
#define  FALSE  0
```

在程序编译时，所有出现宏名的地方，都会用宏定义字符串来替换。所以宏也常称为宏替换。如果宏定义字符串后面跟分号，编译预处理时把分号也作为宏替换内容。

宏在程序设计中非常有用，许多 C 语言编写的实用程序中都会有大量的宏定义，C 语言本身的系统头文件(.h 文件)中也有大量的宏定义。

宏的用途包括：

(1) 符号常量，如 PI、数组大小定义，以增加程序的灵活性。

(2) 简单的函数功能实现，由于宏要在一行内完成，只能实现简单的函数功能。

(3) 为程序书写带来一些方便。当程序中需要多次书写一些相同内容时，不妨把它简写成宏。例如：

```
#define  LONG_STRING  "It represents a long string that  \
is used as an example."
```

#define 最后跟的"\"表示该行未结束，与下一行合起来成为完整一行。使用方式可以是：

```
printf(LONG_STRING);
```

LONG_STRING 代表的是带引号的字符串，因此在 printf( ) 中不必再加引号。但一般不提倡把整个 C 语句简写成宏：

```
#define  F  for(i=0; i<n; i++)
```

这样写确实方便，但影响了程序的可读性，也限制了语句的灵活性。

C 语言允许宏嵌套定义。例如：

```
#define  PI  3.1415926
#define  S   PI*r*r
```

S 的宏定义使用了前面的 PI 宏定义。

10.3.3 带参数的宏定义

宏要实现简单的函数功能，参数使用必不可少。由于宏常常限制在一行中，因此只能实现简单的函数功能。

【**例 10-8**】简单的带参数的宏定义。

源程序

```
#include <stdio.h>
#define  MAX(a, b)  a>b? a: b
#define  SQR(x)     x*x
int main(void)
```

```
    }
        int  x, y;
        scanf("%d%d", &x, &y);
        x = MAX(x, y);              /*引用宏定义*/
        y = SQR(x);                 /*引用宏定义*/
        printf("%d%d\n", x, y);

        return 0;
    }
```

宏引用形式与函数调用非常相似，但两者的实现过程完全不同。宏替换在程序编译预处理时完成，对于 MAX(x, y) 的编译预处理，首先用变量名 x 和 y 分别替换 a、b，然后再用包含 x、y 的条件表达式替换 MAX。编译结束后，程序中 MAX(x, y) 便消失，如图 10.5 所示。

```
int main(void)
{
    ...
    x=x>y?x : y;
    y=x*x;
    ...
}
```

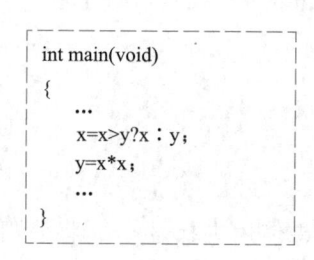

图 10.5　编译结束时宏替换后的程序

如果定义函数 max(x, y)，对它的处理要到程序执行时才进行，首先进行参数传递，把实参值复制给形参 a 和 b，然后主函数暂停执行，计算机转去执行函数 max()，等求出较大值后，通过 return 语句返回，主函数再继续运行。

函数调用时，如果实参是表达式，要先计算表达式，再把结果值传递过去。而宏替换不作计算，直接替换进去。例如，求 $y=(x+y)^2$，如果写成 y = SQR(x+y)，宏替换后将变成：

$y = x+y * x+y \neq (x+y)^2$

因为宏只是进行替换。要避免类似问题，可以在宏定义中增加括号：

　　#define　SQR(x)　(x)*(x)

宏替换时括号保留，y = SQR(x+y) 会成为：

　　y = (x+y)*(x+y)

宏定义中对变量加上括号，可提高替换后的运算优先级，有效避免宏替换带来的副作用，保证宏替换的正确性。

使用宏定义可以实现一些简单的功能，例如：

　　#define　LOWCASE(c)(((c)>='a')&&((c)<='z'))

定义宏 LOWCASE，判断字符 c 是否为小写字母。

```
#define CTOD(c) (((c)>='0')&&((c)<='9')? c-'0': -1)
```

宏 CTOD 将数字字符('0'~'9')转换为相应的十进制整数，-1 表示出错。

10.3.4 文件包含

文件包含(include)并不是新的内容。前面章节编写程序时，都会在程序头写上：

```
#include <stdio.h>
```

文件包含的作用是把指定的文件模块内容插入到#include 所在的位置，当程序编译连接时，系统会把所有#include 指定的文件拼接生成可执行代码。文件包含必须以#开头，这表示编译预处理命令。它将在程序编译时起作用，把指定的文件模块包含进来，当经过连接生成可执行代码后，include 便不再存在。因此 include 不是真正的 C 语句，行尾不用分号结束。

文件包含的格式为：

```
#include <需包含的文件名>
```

或

```
#include "需包含的文件名"
```

文件包含中指定的文件名如果使用尖括号<>，将使用 C 语言的标准头文件，由编译程序到 C 系统中设置好的 include 文件夹中把指定的文件包含进来；如果使用双引号" "，则编译程序首先到当前工作文件夹寻找被包含的文件，若找不到，再到系统 include 文件夹中查找文件，一般适用于编程者自己的包含文件，必要时可以在文件名前加上所在的路径。

.h 文件通常被称为头文件。除了像 stdio.h 等系统的头文件，也可以自己编写头文件。

【例 10-9】将例 10-7 中长度转换的宏定义成头文件 length.h，并写出主函数文件。

头文件 length.h 源程序

```
#define Mile_to_meter 1609          /*1 英里=1609 米*/
#define Foot_to_centimeter 30.48    /*1 英尺=30.48 厘米*/
#define Inch_to_centimeter 2.54     /*1 英寸=2.54 厘米*/
```

主函数文件 prog.c 源程序

```
#include <stdio.h>
#include "length.h"                  /*包含自定义头文件*/
int main(void)
{   /*以下略*/
}
```

上述程序分别属 length.h 和 prog.c 这两个文件。当程序编译预处理时，把文件模块 stdio.h 与 length.h 的内容分别插入到其所对应的#include 位置，拼接生成可编译文件。例 10-9 经文件包含经编译预处理后，生成的程序与例 10-7 完全一致，如图 10.6 所示。

```
┌─────────────────────────────────┐      ┌─────────────────────────────────────┐
│         头文件length.h          │      │      编译预处理生成的程序           │
│                                 │      │                                     │
│ #define  Mile_to_meter    1609  │      │ …...stdio.h的内容                   │
│                                 │─────▶│ #define Mile_to_meter 1609          │
│ #define  Foot_to_centimeter 30.48│      │ #define Foot_to_centimeter 30.48   │
│                                 │      │ #define Inch_to_centimeter 2.54    │
│ #define  Inch_to_centimeter 2.54│      │ int main(void)                      │
└─────────────────────────────────┘      │ {                                   │
                                         │   float mile,foot,inch;             │
┌─────────────────────────────────┐      │   …                                 │
│        主函数文件prog.c         │      │   return 0;                         │
│                                 │      │ }                                   │
│ #include <stdio.h>              │      └─────────────────────────────────────┘
│ #include "length.h"             │
│ int main(void)                  │
│ {                               │
│   float mile,foot,inch;         │
│   …                             │
│   return 0;                     │
│ }                               │
└─────────────────────────────────┘
```

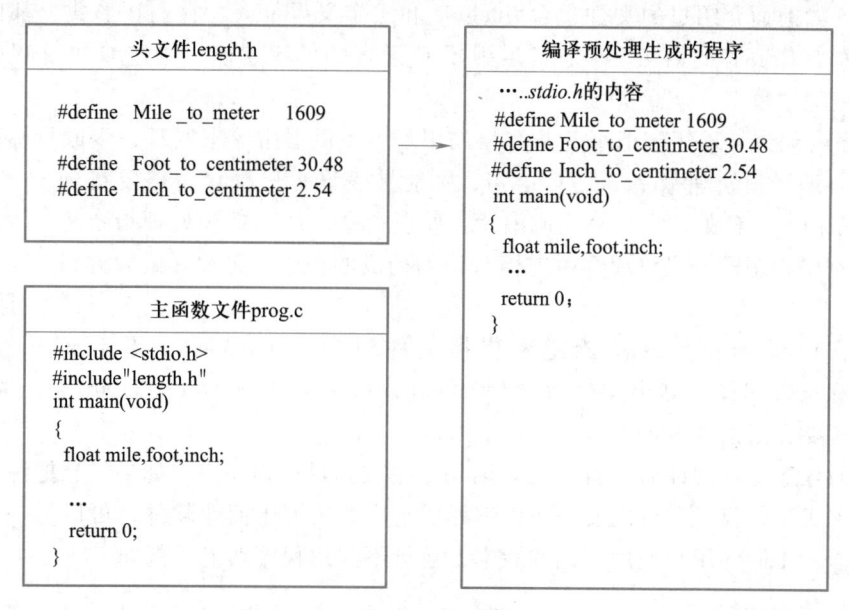

图 10.6　用#include 连接多文件模块

　　头文件经常用于做一些统一的定义、声明或符号常量，以及后面会学到的结构体、链表等一些数据结构定义。对于复杂问题常常有大量宏定义，并被多个程序使用，自定义头文件是一个很好的解决办法，避免了多处重复定义相关宏，并能做到定义的一致性。尤其在多人合作时，基本的数据结构大家都要用到，需要一起协商。一旦定义好写成头文件，便能通过文件包含方便地被大家引用。

　　C 语言系统中大量的定义与声明是以头文件形式提供的，读者可以查看所使用的 C 语言系统中 include 文件夹下有关 .h 文件的内容。

　　表 10.1 列出了 ANSI 定义的一些常用标准头文件。

表 10.1　常用标准头文件

头 文 件 名	作　　　用
ctype. h	字符处理
math. h	与数学处理函数有关的说明与定义
stdio. h	输入输出函数中使用的有关说明和定义
string. h	字符串函数的有关说明和定义
stddef. h	定义某些常用内容
stdlib. h	杂项说明
time. h	支持系统时间函数

10.3.5　编译预处理

　　编译预处理是 C 语言编译程序的组成部分，它用于解释处理 C 语言源程序中的各种预处理指令。如前面介绍过的文件包含#include 和宏定义#define。它们在形式上都以#开头，不属于 C 语言中真正的语句，但它们增强了 C 语言的编程功能，改进 C 语言程序设计环境，提高编程效率。

C 程序的编译处理用于把每一条 C 语句用若干条机器指令来实现，生成目标程序。由于#define 等编译预处理指令不是 C 语句，不能被编译程序翻译，需要在真正编译之前作一个预处理，解释完成编译预处理指令，从而把预处理指令转换成相应的 C 程序段，最终成为由纯粹 C 语句构成的程序，经编译最后得到目标代码。

微视频：宏定义

C 语言的编译预处理功能主要包括文件包含(#include)、宏定义(#define)和条件编译。其中文件包含(#include)和宏定义(#define)已介绍过，下面简要介绍条件编译。

一般的程序经过编译后，所有的 C 语句都生成到目标程序中，如果只想把源程序中一部分语句生成目标代码，可以使用条件编译。它广泛运用于商业软件，可以为一个程序提供多个版本，不同的用户使用不同的版本，运行不同的程序功能。例如：

```
#define FLAG 1
#if FLAG
    程序段1
#else
    程序段2
#endif
```

程序段 1 和程序段 2 只有一个会被生成到目标程序中，由于 FLAG 被定义成 1，编译预处理选择程序段 1 编译；若 FLAG 改为 0 的话，编译预处理选择程序段 2 编译。

条件编译指令均以#开头，其意义与 C 语言的 if-else 语句完全不同。C 语句 if-else 的两个分支程序段都会被生成到目标代码中，由程序运行时根据条件决定执行哪一段；而条件编译#if…#else…#endif 不仅形式不同，而且它起作用的时刻在编译预处理的时候。一旦经过处理后，只有一段程序生成到目标程序中，另一段被舍弃。#if 的条件只能是宏名，不能是程序表达式，因为在编译预处理时是无法计算表达式的，必须在程序运行时才做计算。

采用条件编译的好处，一是目标代码精简，不包含无关的代码；二是系统代码保护性更好。如果用户只花了较小的代价，得到只包含程序段 1 的可执行代码，不管他采取何种方法，都无法找出程序段 2 的可执行代码，因为程序段 2 的可执行代码根本就不存在。

所有的编译预处理指令都是在编译预处理步骤中起作用，与程序真正运行过程无关。这一点在介绍宏与函数间的区别时已经强调过。

【练习 10-2】请完成下列宏定义：

① MIN(a, b)　　　求 a, b 的最小值
② ISLOWER(c)　　判断 c 是否为小写字母
③ ISLEAP(y)　　　判断 y 是否为闰年
④ CIRFER(r)　　　计算半径为 r 的圆周长

【练习 10-3】分别用函数和带参宏实现从 3 个数中找出最大数，请比较两者在形式上和使用上的区别。

10.4 大程序构成——多文件模块的学生信息库系统

10.4.1 分模块设计学生信息库系统

【例 10-10】请在例 9-1、例 9-2 和例 9-3 的基础上，分模块设计一个学生信息库系统。该系统包含学生基本信息的建立和输出、计算学生平均成绩、按照学生的平均成绩排序以及查询、修改学生的成绩等功能。

例 9-1、例 9-2 和例 9-3 分别属于 3 个能独立运行的程序。但是一个 C 程序不能包含 3 个主函数，简单地把 3 段代码合在一起是无法构成一个系统的，程序功能和结构都需要重新梳理与设计。学生信息库系统的文件模块与功能函数的结构如图 10.7 所示。

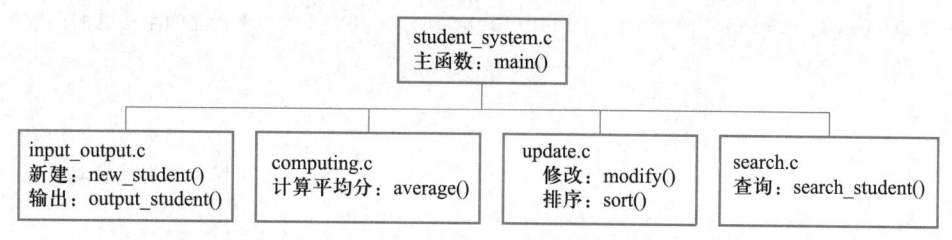

图 10.7 学生信息库系统文件模块与功能函数结构图

由于整个程序规模较大，本例一共定义了 5 个 .c 程序文件，主函数放在 student_system.c 文件中，其余函数分别存放在 4 个文件中，所有文件存放在同一个文件夹内，采用文件包含的形式进行连接和调用。

主函数程序文件 student_system.c

```
#include <stdio.h>
#include <string.h>
#define MaxSize 50
#include "input_output.c"          /*用文件包含连接各程序文件模块*/
#include "computing.c"
#include "update.c"
#include "search.c"
struct student{                    /*学生信息结构定义*/
    int num;                       /*学号*/
    char name[10];                 /*姓名*/
    int computer, english, math;   /*3 门课程成绩*/
    double average;                /*个人平均成绩*/
};
```

```c
int Count = 0;                                    /* 全局变量，记录当前学生总数 */
int main(void)
{
    struct student students[MaxSize];              /* 定义学生信息结构数组 */
    new_student(students);                         /* 输入学生信息结构数组 */
    output_student(students);                      /* 显示输入的学生信息结构数组 */
    average(students);                             /* 计算每一个学生的平均成绩 */
    sort(students);                                /* 按学生的平均成绩排序 */
    output_student(students);                      /* 显示排序后的结构数组 */
    modify(students);                              /* 修改指定输入的学生信息 */
    output_student(students);                      /* 显示修改后的结构数组 */

    return 0;
}
```

输入输出程序文件 input_output.c

```c
extern int Count;                                  /* 外部变量声明 */
void new_student(struct student students[ ])       /* 新建学生信息的函数 */
{
    ……
}
void output_student(struct student students[ ])    /* 输出学生信息的函数 */
{
    ……
}
```

计算程序文件 computing.c

```c
extern int Count;                                  /* 外部变量声明 */
void average(struct student students[])            /* 计算个人平均成绩的函数 */
{
    ……
}
```

修改排序程序文件 update.c

```c
extern int Count;                                  /* 外部变量声明 */
void modify(struct student *p)                     /* 修改学生成绩的函数 */
{
    ……
}
void sort(struct student students[])               /* 平均成绩排序的函数 */
{
    ……
}
```

查询程序文件 search.c

```
extern int Count;                                          /*外部变量声明*/
void search_student(struct student students[ ], int num)   /*查询学生信息的函数*/
{
    ……
}
```

各功能函数的具体实现代码，请读者参考第 9 章的例题，自行编写完成。

10.4.2 程序文件模块

结构化程序设计是编写出具有良好结构程序的有效方法，10.1 节就介绍过，一个大程序最好由一组小函数构成，存放在某个 .c 文件中，经过编译连接生成可执行代码。如果程序规模很大，需要几个人合作完成的话，每个人所编写的程序会保存在自己的 .c 文件中。有时候为了避免一个文件过长，也会把程序分别保存为几个文件。这样一个大程序会由几个文件组成，每一个文件又可能包含若干个函数。C 语言把保存有一部分程序的文件称为程序文件模块。当大程序分成若干文件模块后，可以对各文件模块分别编译，然后通过连接，把编译好的文件模块再合起来，生成可执行程序。这里需要解决一个问题：如何把若干程序文件模块连接成一个完整的可执行程序。

当一个 C 语言程序由多个文件模块组成时，整个程序只允许有一个 main( ) 函数，程序的运行从 main( ) 函数开始。包含 main( ) 函数的模块叫主模块。为了能调用写在其他文件模块中的函数，文件包含是一个有效的解决方法。

例 10-10 虽然函数数量并不多，但为了说明多程序文件模块的使用，除了主函数所在的文件外，另外设计了 4 个程序文件模块，各函数间除了使用全局变量 Count 外，主要通过结构体数组作为函数的参数进行数据传递，且改变数组内容可以直接在不同函数间产生作用，不需要特定的语句返回结果。

☞ 程序、程序文件模块与函数间的关系：一个大程序可由几个程序文件模块组成，每一个程序文件模块又可能包含若干个函数。程序文件模块只是函数书写的载体。

除了文件包含方式外，Dev-C++会提供工程文件方式实现多文件模块的连接。

10.4.3 文件模块间的通信

5.3 节介绍了局部变量和全局变量的概念，局部变量从属于函数，仅在函数内部有效，而全局变量可以在整个程序中起作用。如果程序中包含多个程序文件模块，既可以通过外部变量的声明，使全局变量的作用范围扩展到其他文件模块；也可以通过定义静态全局变量，将其作用范围仅限制在一个文件模块中。

1. 外部变量

全局变量在整个程序所有的文件模块中起作用，如果在每一个文件模块中都定义一次全局变量，模块单独编译时不会发生错误，一旦把各模块连接在一起时，就会产生对同一个全局变量名多次定义的错误。全局变量只能在某个模块中定义一次，如果其他模块要使用该全局变量，需要通过外部变量的声明，当程序连接时会统一指向全局变量定义的模块。否则不经声明而直接使用全局变量，程序编译时会出现"变量未定义"的错误。如例 10-8，模块 student_system.c 中定义全局变量 Count，模块 input_output.c 中函数 new_student()用到该全局变量，就只能用外部变量声明，而不需要重新定义。

外部变量声明格式为：

  extern 类型名 变量名表；

它只起说明作用，不分配存储单元，对应的存储单元在全局变量定义时分配。

对于全局变量来说，还有一种称为外部变量的形式。即全局变量的使用位置先于该全局变量的定义，在使用之前需要声明为外部变量。

  2. 静态全局变量

全局变量的作用范围包括整个程序，存储在内存的静态数据区中，若再把它说明成静态，意义何在呢？如果整个程序只有一个文件模块，静态全局变量与一般的全局变量作用完全相同。当程序由多个文件模块构成时，静态全局变量有特殊的作用，用于限制全局变量作用域的扩展。

当一个大的程序由多人合作完成时，每个程序员可能都会定义一些自己使用的全局变量，这些全局变量与其他人编写的模块无关，并不是整个程序用到的真正全局变量。为避免自己定义的全局变量影响其他人编写的模块，即所谓的全局变量副作用，C 语言的静态全局变量可以把变量的作用范围仅局限于当前的文件模块中，即使其他文件模块使用外部变量声明，也不能使用该变量。

  3. 函数与程序文件模块

函数是一个完成确定工作的完整程序块，只要经过适当的定义和声明，函数可以被其他函数调用。如果一个程序包括多个文件模块，要实现在一个模块中调用另一个模块中的函数时，就需要对函数进行外部声明。声明格式为：

  extern 函数类型 函数名(参数表说明)；

extern 表示所声明的函数是外部函数，其定义体在其他文件模块中。一般情况下，关键字 extern 可以省略。编译程序如果在当前文件模块中找不到函数定义体，自动认为该函数是外部函数。如果该函数在其他文件模块中也没有定义，在程序连接时会给出出错信息。

为了避免各文件模块间函数的相互干扰，C 语言也允许把函数定义成静态的，以便把函数的使用范围限制在文件模块内，不使某程序员编写的自用函数影响其他程序员的程序，即使其他文件模块有同名的函数定义，相互间也没有任何关联，增加了模块的独立性。

静态的函数在 C 语言中也称为内部函数。定义格式为：

  static 函数类型 函数名(参数表说明)；

习题 10

一、选择题

1. 对于以下递归函数，调用 $f(4)$，其返回值为_____。

   ```
   int f(int n)
   {  if(n)return f(n-1)+n;
       else return n;
   }
   ```

   A. 10　　　　　　B. 4　　　　　　C. 0　　　　　　D. 以上均不是

2. 执行下列程序段后，变量 i 的值为_____。

   ```
   #define MA(x, y)  (x*y)
   i=5;
   i=MA(i, i+1)-7;
   ```

   A. 30　　　　　　B. 23　　　　　　C. 19　　　　　　D. 1

3. 宏定义"#define DIV(a, b) a/b"，经 DIV(x+5, y-5)引用，替换展开后是_____。

   A. (x+5/y-5)　　B. x+5/y-5　　C. (x+5)/(y-5)　　D. (x+5)/(y-5);

4. 以下程序的输出结果是_____。

   ```
   int x=5, y=7;
   void swap()
   {  int z;
       z=x;   x=y;   y=z;
   }
   int main(void)
   {  int x=3, y=8;
       swap();
       printf("%d#%d\n", x, y);
       return 0;
   }
   ```

   A. 8#3　　　　　B. 3#8　　　　　C. 5#7　　　　　D. 7#5

5. 下面说法中正确的是_____。

   A. 若全局变量仅在单个 C 文件中访问，则可以将这个变量修改为静态全局变量，以降低模块间的耦合度

   B. 若全局变量仅由单个函数访问，则可以将这个变量改为该函数的静态局部变量，以降低模块间的耦合度

C. 设计和使用访问动态全局变量、静态全局变量、静态局部变量的函数时，需要考虑变量生命周期问题

D. 静态全局变量使用过多，将导致动态存储区（堆栈）溢出

6. 以下 main( ) 函数中所有可用的变量为_____。

```
void fun(int x)
{   static int y;
    ……
}
int z;
int main()
{   int a, b;
    fun(a);
    ……
}
```

A. x, y　　　　　　　　　　　　　B. x, y, z
C. a, b, x, y, z　　　　　　　　　　D. a, b, z

二、填空题

1. 对于以下递归函数，调用 f(3)，其返回值为_____。

```
int f(int x)
{   return((x>0)? f(x-1)+f(x-2): 1);
}
```

2. 输入 6，下列程序的运行结果是_____。

```
#include <stdio.h>
int f(int n, int a)
{   if(n==0) return a;
    return f(n-1, n*a);
}
int main(void)
{   int n;
    scanf("%d", &n);
    printf("%d\n", f(n, 1));
    return 0;
}
```

3. 下列程序的输出结果为_____。

```
#include <stdio.h>
int f(int g)
{   switch(g){
        case 0: return 0;
        case 1:
```

```
            case 2: return 2;
        }
        printf("g=%d\n", g);
        return f(g-1)+f(g-2);
}
int main(void)
{   int k;
    k=f(4);
    printf("k=%d\n", k);
    return 0;
}
```

4. C 语言的编译预处理功能主要包括_____、_____和_____。

5. 下列语句的运算结果为_____。

```
#define F(x)   x-2
#define D(x)   x*F(x)
printf("%d,%d", D(3), D(D(3)));
```

三、程序设计题

1. 判断满足条件的三位数：编写一个函数，利用参数传入一个 3 位数 n，找出 101~n 间所有满足下列两个条件的数：它是完全平方数，又有两位数字相同，如 144、676 等，函数返回找出这样的数据的个数。试编写相应程序。

2. 递归求阶乘和：输入一个整数 $n(n>0$ 且 $n \leqslant 10)$，求 $1!+2!+3!+\cdots+n!$。定义并调用函数 fact(n) 计算 $n!$，函数类型是 double。试编写相应程序。

3. 递归实现计算 x^n：输入实数 x 和正整数 n，用递归函数计算 x^n 的值。试编写相应程序。

4. 递归求式子和：输入实数 x 和正整数 n，用递归的方法对下列计算式子编写一个函数。

$$f(x, n) = x - x^2 + x^3 - x^4 + \cdots + (-1)^{n-1} x^n \quad (n>0)$$

试编写相应程序。

5. 递归计算函数 ack(m, n)：输入 m 和 n，编写递归函数计算 Ackermenn 函数的值：

$$ack(m, n) = \begin{cases} n+1 & m=0 \\ ack(m-1, 1) & n=0 \ \&\& \ m>0 \\ ack(m-1, ack(m, n-1)) & m>0 \ \&\& \ n>0 \end{cases}$$

试编写相应程序。

6. 递归实现求 Fabonacci 数列：用递归方法编写求斐波那契数列的函数，函数类型为整型，斐波那契数列的定义如下。试编写相应程序。

$$f(n) = f(n-2) + f(n-1) \quad (n>1) \text{ 其中 } f(0)=0, f(1)=1。$$

7. 递归实现十进制转换二进制：输入一个正整 n，将其转换为二进制后输出。要求定义并调用函数 dectobin(n)，它的功能是输出 n 的二进制。试编写相应程序。

8. 递归实现顺序输出整数：输入一个正整数 n，编写递归函数实现对其进行按位顺序输出。试编写相应程序。

9. 输入 $n(n<10)$ 个整数，统计其中素数的个数。要求程序由两个文件组成，一个文件中编写 main 函数，另一个文件中编写素数判断的函数。使用文件包含的方式实现。试编写相应程序。

10. 三角形面积为：
$$\text{area} = \sqrt{s \times (s-a) \times (s-b) \times (s-c)} \qquad s = (a+b+c)/2$$

其中 a、b、c 分别是三角形的 3 条边。请分别定义计算 s 和 area 的宏，再使用函数实现。比较两者在形式上和使用上的区别。

11. 有序表的增删改查操作。首先输入一个无重复元素的、从小到大排列的有序表，并在屏幕上显示以下菜单，用户可以反复对该有序表进行插入、删除、修改和查找操作，也可以选择结束。当用户输入编号 1~4 和相关参数时，将分别对该有序表进行插入、删除、修改和查找操作，输入其他编号，则结束操作。

```
[1] Insert
[2] Delete
[3] Modify
[4] Query
[Other option] End
```

第 11 章
指针进阶

本章要点

- 指针数组和指向指针的指针是如何被定义和使用的？

- 指针如何作为函数的返回值？

- 指向函数的指针的意义是什么？

- 什么是结构的递归定义，哪种应用需要这种定义方法？

- 对链表这种数据结构，如何使用动态内存分配操作？

- 如何建立单向链表并实现插入、删除以及查找操作？

在前面已经讨论了指针的基本概念和用法，使用指针对数组及字符串进行操作的方式，还讨论了指针作为函数参数的情况，并介绍了结构的基本概念、结构的定义以及结构数组和结构指针。在本章中，将对指针与数组、函数、结构之间的关系与应用做进一步的讨论和分析，包括指针数组、指向指针的指针、指针作为函数的返回值，以及单向链表的概念与应用。

11.1 单词索引

11.1.1 程序解析

【例11-1】一个单词表存放了5个表示颜色的英文单词，输入一个字母，在单词表中查找并输出所有以此字母开头的单词，若没有找到，输出 Not Found。

源程序

```c
/*单词索引(用指针数组实现)*/
#include <stdio.h>
int main(void)
{
    int i, flag=0;
    char ch;
    const char *color[5]={"red","blue","yellow","green","black"};  /*第7行*/

    printf("Input a letter:");
    ch=getchar();
    for(i=0; i<5; i++){
        if(*color[i]==ch){
            flag=1;
            puts(color[i]);
        }
    }
    if(flag==0){
        printf("Not Found\n");
    }

    return 0;
}
```

运行结果1

```
Input a letter: y
yellow
```

运行结果 2

> *Input a letter*: *a*
> *Not Found*

程序中，color 是一个指针数组，其中每个数组元素都是一个字符指针，分别指向代表颜色的字符串，即 color[i] 表示第 i 个单词的首地址，而 *color[i] 是第 i 个单词的首字母。

程序第 7 行对指针数组初始化，将 5 个字符串常量分别赋给指针数组元素，关键字 const 的作用是限定变量值不被改变，即可以通过指针数组元素访问字符串，但不允许改变字符串内容。

11.1.2 指针数组的概念

C 语言中的数组可以是任何类型，如果数组的各个元素都是指针类型，用于存放内存地址，那么这个数组就是指针数组。

一维指针数组定义的一般格式为：

  类型名　*数组名[数组长度];

类型名指定数组元素所指向的变量的类型。例如：

```
int a[10];
char *color[5];
```

分别定义了整型数组 a 和字符指针数组 color。整型数组 a 有 10 个元素，可以存放 10 个整型数据；指针数组 color 有 5 个元素，元素的类型是字符指针，用于存放字符数据单元的地址。

例 11-1 中的指针数组 color 的每个元素 color[i] 分别指向一个字符串（如图 11.1 所示），color[i] 中存放的是字符串的首地址。因此，可以用语句

```
printf("%s\n", color[i]);
```

输出 color[i] 所指向的字符串。而语句

```
printf("%x\n", color[i]);
```

则以十六进制的方式输出 color[i] 所指向的字符串的首地址。

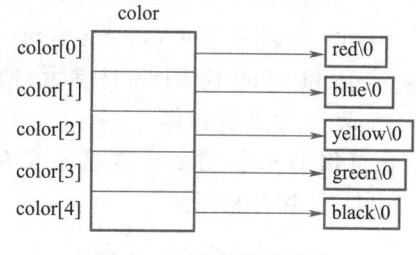

图 11.1　指针数组示意

对于读者来说，关键是要掌握指针数组中，每个数组元素中存放的内容都是地址，通过数组元素可以访问它所指向的单元。

如果在图 11.1 的基础上，执行以下语句：

```
char *tmp;
tmp=color[0];
color[0]=color[4];
color[4]=tmp;
```

其效果如图 11.2 所示。从中可以看出，颜色字符串本身并没有变化，只是 color[0] 与 color[4] 交换了所指向的单元。

指针数组是由指针变量构成的数组，在操作时，既可以直接对数组元素进行赋值（地址值）和引用，也可以间接访问数组元素所指向的单元内容，改变或引用该单元的内容。

图 11.2 color[0] 与 color[4] 交换后的情况

☞ 对指针数组元素的操作与对同类型指针变量的操作相同。

11.1.3 指向指针的指针

1. 指向指针的指针概念

在 C 语言中，指向指针的指针一般定义为：

类型名 **变量名；

也称为二级指针。与一级指针相比，二级指针的概念较难理解，运算也更为复杂。例如：

```
int a=10;
int *p=&a;
int **pp=&p;
```

定义了 3 个变量 a、p 和 pp 并初始化。一级指针 p 指向整型变量 a，二级指针 pp 指向一级指针 p（如图 11.3 所示）。由于 p 指向 a，所以 p 和 &a 的值一样，a 和 *p 代表同一个单元；由于 pp 指向 p，所以 pp 和 &p 的值一样，p 和 *pp 代表同一个单元。由此可知 &&a、&p 和 pp 等价，&a、p 和 *pp 等价，a、*p 和 **pp 代表同一个单元，它们的值相同。

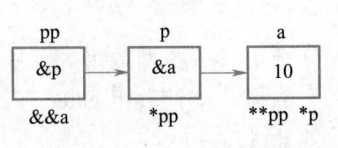

图 11.3 二级指针示意

2. 二级指针操作

【例 11-2】对如下变量定义和初始化，依次执行操作①~③后，部分变量的值见表 11.1，请分析原因。

```
int a=10, b=20, t;
int *pa=&a, *pb=&b, *pt;
int **ppa=&pa, **ppb=&pb, **ppt;
```

表 11.1 例 11-2 中部分变量的值

操作(行)	**ppa	**ppb	*pa	*pb	a	b
0	10	20	10	20	10	20
①	20	10	10	20	10	20
②	10	20	20	10	10	20
③	20	10	10	20	20	10

操作①：ppt=ppb；ppb=ppa；ppa=ppt；
操作②：pt=pb；pb=pa；pa=pt；
操作③：t=b；b=a；a=t；

分析：由于二级指针 ppa 指向指针 pa，且 pa 指向 a，所以 ∗∗ ppa、∗ pa 和 a 三者等价；同理，∗∗ ppb、∗ pb 和 b 三者等价，如图 11.4(a)所示，相应变量的初值见表 11.1 第 0 行。

执行操作①，交换 ppa 和 ppb 的值后，ppa 指向 pb，ppb 指向 pa，所以 ∗∗ ppa、∗ pb 和 b 三者等价；∗∗ ppb、∗ pa 和 a 三者等价，如图 11.4(b)所示，相应变量的值见表 11.1 第①行。

再执行操作②，交换 pa 和 pb 的值后，pa 指向 b，pb 指向 a，所以 ∗∗ ppa、∗ pb 和 a 三者等价；∗∗ ppb、∗ pa 和 b 三者等价，如图 11.4(c)所示，相应变量的值见表 11.1 中的第②行。

最后执行操作③，交换 a 和 b 的值。由于指针的值都没有改变，所以等价关系也没有改变，如图 11.4(d)所示，相应变量的值见表 11.1 第③行。

(a) ∗∗ppb、∗pb和b三者等价

(b) 交换ppa和ppb的值后

(c) 交换pa和pb的值后

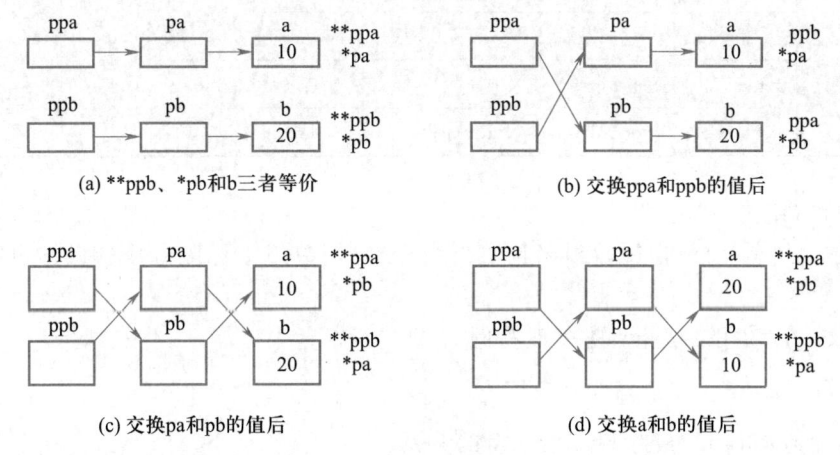

(d) 交换a和b的值后

图 11.4　二级指针运算示意

从理论上说，可以定义任意多级的指针，如三级指针、四级指针等，但实际应用中很少会超过二级。级数过多的指针容易造成理解错误，使程序可读性差。

3. 二维数组的指针形式

在第 8 章中已经介绍了一维数组与指针的关系。下面进一步介绍二维数组中地址、元素与指针的关系。

假设有如下定义：

```
int a[3][4];
```

可以把二维数组 a 看成是由 a[0]、a[1]、a[2]组成的一维数组，而 a[0]、a[1]、a[2]各自又是一个一维数组。也即二维数组是数组元素为一维数组的一维数组。由此，数组名 a 就是 a[0]的地址，即 &a[0]。所以，二维数组名 a 是一个二级指针，而 a[0]是一级指针。以此类推，a+1 是第 1 行的地址，∗(a+1)是第 1 行首元素的地址，∗∗(a+1)是第 1 行首元素的值；a+i 是第 i 行的地址，∗(a+i)是第 i 行首元素的地址，∗∗(a+i)是第 i 行首元素的值。

表 11.2 列出了二维数组 a 中三个层次的指针等价关系,说明如下:

(1) 虽然 a、*a 的值相同,但含义不同。a 是行元素数组的首地址,又称为行地址,是二级指针,而 *a 是首行第一个元素的地址,又称为列地址,是一级指针。

(2) 由于有 a[i] 等价于 *(a+i) 的关系,因此既可以用下标表示法,也可以用指针表示法,或者是混合运用。例如 a[i][j] 等价于 *(*(a+i)+j),也可以写成 *(a[i]+j)。

表 11.2 二维数组中的指针等价关系

二级指针	一 级 指 针			数 组 元 素		
a &a[0]	*a	a[0]	&a[0][0]	**a	a[0][0]	*(a[0]+0)
	*a+1	a[0]+1	&a[0][1]	*(*a+1)	a[0][1]	*(a[0]+1)
	*a+j	a[0]+j	&a[0][j]	*(*a+j)	a[0][j]	*(a[0]+j)
a+1 &a[1]	*(a+1)	a[1]	&a[1][0]	**(a+1)	a[1][0]	*(a[1]+0)
	*(a+1)+1	a[1]+1	&a[1][1]	*(*(a+1)+1)	a[1][1]	*(a[1]+1)
	*(a+1)+j	a[1]+j	&a[1][j]	*(*(a+1)+j)	a[1][j]	*(a[1]+j)
a+i &a[i]	*(a+i)	a[i]	&a[i][0]	**(a+i)	a[i][0]	*(a[i]+0)
	*(a+i)+1	a[i]+1	&a[i][1]	*(*(a+i)+1)	a[i][1]	*(a[i]+1)
	*(a+i)+j	a[i]+j	&a[i][j]	*(*(a+i)+j)	a[i][j]	*(a[i]+j)

4. 指针数组与二级指针

与二维数组名类似,指针数组名也是二级指针,用数组下标能完成的操作也能用指针完成。

【例 11-3】 使用二级指针方式改写例 11-1。

源程序

```
/*单词索引(用二级指针操作指针数组)*/
#include <stdio.h>
int main(void)
{
    int i,flag=0;
    char ch;
    const char *color[5]={"red","blue","yellow","green","black"};
                                            /*指针数组初始化*/
    const char **pc;                        /*定义二级指针*/
    pc=color;                               /*二级指针赋值*/
    printf("Input a letter:");
    ch=getchar();
    for(i=0; i<5; i++){
        if(**(pc+i)==ch)
            flag=1;
```

```
            puts(*(pc+i));
        }
    }
    if(flag==0){
        printf("Not Found\n");
    }

    return 0;
}
```

在程序中，定义了一个二级指针变量 pc，并用它接收指针数组 color 的首地址，也就是首个元素 color[0]的地址，即：

```
pc=color;        /* 或 pc=&color[0]; */
```

此时，pc 指向数组 color 的首个元素 color[0]，*pc 和 color[0]代表同一个存储单元(图 11.5)，都指向字符串"red"，因此，*color[0]和**pc 表示的内容都是字符 'r'。其中**pc 等价于*(*pc)，代表*pc 所指向的变量。由此分析可知，*(pc+i)与 color[i]代表同一个单元。

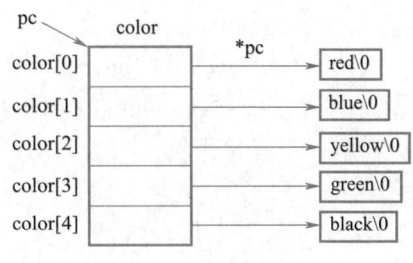

图 11.5　指针数组和二级指针示意

11.1.4　用指针数组处理多个字符串

1. 指针数组与二维数组

在第 8 章中已经讨论了使用一维字符数组和字符指针处理字符串。如果要处理多个字符串，通常使用二维字符数组或者指针数组。例如：

```
char ccolor[ ][7]={"red","blue","yellow","green","black"};
const char *pcolor[ ]={"red","blue","yellow","green","black"};
```

定义了两个数组。ccolor 是二维字符数组，5 行 7 列共 35 个元素，每一行存放一个字符串，如图 11.6(a)所示，每个元素的类型都是字符型。pcolor 是指针数组，有 5 个元素，占用 5 个存储单元，每个元素的类型都是字符指针，分别指向一个字符串，如图 11.6(b)所示。

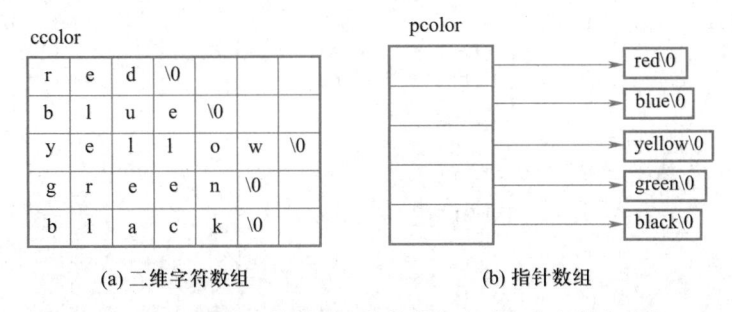

图 11.6　用二维字符数组和指针数组表示多个字符串示意

定义二维字符数组时必须指定列长度，该长度要大于最长的字符串的有效长度，由于各个字符串的长度一般并不相同，会造成内存单元的浪费。而指针数组并不存放字符串，仅仅用数组元素指向各个字符串，就没有类似的问题。

2. 用指针数组操作多个字符串

【例11-4】将5个字符串从小到大排序后输出。

为了让读者更好地理解指针数组的操作特点，下面采用对比的方法编写程序。显然，这两个程序的算法相似，但需要处理的数据类型不同，程序B用整型数组a来存放5个数，程序A定义了一个有5个元素的指针数组pcolor，每个元素指向一个字符串。其次，数组名作为函数的实参时，相应地形参也写成数组的形式。此外，整数可以直接比较大小，而字符串的比较需要调用库函数strcmp()。

源程序

```
/*将5个字符串从小到大排序后输出(用指针数组实现)*/
```

```
/*程序A*/
#include <stdio.h>
#include <string.h>
void fsort(const char * color[ ], int n);
int main(void)
{
    int i;
    const char * pcolor[5]={"red","blue","yellow",
                    "green","black"};
    fsort(pcolor, 5);    /*调用函数*/
    for(i=0; i<5; i++)
        printf("%s", pcolor[i]);
    return 0;
}
void fsort(const char * color[ ], int n)
{
    int k, j;
    const char * temp;
    for(k=1; k<n; k++)
        for(j=0; j<n-k; j++)
            if (strcmp(color[j], color[j+1])>0){
                temp=color[j];
                color[j]=color[j+1];
                color[j+1]=temp;
            }
}
```

```
/*程序B*/
#include <stdio.h>
void fsort(int a[ ], int n);
int main(void)
{
    int i;
    int a[5]={6, 5, 2, 8, 1};
    fsort(a, 5);    /*调用函数*/
    for(i=0; i<5; i++)
        printf("%d", a[i]);
    return 0;
}
void fsort(int a[ ], int n)
{
    int k, j;
    int temp;
    for(k=1; k<n; k++)
        for(j=0; j<n-k; j++)
            if (a[j]>a[j+1]){
                temp=a[j];
                a[j]=a[j+1];
                a[j+1]=temp;
            }
}
```

运行结果

black blue green red yellow

运行结果

1 2 5 6 8

在程序 A 的排序函数中，比较指针数组的元素所指向字符串的大小，需要交换时，直接交换数组元素的值，即改变它们的指向。排序前数组元素的指向情况如图 11.6(b)所示，排序后数组元素的指向情况如图 11.7 所示。

通过指针数组不仅可以对多个字符串整体操作，还可以对字符串中的字符进行操作。

3. 动态输入多个字符串

在前面的示例程序中，用指针数组操作多个字符串时，都是通过初始化的方式对指针数组赋值，使指针数组的元素指向字符串。如果需要输入多个字符串，应该如何设计程序呢？

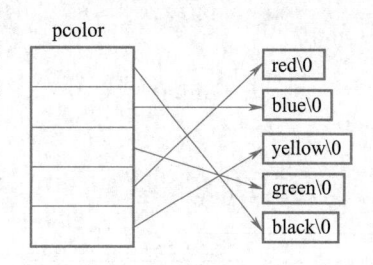

图 11.7 使用指针数组对多个字符串排序示意

8.5.2 小节介绍了内存的动态分配方法，采用动态分配内存的方法来处理多个字符串的输入问题，是一种较好的解决方案。其优点在于能够根据实际输入数据的多少来申请和分配内存空间，从而提高内存的使用率。

【例 11-5】解密英文藏头诗。所谓藏头诗就是将一首诗每一句的第一个字连起来，所组成的内容就是该诗的隐含信息。编写程序，输入一首英文藏头诗，解密藏头诗并输出其隐含信息。

输入的藏头诗小于 20 行，每行不超过 80 个字符，以#作为输入结束标志，使用动态内存分配方法处理字符串的输入。

源程序

```c
/*英文藏头诗(使用指针数组、动态内存分配)*/
#include <stdio.h>
#include <stdlib.h>
#include <string.h>
int main(void)
{
    int i, n = 0;
    char *poem[20], str[80], mean[20];

    gets(str);
    while(str[0]!='#'){
        poem[n]=(char *)malloc(sizeof(char)*(strlen(str)+1));   /*动态分配*/
        strcpy(poem[n], str);            /*将输入的字符串赋值给动态内存单元*/
        n++;
        gets(str);
    }
    for(i = 0; i<n; i++){
        mean[i] = * poem[i];             /*每行取第一个字符*/
        free(poem[i]);                   /*释放动态内存单元*/
    }
    mean[i]='\0';
```

```
    puts(mean);

    return 0;
}
```

运行结果

I come into a dream
Leaves fall down but spring
over a lake birds flying
village have its nice morning
everywhere can feel happiness
Years have never been
owners don't need anything
until the sun bring another wind
#
ILoveYou

在程序中，根据输入的不同字符串的长短，通过函数 malloc( ) 动态分配相应大小的内存单元，并将此单元的首地址保存在指针数组 poem 的相应元素中，即数组 poem 的元素指向这些动态分配的内存单元。

在本例中，分别从指针数组 poem 指向的诗中取出每行第一个字符，然后按顺序存入字符数组 mean 中，尾部添加字符'\0'生成一个字符串，此字符串即为解密内容。

【例 11-6】随机发牌。一副纸牌有 52 张，4 种花色，每种花色 13 张。用程序模拟随机发牌过程，将 52 张牌按轮转的方式发放给 4 人，并输出发牌结果。

源程序

```
/*随机发牌(指针综合应用)*/
#include <stdio.h>
#include <stdlib.h>
#include <time.h>
struct card{                    /*用结构表示一张牌，其中 suit 是花色，face 是点数*/
    int suit;
    int face;
};
void deal(struct card *wdeck)   /*发牌*/
{
    int i, m, t;
    static int temp[52]={0};    /*发牌标记 0：未发  1：已发*/

    srand(time(NULL));          /*设定随机数的产生与系统时钟关联*/
    for(i=0; i<52; i++){
        while(1){
```

```c
            m=rand()%52;            /*计算机随机产生一个0~51之间的数*/
            if(temp[m]==0){
                break;
            }
        }
        temp[m]=1;
        /*4人轮转发牌*/
        t=(i%4)*13+(i/4);
        wdeck[t].suit=m/13;
        wdeck[t].face=m%13;
    }
}

int main(void)
{
    int i;
    struct card deck[52];
    const char *suit[]={"Heart","Diamond","Club","Spade"};
    const char *face[]={"A","K","Q","J","10","9","8","7","6","5","4","3","2"};

    deal(deck);                     /*调用函数,实现发牌*/
    for(i=0; i<52; i++){
        if(i%13==0){
            printf("Player %d:\n", i/13+1);
        }
        printf("%s of %s \n", face[deck[i].face], suit[deck[i].suit]);
    }

    return 0;
}
```

这是一个指针综合应用示例。请读者自行上机运行。

主函数中,调用函数 deal( ) 实现随机发牌,结构数组名 deck 为实参,用于存放 4 个人的牌,对应关系为 player1:deck[0]-deck[12]、player2:deck[13]-deck[25]、player3:deck[26]-deck[38]、player4:deck[39]-deck[51],最后按顺序输出 deck 中的信息。

函数 deal( ) 中,随机产生一个 0~51 范围内的整数 m 表示一张牌,对应规则是:
m/13=0:红心(Heart),=1:方块(Diamond),=2:梅花(Club),=3:黑桃(Spade)
m%13=0:A,=1:K,=2:Q,=3:J,=4:10 ... =11:3,=12:2

在 C 语言中,函数 rand( ) 可以随机产生一个 0~32767 的随机数,它在 stdlib.h 中被定义。由于函数 rand( ) 每次产生的随机数序列可能是相同的,因此先使用了函数 srand( ) 使得随机数的产生和当前系统时钟发生关联,确保每次产生的随机数序列是不同的。

此外，通过 t = (i%4) * 13 + (i/4) 的变换实现 4 人轮转发牌，即发牌的顺序为：deck[0]、deck[13]、deck[26]、deck[39]、deck[1]、deck[14]、deck[27]、deck[40] … deck[12]、deck[25]、deck[38]、deck[51]。

*11.1.5　命令行参数

在第 1 章中介绍了如何运行 C 语言程序，C 语言源程序经编译和连接处理，生成可执行程序后，才能运行。可执行程序又称为可执行文件或命令。例如，test.c 是一个简单的 C 语言源程序：

```
#include <stdio.h>
int main(void)
{
    printf("Hello");

    return 0;
}
```

源程序 test.c 经编译和连接后，生成可执行程序 test.exe，它可以直接在操作系统环境下以命令方式运行。例如，在 DOS 环境的命令窗口中，输入可执行文件名（假设 test.exe 放在 DOS 的当前目录下）：

```
test
```

作为命令，就是以命令方式运行该程序。

输入命令时，在可执行文件（命令）名的后面可以跟一些参数，也就是说，在一个命令行中可以包括命令和参数，这些参数称为命令行参数。许多操作系统如 DOS 和 UNIX 都能够通过命令行参数运行。

例如，输入：

```
test world
```

运行程序。其中 test 是命令名，而 world 就是命令行参数。

命令行的一般形式为：

　　命令名　参数1　参数2　…　参数 n

命令名和各个参数之间用空格分隔，也可以没有参数。

☞　使用命令行的程序不能在编译器中执行，需要将源程序经编译、链接为相应的命令文件（一般以 exe 为后缀），然后回到命令行状态，再在该状态下直接输入命令文件名。还要注意经编译、链接后生成的命令文件的存放位置。

用命令行的方式运行可执行文件 test.exe 时，命令名后是否有参数并不影响程序的运行结果。即：

```
test
```

和

```
    test world
```

的运行结果相同。这是因为参数 world 并没有被程序 test 接收。

在 C 语言程序中，主函数 main() 可以有两个参数，用于接收命令行参数(Command Line Parameter)。带有参数的函数 main() 习惯上书写为：

```
    int main(int argc, char *argv[ ])
    {
        ...
    }
```

argc 和 argv 就是函数 main() 的形参(argc 和 argv 分别是 argument count 和 argument vector 的缩写)。用命令行的方式运行程序时，函数 main() 被调用，与命令行有关的信息作为实参传递给两个形参。

第一个参数 argc 接收命令行参数(包括命令)的个数；第二个参数 argv 接收以字符串常量形式存放的命令行参数(包括命令本身也作为一个参数)。字符指针数组 argv[ ] 表示各个命令行参数(包括命令)，其中 argv[0] 指向命令，argv[1] 指向第 1 个命令行参数，argv[2] 指向第 2 个命令行参数……argv[argc-1] 指向最后一个命令行参数。

现在改写 test.c 如下：

```
    /* 命令行参数示例程序 test.c */
    #include <stdio.h>
    int main(int argc, char *argv[ ])
    {
        printf("Hello");
        printf("%s", argv[1]);

        return 0;
    }
```

经编译和连接后，用命令行方式运行：

```
    test world
```

输出：

```
    Hello world
```

此时，argc 的值是 2，argv 的两个元素分别指向命令 test 和第一个命令行参数 world。

【例 11-7】 编写 C 程序 echo，它的功能是将所有命令行参数在同一行上输出。

题目要求回显所有的命令行参数，并不包括命令。由于 argv[0] 指向命令，因此，回显从第一个命令行参数 argv[1] 开始到最后 1 个命令行参数 argv[argc-1] 结束。源程序保存在 echo.c 中。

源程序

```
    /* 显示所有的命令行参数 */
    #include <stdio.h>
```

```c
int main(int argc, char *argv[ ])
{
    int k;
    for(k=1; k<argc; k++)         /*从第一个命令行参数开始*/
        printf("%s", argv[k]);    /*打印命令行参数*/
    printf("\n");

    return 0;
}
```

运行结果

在命令行状态下输入：

echo How are you?

输出：

How are you?

此时的命令行参数中，argc 的值是 4，argv 的内容如图 11.8(a)所示。
如果输入命令行：

echo Hello world

输出：

Hello world

此时，argc 的值是 3，argv 的内容如图 11.8(b)所示。

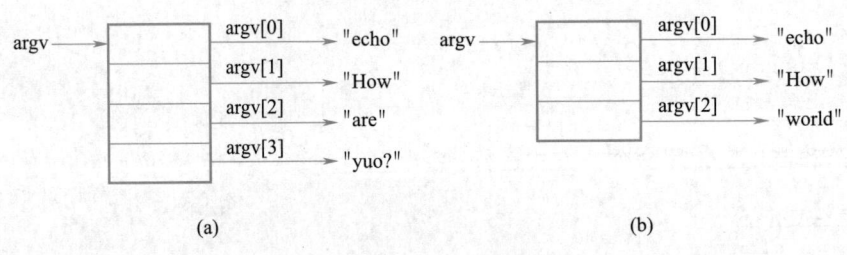

图 11.8　命令行参数示意

由于 argv 是函数 main() 的形参，尽管定义时一般都写成数组的形式，它实质上还是指针，在程序中可以直接改变 argv 的值。
echo.c 中的循环也可以写成：

```c
for(k=1, argv++; k<argc; k++)
    printf("%s", *(argv++));
```

argv 依次指向存放着命令行参数首地址的单元，*argv 就指向相应的命令行参数。
用命令行方式运行程序时，系统根据输入的命令行参数的数量和长度，自动分配存储空间存放这些参数（包括命令），并将参数（包括命令）的数量和首地址传递给函数 main() 中定义的形参 argc 和 argv。

函数 main( ) 中的形参允许用任意合法的标识符来命名,但一般习惯使用 argc 和 argv。

有些 C 语言的集成开发环境提供了命令行参数的运行途径,具体的使用方式请读者查看相应编译系统的使用手册。

【练习 11-1】如何理解指针数组,它与指针、数组有何关系?为何可以用二级指针对指针数组进行操作?

【练习 11-2】用指针数组处理多个字符串有何优势?可以直接输入多个字符串给未初始化的指针数组吗?为什么?

【练习 11-3】参考例 11-3,使用二级指针操作改写例 11-4 中的程序 A。

11.2 字符定位

11.2.1 程序解析

【例 11-8】字符定位。输入一个字符串和一个字符,如果该字符在字符串中,就从该字符首次出现的位置开始输出字符串中的字符。例如,输入字符 r 和字符串 program 后,输出 rogram。要求定义函数 match(char *s, char ch),在字符串 s 中查找字符 ch,如果找到则返回第一次找到的该字符在字符串中的位置(地址);否则,返回空指针 NULL。

源程序

```c
/*查找字符串中的字符位置(指针作为函数的返回值示例)*/
#include <stdio.h>
char *match(char *s, char ch);      /*函数声明*/
int main(void)
{
    char ch, str[80], *p=NULL;

    printf("Input the string:");     /*提示输入字符串*/
    scanf("%s", str);
    getchar();                       /*跳过输入字符串和输入字符之间的分隔符*/
    printf("Input a characters:");   /*输入提示*/
    ch=getchar();                    /*输入一个字符*/
    if((p=match(str, ch))!=NULL){    /*调用函数 match()*/
        printf("%s\n", p);
    }else{
        printf("Not Found\n");
    }

    return 0;
}
```

```
    char *match(char *s, char ch)        /*函数返回值的类型是字符指针*/
    {
        while( * s!='\0'){
           if( * s==ch){
               return(s);                 /*若在字符串 s 中找到字符 ch,返回相应的地址*/
           }
           s++;
        }
        return(NULL);                     /*在 s 中没有找到 ch,返回空指针*/
    }
```

运行结果 1

```
Input the string: University
Inputa characters: v
versity
```

运行结果 2

```
Input the string: School
Inputa characters: a
Not Found
```

由于函数 match(s, ch)返回一个地址,所以函数返回值的类型是指针。在函数 main()中,用字符指针 p 接收 match()返回的地址,如果 p 非空,调用函数 printf(),以%s 的格式输出 p。这样,从 p 指向的存储单元开始,连续输出其中内容,直至遇到字符串结束符'\0'为止。

11.2.2 指针作为函数的返回值

在 C 语言中,函数返回值的类型除了整型、字符型和浮点型等基本数据类型外,也可以是指针类型,即函数可以返回一个地址。例 11-8 中的函数 match()就是这种情况。

不过,读者一定要注意,不能在实现函数时返回在函数内部定义的自动变量的地址,因为所有的自动变量在函数返回时就会消亡,其值不再有效。例 11-8 中,函数 match()中通过指针 s 操作的数据实际上是函数 main()中定义的字符数组 str,返回的地址值也是该数组中的存储单元地址,在函数 match()运行结束时该存储单元仍然有效,因此不会出现错误。

如果将 str 的定义及相应的数据输入都放在函数 match()中,将函数 match()改写为:

```
    char *match()
    {
        char ch, str[80], * s=str;            /*定义局部字符数组*/

        printf("Please Input the string:\n");  /*输入*/
        scanf("%s", str);
        getchar();
        ch=getchar();
```

```
        while( * s!='\0')
            if( * s==ch)
                return s;          /*返回局部字符数组地址*/
            else
                s++;
    return(NULL);
}
```

运行该程序，将会得到错误的输出结果。

因此，返回指针的函数一般都返回主调函数或静态存储区中变量的地址。特别地，如果在函数中是通过动态内存分配方式建立的内存单元，其地址也可以正常返回。

☞ 不能返回在函数内部定义的自动变量的地址。

*11.2.3 指向函数的指针

在 C 语言中，函数名代表函数的入口地址。可以定义一个指针变量，接收函数的入口地址，让它指向函数，这就是指向函数的指针，也称为函数指针。通过函数指针可以调用函数，它还可以作为函数的参数。

1. 函数指针的定义

函数指针定义的一般格式为：

    类型名(* 变量名)(参数类型表);

类型名指定函数返回值的类型，变量名是指向函数的指针变量的名称。例如：

    int(* funptr)(int, int);

定义了一个函数指针 funptr，它可以指向有两个整型参数且返回值类型为 int 的函数。

2. 通过函数指针调用函数

在使用函数指针前，要先对它赋值。赋值时，将一个函数名赋给函数指针，但该函数必须已定义或声明，且函数返回值的类型和函数指针的类型要一致。

假设函数 fun(x，y)已定义，它有两个整型参数且返回一个整型量，则：

    funptr=fun;

将函数 fun( )的入口地址赋给 funptr，funptr 就指向函数 fun( )。

调用函数有两种方法，直接用函数名或通过函数指针。例如，调用上述函数 fun( )，可以写成：

    fun(3，5);

或

    (* funptr)(3，5);

通过函数指针调用函数的一般格式为：

    (* 函数指针名)(参数表);

3. 函数指针作为函数的参数

C 语言的函数调用中，函数名或已赋值的函数指针也能作为实参，此时，形参就是函数指针，它指向实参所代表函数的入口地址。

【例 11-9】编写一个函数 calc(f, a, b)，用梯形公式求函数 $f(x)$ 在 $[a, b]$ 上的数值积分。

$$\int_b^a f(x)\mathrm{d}x = (b-a)/2 \times (f(a)+f(b))$$

然后调用该函数计算下列数值积分（函数指针作为函数参数示例）。

① $\int_0^1 x^2 \mathrm{d}x$；　　　　② $\int_1^2 \sin x/x \mathrm{d}x$

calc() 是一个通用函数，用梯形公式求解数值积分。它和被积函数 $f(x)$ 以及积分区间 $[a, b]$ 有关，相应的形参包括函数指针和积分区间上下限参数。在函数调用时，把被积函数的名称（或函数指针）和积分区间的上下限作为实参。

源程序

```
/*计算数值积分(函数指针作为函数参数示例)*/
#include <stdio.h>
#include <math.h>
double calc(double(*funp)(double), double a, double b);
/*函数原型说明*/
double f1(double x), f2(double x);
int main(void)
{
  double result;
  double(*funp)(double);

  result=calc(f1, 0.0, 1.0);          /*函数名 f1 作为函数 calc 的实参*/
  printf("1: resule=%.4f\n", result);
  funp=f2;                            /*对函数指针 funp 赋值*/
  result=calc(funp, 1.0, 2.0);        /*函数指针 funp 作为函数 calc 的实参*/
  printf("2: resule=%.4f\n", result);

  return 0;
}

/*函数指针 funp 作为函数的形参*/
double calc(double(*funp)(double), double a, double b)
{
  double z;
  z=(b-a)/2*((*funp)(a)+(*funp)(b));/*调用 funp 指向的函数*/
  return(z);
}
double f1(double x)
```

```
    }
       return(x * x);
    }
    double f2(double x)
    {
       return(sin(x)/x);
    }
```

运行结果

```
    1: resule=0.500 0
    2: resule=0.648 1
```

函数 calc( ) 的通用性较好，可以用梯形公式求解不同函数的数值积分。

函数指针是一个比较高深的概念，这里只介绍了一些基本的概念和用法，作为读者进一步学习的基础。

【练习 11-4】改写例 11-8 中的函数 match( )，要求返回字符串 s 中最后一个字符 ch 的位置(地址)。

【练习 11-5】前面章节中介绍的指针变量都可以进行算术运算，请思考：指向函数的指针变量可以进行算术运算吗？

11.3 用链表构建学生信息库

11.3.1 程序解析

【例 11-10】建立一个学生成绩信息(包括学号、姓名、成绩)的单向链表，学生记录按学号由小到大顺序排列，要求实现对成绩信息的插入、修改、删除和遍历操作。

源程序

```
    /*用链表实现学生成绩信息的管理*/
    #include <stdio.h>
    #include <stdlib.h>
    #include <string.h>
    struct stud_node{
       int num;
       char name[20];
       int score;
       struct stud_node *next;
    };
    struct stud_node *Create_Stu_Doc();   /*新建链表*/
    struct stud_node *InsertDoc(struct stud_node *head, struct stud_node *stud);
    /*插入*/
```

```c
        struct stud_node *DeleteDoc(struct stud_node *head, int num);  /*删除*/
        void Print_Stu_Doc(struct stud_node *head);    /*遍历*/

        int main(void)
        {
          struct stud_node *head, *p;
          int choice, num, score;
          char name[20];
          int size=sizeof(struct stud_node);

          do{
              printf("1: Create 2: Insert 3: Delete 4: Print 0: Exit \n");
              scanf("%d", &choice);
              switch(choice){
                case 1:
                     head=Create_Stu_Doc();
                     break;
                case 2:
                  printf("Input num, name and score:\n");
                  scanf("%d%s%d", &num, name, &score);
                  p=(struct stud_node * )malloc(size);
                  p->num=num;
                  strcpy(p->name, name);
                  p->score=score;
                  head=InsertDoc(head, p);
                  break;
                case 3:
                  printf("Input num:\n");
                  scanf("%d", &num);
                  head=DeleteDoc(head, num);
                  break;
                case 4:
                  Print_Stu_Doc(head);
                  break;
                case 0:
                    break;
              }
          }while(choice!=0);

          return 0;
        }

        /*新建链表*/
```

```c
struct stud_node *Create_Stu_Doc()
{
  struct stud_node *head, *p;
  int num, score;
  char name[20];
  int size=sizeof(struct stud_node);

  head=NULL;
  printf("Input num, name and score:\n");
  scanf("%d%s%d", &num, name, &score);
  while(num!=0){
     p=(struct stud_node *)malloc(size);
     p->num=num;
     strcpy(p->name, name);
     p->score=score;
     head=InsertDoc(head, p);      /*调用插入函数*/
     scanf("%d%s%d", &num, name, &score);
  }
  return head;
}

/*插入操作*/
struct stud_node *InsertDoc(struct stud_node *head, struct stud_node *stud)
{
    struct stud_node *ptr, *ptr1, *ptr2;

    ptr2=head;
    ptr=stud;                      /*ptr指向待插入的新的学生记录结点*/
   /*原链表为空时的插入*/
   if(head==NULL){
      head=ptr;                    /*新插入结点成为头结点*/
      head->next=NULL;
   }
     else{                         /*原链表不为空时的插入*/
        while((ptr->num>ptr2->num)&&(ptr2->next!=NULL)){
           ptr1=ptr2;              /*ptr1,ptr2各后移一个结点*/
           ptr2=ptr2->next;
        }
        if(ptr->num<=ptr2->num){ /*在ptr1与ptr2之间插入新结点*/
           if(head==ptr2)   head=ptr;
           else ptr1->next=ptr;
           ptr->next=ptr2;
        }
        else{                      /*新插入结点成为尾结点*/
           ptr2->next=ptr;
           ptr->next=NULL;
```

```c
        }
    }
    return head;
}

/* 删除操作 */
struct stud_node *DeleteDoc(struct stud_node *head, int num)
{
    struct stud_node *ptr1, *ptr2;

    /* 要被删除结点为表头结点 */
    while(head!=NULL && head->num==num){
        ptr2=head;
        head=head->next;
        free(ptr2);
    }
    if(head==NULL)    /* 链表空 */
        return NULL;
    /* 要被删除结点为非表头结点 */
    ptr1=head;
    ptr2=head->next;  /* 从表头的下一个结点搜索所有符合删除要求的结点 */
    while(ptr2!=NULL){
        if(ptr2->num==num){   /* ptr2 所指结点符合删除要求 */
            ptr1->next=ptr2->next;
            free(ptr2);
        }
        else
            ptr1=ptr2;           /* ptr1 后移一个结点 */
            ptr2=ptr1->next;     /* ptr2 指向 ptr1 的后一个结点 */
    }
    return head;
}


/* 遍历操作 */
void Print_Stu_Doc(struct stud_node *head)
{ struct stud_node *ptr;
    if(head==NULL){
        printf("\nNo Records\n");
        return;
    }
    printf("\nThe Students'Records Are:\n");
    printf("Num\t Name\t Score\n");
    for(ptr=head; ptr!=NULL; ptr=ptr->next)
        printf("%d\t%s\t%d\n", ptr->num, ptr->name, ptr->score);
}
```

本示例是一个有关链表的综合操作程序，链表是一种常见而重要的动态存储分配的数据结构。它是由若干个同一结构类型的"结点"依次串接而成的。

由于程序较长，这里主要介绍一下程序的总体结构。如同第 10 章中介绍的那样，此示例采用了模块化的程序结构，程序的每一个功能的实现都是通过函数来完成的，而这些函数则是在函数 main( ) 中被统一调用，如图 11.9 所示。

```
                    main()
        ┌──────────┬──────────┬──────────┐
  Create_Stu_Doc() InsertDoc() DeleteDoc() Print_Stu_Doc()
        │
   InsertDoc()
```

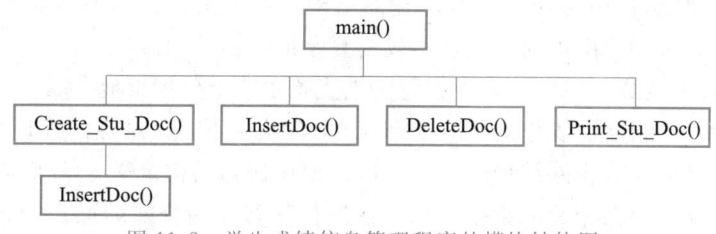

图 11.9　学生成绩信息管理程序的模块结构图

其中，函数 Create_Stu_Doc( ) 用于建立链表，它又调用了函数 InsertDoc( )，函数 InsertDoc( ) 的功能是在链表中按照学号从小到大的顺序插入一个结点，函数 DeleteDoc( ) 的功能是在链表中删除一个结点，函数 Print_Stu_Doc( ) 的功能是遍历显示链表中所有的信息。

11.3.2　链表的概念

链表是一种常见而重要的动态存储分布的数据结构。它由若干个同一结构类型的"结点"依次串接而成的。链表分单向链表和双向链表。下面只介绍单向链表。

单向链表的组成如图 11.10 所示。链表变量一般用指针 head 表示，用来存放链表首结点的地址；链表中每个结点由数据部分和下一个结点的地址部分组成，即每个结点都指向下一个结点；链表中的最后一个结点称为表尾，其下一个结点的地址部分的值为 NULL（表示为空地址）。链表的各个结点在内存中可以是不连续存放的，具体存放位置由系统分配。

```
head → [ A ] → [ B ] → [ C ] → [ D ] NULL
```

图 11.10　单向链表的组成示意图

在用数组存放数据时，一般需要事先定义好固定长度的数组，在数组元素个数不确定时，可能会发生浪费内存空间的情况。比如利用数组来存放各系的学生，有的系有 500 名学生，而有的系可能有 2 000 名学生，为了能统一的数组来表示，必须把数组定义得足够大（如 2 000 个元素大小）。显然这是很浪费存储空间的。另外，当需要向已排好序的数组中添加新元素时，操作起来很不方便，效率较低。由于链表的各个部分可以不连续存放，长度可以不加限定，并根据需要动态地开辟内存空间，还可以比较自由方便地插入新元素（结点），故使用链表可以节省内存，并提高操作效率。

通常使用结构的嵌套来定义单向链表结点的数据类型，如例 11-10 中，每一个学生记录（结点）定义为：

```
struct stud_node{
```

```
        int num;
        char name[20];
        int score;
        struct stud_node *next;
    };
```

结构类型 stud_node 中的 next 分量又是该结构类型的指针，称为结构的递归定义。利用这种定义方法，可构造出单向链表这一较为复杂的数据结构。

在由 stud_node 构成的单向链表中，每一结点均由 4 个分量组成，其中第 4 个分量 next 是一个结构指针，它指向链表中的下一个结点（即存放了下一个结点的地址）。每一结点的第 4 个分量总是指向具有相同结构的结点，所以要用递归结构定义方法来定义。

链表是一种动态存储分配的数据结构，在进行动态存储分配的操作中，需要使用第 8 章中介绍过的 C 语言库函数：malloc( )、free( )。例如，要申请大小为 struct stud_node 结构的动态内存空间，新申请到的空间首地址要被强制类型转换成 struct stud_node 型的指针，并保存到指针变量 p 中，经过强制类型的转换，使得赋值号两边的类型一致。这一过程由下面语句实现：

```
    struct stud_node *p;
    p=(struct stude_node *)malloc(sizeof(struct stud_node));
```

若申请成功，p 指向被分配内存空间的起始地址；若未申请到内存空间，则 p 的值为 NULL。

用链表代替数组进行数据的存储和操作主要有两个优点：一是不需要事先定义存储空间大小，可以实时动态分配，内存使用效率高；二是可以很方便地插入新元素（结点），使学生信息库保持排序状态，操作效率高。

11.3.3 单向链表的常用操作

本小节将根据例 11-10 中的函数来介绍单向链表的几种常用操作。

1. 链表的建立

在例 11-10 中，函数 Create_Stu_Doc( ) 用于链表的建立，但因为程序要求链表结点是按学生的学号排序的，因此其功能主要是通过再调用函数 InsertDoc( ) 来实现的。如果希望根据数据的输入顺序来建立链表，则算法见图 11.11，函数改写如下：

```
    /*按输入顺序建立单向链表*/
    struct stud_node *Create_Stu_Doc()
    {   int num, score;
        char  name[20];
        int size=sizeof(struct stud_node);
        struct stud_node *head, *tail, *p;
        head=tail=NULL;
        printf("Input num, name and score:\n");
        scanf("%d%s%d", &num, name, &score);
        while(num!=0){
            p=(struct stud_node *)malloc(size);
```

```
        p->num = num;
        strcpy(p->name, name);
        p->score = score;
        p->next = NULL;
        if(head == NULL)
            head = p;
        else
            tail->next = p;
        tail = p;
        scanf("%d%s%d", &num, name, &score);
    }
    return head;
}
```

由于新增加的结点总是加在链表的末尾，所以该新增结点的 next 域应置成 NULL：

`p->next = NULL;`

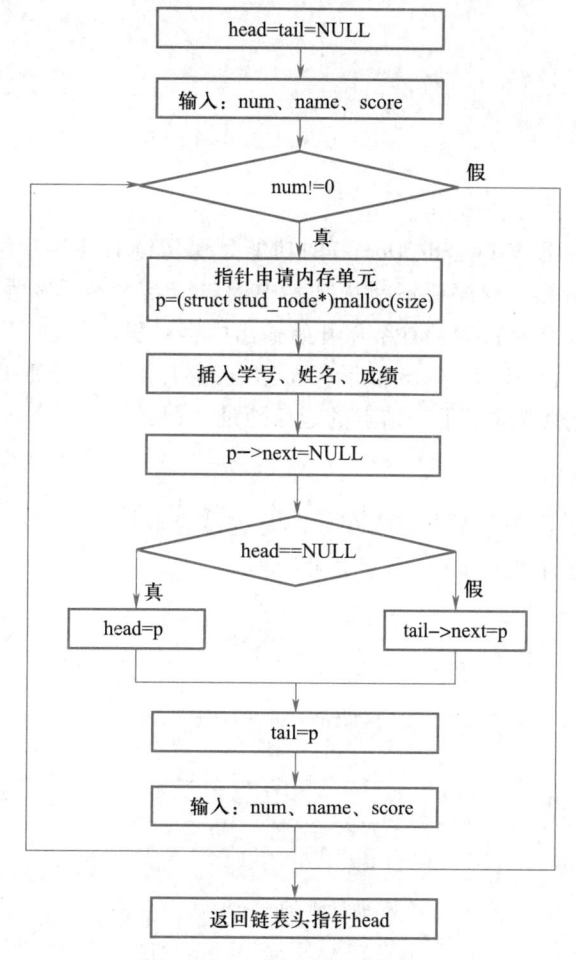

图 11.11 建立链表的流程图

并把原来链表的尾结点的 next 域指向该新增的结点,这样就把新增加的结点加入到了链表中:

```
tail->next=p;
tail=p;
```

应该注意的是,建立链表的第一个结点时,整个链表是空的(head==NULL),这时 p 应直接赋值给 head,而不是 tail->next,因为 tail 此时还没有结点可指向。即:

```
head=p;
```

如果希望建立的链表结点内容与数据的输入顺序相反,可以采取每次在链表头部插入新增结点的方法。上述程序中的程序段:

```
p->next=NULL;
if(head==NULL)
    head=p;
else
    tail->next=p;
tail=p;
```

应改为:

```
p->next=head;
head=p;
```

2. 链表的遍历

在例 11-10 中,函数 Print_Stu_Doc( ) 的功能是遍历链表并显示结点信息。为了逐个显示链表每个结点的数据,程序要不断从链表中读取结点内容,显然是一个重复的工作,需要循环来解决。由于要从链表的首结点开始输出内容,所以在 for 语句中将 ptr 的初值置为表头 head,当 ptr 不为 NULL 时(未显示完尾结点)循环继续,否则循环结束。

每次循环后的 ptr 值变成了下一结点的起始地址,即:

```
ptr=ptr->next;
```

请读者引起注意,由于各结点在内存中不是连续存放的,不可以用 ptr++ 来寻找下一个结点。图 11.12 显示了指针 ptr 的移动过程。

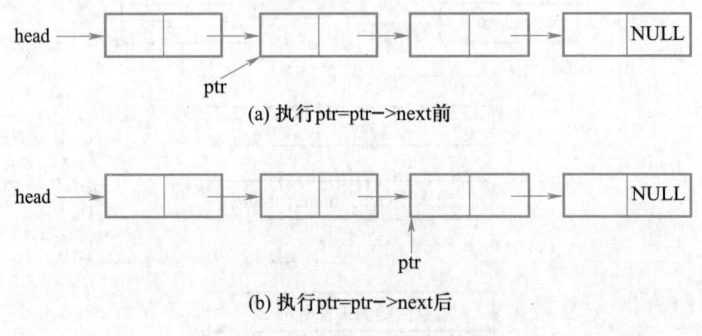

图 11.12 指针 ptr 的移动过程

3. 插入结点

在例 11-10 中，函数 InsertDoc() 的功能是在链表中插入结点。函数参数 head 和 stud 皆为结构指针，head 指向链表首结点，stud 指向待插入的新的学生记录结点。函数类型是结构指针类型，其返回值为链表首结点 head。

若要按顺序正确插入新的学生记录，需要解决下述问题：首先找到正确位置，然后插入新的结点。

寻找正确位置是一个循环过程：从链表的 head 开始，把要插入的结点 stud 的 num 分量值与链表中结点的 num 分量值逐一比较，直到出现要插入结点的值比第 i 结点的 num 分量值大，但比第 i+1 结点 num 分量值小。显然，结点 stud 应插在第 i 结点与第 i+1 结点之间。根据上述分析，在链表的插入操作中引入 3 个辅助指针 ptr、ptr1、ptr2，ptr 指向当前准备插入的结点 stud，而 ptr1 则是指向第 i 结点，ptr2 指向第 i+1 结点，ptr1 和 ptr2 两者的关系总是：

```
ptr2=ptr1->next;
```

插入原则：先连后断。先将 stud 结点与第 i+1 结点相连接（即 ptr->next=ptr2），再将第 i 结点与第 i+1 结点断开，并使其与 stud 结点相连接（即 ptr1->next=ptr）。图 11.13 给出了在第 i 结点与第 i+1 结点之间插入结点 stud 的过程。

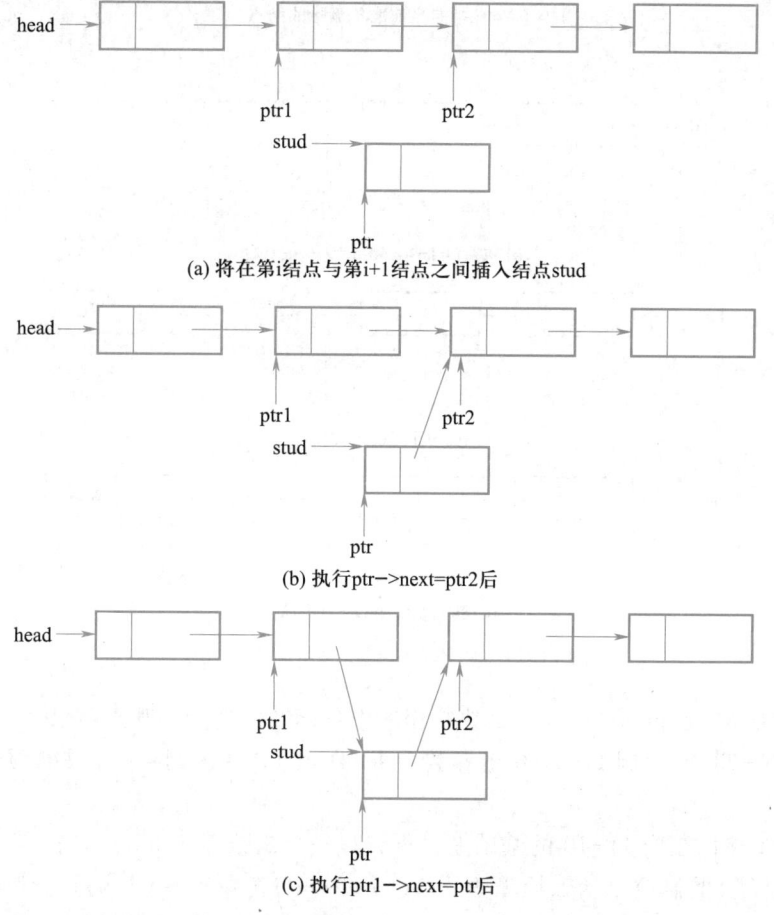

(a) 将在第 i 结点与第 i+1 结点之间插入结点 stud

(b) 执行 ptr->next=ptr2 后

(c) 执行 ptr1->next=ptr 后

图 11.13　第 i 结点与第 i+1 结点之间插入结点 stud 的过程

4. 删除结点

在例 11-10 中，函数 DeleteDoc( ) 的功能是在链表中删除结点。从头结点开始逐一检查，若结点的 num 分量值与要删除的学生学号相等，则把该结点删除。为了在删除结点后还能使链表保持完整性，也需要像插入结点操作时一样，引入两个辅助指针 ptr1、ptr2。

链表结点删除的原则是：先接后删。即先将 ptr1 指向的结点与 ptr2 指向的结点（当前准备删除的结点）的下一个结点（ptr2->next）先连上，并要将被删除结点的存储空间释放。即：

```
ptr1->next=ptr2->next;
free(ptr2);
```

删除链表中所有符合要求的结点，用循环来解决，但需考虑要被删除结点是否为表头。若要被删除结点是表头（ptr2==head），则表头要后移（head=head->next）。

从链表中删除一个结点的过程如图 11.14 所示。

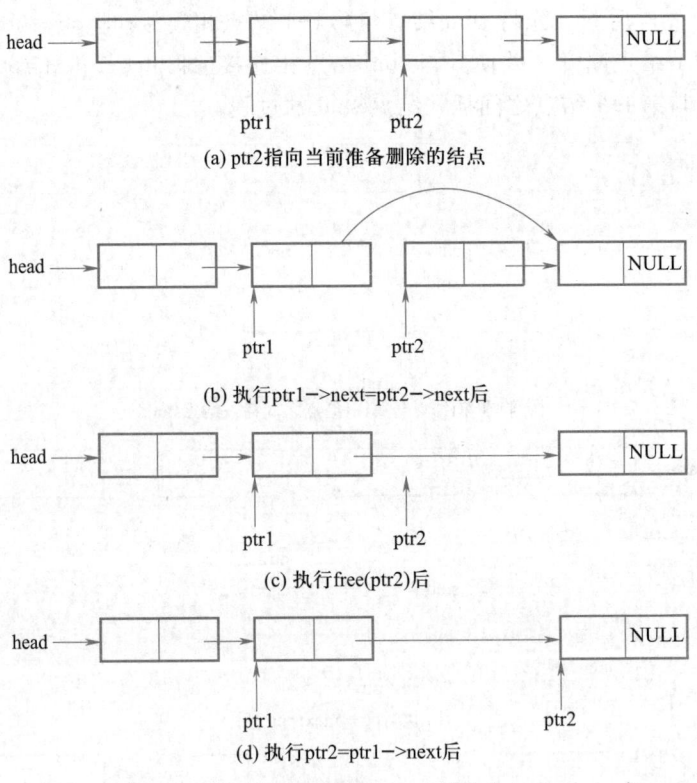

图 11.14 从链表中删除一个结点的过程

【练习 11-6】运行例 11-10，试执行程序中各函数的功能，观察结果。

【练习 11-7】改写例 11-10 中的函数 DeleteDoc( )，要求删除链表中成绩小于 60 分的学生结点。

【练习 11-8】在例 11-10 的基础上，再编写一个函数 UpdateDoc( )，实现对链表中某结点信息（成绩）的修改。函数原型为：void UpdateDoc(struct stud_node *head, int num, int score)，其中，num 为需要修改信息的学生学号，score 为需要修改的成绩值。

习题 11

一、选择题

1. 下面程序段的运行结果是_____。

   ```
   int x[5]={2, 4, 6, 8, 10}, *p, **pp;
   p=x;
   pp=&p;
   printf("%d", *(p++));
   printf("%d\n", **pp);
   ```

   A. 4 4　　　　B. 2 4　　　　C. 2 2　　　　D. 4 6

2. 对于以下变量定义，正确的赋值是_____。

   `int *p[3], a[3];`

   A. p=a　　　　B. *p=a[0]　　　　C. p=&a[0]　　　　D. p[0]=&a[0]

3. 下列程序段的输出是_____。

   ```
   int i, a[12]={1, 2, 3, 4, 5, 6, 7, 8, 9, 10, 11, 12}, *p[4];
   for(i=0; i<4; i++){
       p[i]=&a[i*3];
   }
   printf("%d\n", p[3][2]);
   ```

   A. 12　　　　B. 8　　　　C. 6　　　　D. 上述程序有错误

4. 设有如下定义的链表，则值为 7 的表达式是_____。

   ```
   struct st{
       int n;
       struct st *next;
   }a[3]={5, &a[1], 7, &a[2], 9, NULL}, *p=a;
   ```

   A. p->n　　　　B. (p->n)++　　　　C. p->next->n　　　　D. ++p->n

5. 下面程序段输入一行字符，按输入的逆序建立一个链表。

   ```
   struct node{
       char info;
       struct node *link;
   }*top, *p;
   char c;
   top=NULL;
   while((c=getchar())!='\n'){
       p=(struct node *)malloc(sizeof(struct node));
   ```

```
                p->info=c;
                _____;
                top=p;
        }
```

        A. top->link = p   B. p->link = top   C. top = p->link   D. p = top->link

二、填空题

    1. 下面程序段的输出结果是_____。

```
const char *s[3]={"point","continue","break"};
for(int i=2; i>=0; i--)
    for(int j=2; j>i; j--)
        printf("%s\n", s[i]+j);
```

    2. 下面程序段的输出结果是_____。

```
const char *st[]={"Hello","world","!"}, **p=st;
p++;
printf("%s-%c\n", *p, **p);
(*p)++;
printf("%s-%c-%c\n", *p, **p, (**p)+1);
```

    3. 下面程序段的输出结果是_____。

```
static int a[4][4];
int *p[4], i, j;
for(i=0; i<4; i++)
    p[i]=&a[i][0];
for(i=0; i<4; i++){
    *(p[i]+i)=1;
    *(p[i]+4-(i+1))=1;
}
for(i=0; i<4; i++){
    for(j=0; j<4; j++)
        printf("%2d", p[i][j]);
    printf("\n");
}
```

    4. 找出最小字符串。输出多个字符串中最小的字符串。请填空。

```
const char *st[]={"bag","good","This","are","Zoo","park"};
const char *smin=_____;
for(int i=1; i<6; i++)
    if(_____<0)smin=st[i];
printf("The min string is %s\n", _____);
```

    5. 查找最高分。输入 n(n<=10)个成绩，查找最高分并输出。请填空。

```
#include <stdio.h>
```

```
int *GetMax(int score[ ], int n);
int main(void)
{
    int i, n, score[10], *p;
    scanf("%d", &n);
    for(i = 0; i<n; i++)
        scanf("%d", &score[i]);
    p = _____;
    printf("Max:%d\n", *p);
    return 0;
}
int *GetMax(int score[ ], int n)
{
    int i, temp, pos = 0;
    temp = score[0];
    for(i = 0; i<n; i++)
        if(score[i]>temp){
            temp = score[i];
            pos = i;
        }
    return _____;
}
```

6. 输出链表中不及格学生的学号和成绩。已建立学生"英语"课程的成绩链表(成绩存于 score 域中，学号存于 num 域中)，下列函数的功能是输出不及格学生的学号和成绩。请填空。

```
void require(struct student *head)
{
    struct student *p;
    if(head!=NULL){
        _____;
        while(p!=NULL){
            if(_____)  printf("%d%.1f\n", p->num, p->score);
            p = p->next;
        }
    }
}
```

三、程序设计题

1. 输出月份英文名：输入月份，输出对应的英文名称。要求用指针数组表示 12 个月的英文名称。例如，输入 5，输出 May。试编写相应程序。

2. 查找星期：定义一个指针数组，将下表的星期信息组织起来，输入一个字符串，在表中查找，若存在，输出该字符串在表中的序号，否则输出-1。试编写相应程序。

0	Sunday
1	Monday
2	Tuesday
3	Wednesday
4	Thurday
5	Friday
6	Saturday

3. 计算最长的字符串长度：输入 $n(n<10)$ 个字符串，输出其中最长字符串的有效长度。要求自定义函数 int max_len(char *s[ ], int n)，用于计算有 n 个元素的指针数组 s 中最长的字符串的长度。试编写相应程序。

4. 字符串的连接：输入两个字符串，输出连接后的字符串。要求自定义函数 char *strcat(char *s, char *t)，将字符串 t 复制到字符串 s 的末端，并且返回字符串 s 的首地址。试编写相应程序。

5. 指定位置输出字符串：输入一个字符串后再输入两个字符，输出此字符串中从与第 1 个字符匹配的位置开始到与第 2 个字符匹配的位置结束的所有字符。例如，输入字符串"program"与 2 个字符"r"和"g"后，输出"rog"。要求自定义函数 char *match(char *s, char ch1, char ch2) 返回结果字符串的首地址。试编写相应程序。

6. 查找子串：输入两个字符串 s 和 t，在字符串 s 中查找子串 t，输出起始位置，若不存在，则输出-1。要求自定义函数 char *search(char *s, char *t) 返回子串 t 的首地址，若未找到，则返回 NULL。试编写相应程序。

7. 奇数值结点链表：输入若干个正整数（输入-1 为结束标志）建立一个单向链表，头指针为 L，将链表 L 中奇数值的结点重新组成一个新的链表 NEW，并输出新建链表的信息。试编写相应程序。

8. 删除结点：输入若干个正整数（输入-1 为结束标志）建立一个单向链表，再输入一个整数 m，删除链表中值为 m 的所有结点。试编写相应程序。

第 12 章
文　　件

本章要点

- 什么是文件？C 语言中文件是如何存储的？

- 什么是文本文件和二进制文件？

- 如何打开、关闭文件？

- 如何编写文件读写程序？

- 如何编写程序，实现文件数据处理？

许多程序在实现过程中，依赖于把数据保存到变量中，而变量是通过内存单元存储数据的，数据的处理完全由程序控制。当一个程序运行完成或终止运行，所有变量的值不再保存。另外，一般的程序都会有数据输入与输出，如果输入输出数据量不大，通过键盘和显示器即可解决。当输入输出数据量较大时，就会受到限制，带来不便。

文件是解决上述问题的有效办法，它通过把数据存储在磁盘文件中，得以长久保存。当有大量数据输入时，可通过编辑工具事先建立输入数据的文件，程序运行时将不再从键盘输入，而从指定的文件上读入，从而实现数据一次输入多次使用。同样，当有大量数据输出时，可以将其输出到指定文件，不受屏幕大小限制，并且任何时候都可以查看结果文件。一个程序的运算结果还可以作为其他程序的输入，进行进一步加工。

12.1 素数文件

12.1.1 程序解析

【例 12-1】 从 2 开始依次找出 500 个素数，将这些素数存入文本文件 prime.txt 中。

源程序

```
/*生成素数文件*/
#include <stdio.h>
#include <stdlib.h>
#include <math.h>
int prime(int n);                    /*例5-5中函数prime()的声明，函数定义略*/
int main(void)
{
    int n=2, count=0;
    FILE *fp;                        /*(1)定义文件指针*/

    if((fp=fopen("prime.txt","w"))==NULL){  /*(2)打开文件*/
        printf("File open error!\n");
        exit(0);
    }
    while(count<500){
        if(prime(n)!=0){
            count++;
            fprintf(fp,"%d ", n);    /*(3)文件处理-写入*/
        }
        n++;
    }
    if(fclose(fp)){                  /*(4)关闭文件*/
```

```
            printf("Can not close the file!\n");
            exit(0);
        }

        return 0;
    }
```

以上程序运行后，系统会在源程序所在的文件夹中自动新建文件 prime.txt，打开文件，500 个素数列于其中。

该程序主要实现对文件的操作，包括定义文件指针（FILE 型）fp、打开文件、将数据写入文件和关闭文件等操作。其中，FILE 可以看作是新的数据类型，用来表示文件，详细介绍见 12.1.5 小节。fopen( )、fprintf( )、fclose( ) 是文件操作的函数，在 stdio.h 中定义，其中 fprintf( ) 的功能是把变量的值写入到磁盘文件中。

12.1.2 文件的概念

文件系统功能是操作系统的重要功能和组成部分。如在 Windows 操作系统中，打开"我的电脑"或"资源管理器"，可以看到许多文件，有很多工具可以查看文件内容。每个文件都有文件名，并且有自己的属性。

文件可以通过应用程序创建，如运行"记事本"程序，输入一些数据，然后保存并输入文件名，就会在磁盘中产生一个文本文件。

在操作系统中，文件是指驻留在外部介质（如磁盘等）中的一个有序数据集，可以是源文件、目标程序文件、可执行程序，也可以是待输入的原始数据，或是一组输出的结果。源文件、目标文件和可执行程序可称为程序文件，输入输出数据可称为数据文件。数据文件还可分为各种类型，如文本文件、图像文件、声音文件等。使用应用程序时，通常保存功能实现把数据从内存写入到文件，这就是所谓的"存盘"。打开功能实现把磁盘文件的内容读入到内存。

如果在用"记事本"程序编辑文件时不"保存"，数据就不会写入到磁盘，即若不保存而直接关闭了应用程序，数据就会消失。实际上，用"记事本"程序编辑文件时，输入的数据先是在内存中，保存后，数据才被写入到磁盘文件中。

C 语言处理的文件与 Windows 等操作系统的文件概念相同，但 C 语言中的文件类似于数组、结构等，是一种数据组织方式，是 C 语言程序处理的对象。

12.1.3 文本文件和二进制文件

在 C 语言中，按数据存储的编码形式，数据文件可分为文本文件和二进制文件两种。文本文件是以字符 ASCII 码值进行存储与编码的文件，其文件的内容就是字符。二进制文件是存储二进制数据的文件。从文件的逻辑结构上看，C 语言把文件看作数据流，并将数据按顺序以一维方式组织存储，如图 12.1 所示。它非常像录音磁带，在磁带足够长的前提下，录音长短可以任意，录音和放音过程是顺序进行的。这正好与数据文件的动态存取和操作顺序一致。根据数据存储的形式，文件的数据流又分为字符流和二进制流，前者称为文本文件（或字符文件），后者称为二进制文件。

| 字节 | 字节 | 字节 | 字节 | ... |

图 12.1 文件的数据流表示

  C 语言源程序是文本文件，其内容完全由 ASCII 码构成，通过"记事本"等编辑工具可以对文件内容进行查看、修改等。C 程序的目标文件和可执行文件是二进制文件，它包含的是计算机才能识别的机器代码，如果也用编辑工具打开，将会看到稀奇古怪的符号，即通常所说的乱码。例如对于整数 1234，如果存放到文本文件中，文件内容将包含 4 个字节：49、50、51、52，它们分别是 '1'、'2'、'3'、'4' 的 ASCII 码值；如果把整数 1234 存放到二进制文件中去，文件内容将为 1234 对应的二进制数 0x04D2，共两个字节。对于具体的数据选择哪一类文件进行存储，应该由需要解决的问题来决定，并在程序的一开始就定义好。

12.1.4 缓冲文件系统

  应用程序是如何进行文件数据的访问的呢？由于系统对磁盘文件数据的存取速度与内存数据存取访问的速度不同，而且文件数据量较大，数据从磁盘读到内存或从内存写到磁盘文件不可能瞬间完成，所以为了提高数据存取访问的效率，C 程序对文件的处理采用缓冲文件系统的方式进行，这种方式要求程序与文件之间有一个内存缓冲区，程序与文件的数据交换通过该缓冲区来进行。

  根据这种文件缓冲的特性，把文件系统分为缓冲文件系统与非缓冲文件系统。

  对于缓冲文件系统，在进行文件操作时，系统自动为每一个文件分配一块文件内存缓冲区（内存单元），C 程序对文件的所有操作就通过对文件缓冲区的操作来完成。当程序要向磁盘文件写入数据时，先把数据存入缓冲区，然后再由操作系统把缓冲区的数据真正存入磁盘。若要从文件读入数据到内存，先由操作系统把数据写入缓冲区，然后程序把数据从缓冲区读入到内存。对于非缓冲文件系统，文件缓冲区不是由系统自动分配，而需要编程者在程序中用 C 语句实现分配。

  不同的操作系统对文件的处理会有些相应的规定。在 UNIX 操作系统中，用缓冲文件系统来处理文本文件，用非缓冲文件系统处理二进制文件，而标准 ANSI C 中规定只采用缓冲文件系统。因此，下面重点介绍缓冲文件系统。

  缓冲文件系统的工作原理如图 12.2 所示。

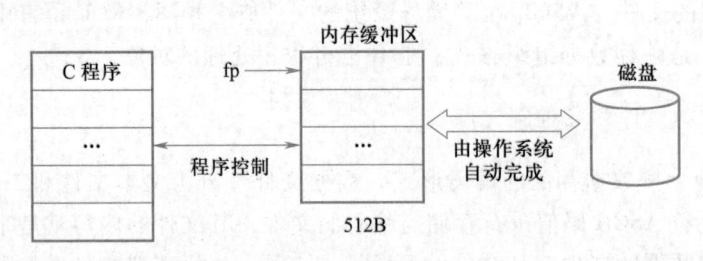

图 12.2 缓冲文件系统的工作原理图

  图 12.2 包括三个部分，左边是 C 程序，右边是磁盘，中间是内存缓冲区。程序要操作磁盘文件的数据，必须要借助缓冲区。缓冲文件系统规定磁盘与内存缓冲区之间的交互由操作系统自动完成。程序要处理数据，只需要跟内存缓冲区打交道即可。因此，C 程序

在处理文件时，可不必考虑外部磁盘的物理特性。

使用缓冲文件系统可以大大提高文件操作的速度。文件是保存在磁盘上的，磁盘数据的组织方式按扇区进行，规定每个扇区大小为 512 B(1 B 即 1 个字节)。缓冲区的大小由具体的 C 语言版本决定，一般微型计算机中的 C 语言系统，也把缓冲区大小定为 512 B，恰恰与磁盘的一个扇区大小相同，从而保证了磁盘操作的高效率。

缓冲文件系统将会自动在内存中为被操作的文件开辟一块连续的内存单元(如 512 B)作为文件缓冲区。当要把数据存储到文件中时，首先把数据写入文件缓冲区，一旦写满了 512 B，操作系统自动把全部数据写入磁盘一个扇区，然后把文件缓冲区清空，新的数据继续写入到文件缓冲区。当要从文件读取数据时，系统首先自动把一个扇区的数据导入文件缓冲区，供 C 程序逐个读入数据，一旦 512B 数据都被读入，系统自动把下一个扇区内容导入文件缓冲区，供 C 程序继续读入新数据。

12.1.5 文件结构与文件类型指针

1. 文件结构与自定义类型 typedef

在例 12.1 中，语句 FILE *fp 定义了一个 FILE 结构指针，FILE 是 C 语言为了具体实现对文件的操作而定义的一个包含文件操作相关信息的结构类型。FILE 类型是用 typedef 重命名的，在头文件 stdio.h 中定义，因此，使用文件的程序都需要#include <stdio.h>。

下面是 FILE 文件类型的说明：

```
typedef struct{
        short           level;          /*缓冲区使用量*/
        unsigned        flags;          /*文件状态标志*/
        char            fd;             /*文件描述符*/
        short           bsize;          /*缓冲区大小*/
        unsigned char   *buffer;        /*文件缓冲区的首地址*/
        unsigned char   *curp;          /*指向文件缓冲区的工作指针*/
        unsigned char   hold;           /*其他信息*/
        unsigned        istemp;
        short           token;
} FILE;
```

上述定义中，文件结构本身用关键字 struct 进行定义，用 typedef 关键字把 struct 结构类型重新命名为 FILE。struct 内部定义的成员包含了文件缓冲区的信息，这里不做具体介绍，读者可查看有关参考书。

自定义类型(typedef)不是用来定义一些新的数据类型，而是将 C 语言中的已有类型(包括已定义过的自定义类型)重新命名，用新的名称代替已有数据类型，常用于简化对复杂数据类型定义的描述。如 FILE 就描述了整个 struct 的定义部分。

自定义类型的一般形式为：

typedef <已有类型名><新类型名>;

说明：typedef 是关键字，已有类型名包括 C 语言中规定的类型和已定义过的自定义类型，新类型名可由一个和多个重新定义的类型名组成。一般要求重新定义的类型名用大写。例如：

    `typedef int INTEGER;`

表示定义了名称为 INTEGER 的整型，语句：

    `INTEGER i, j;`

就等价于

    `int i, j;`

又如：

    `typedef int * POINTER;`

int * 用于定义 int 类型指针，POINTER 可以代替 int *。

自定义类型 typedef 使用的基本方法，分为 4 个步骤进行。

(1) 写出用原有类型定义变量的语句：如"int i;"。
(2) 在原类型名的后面写出对应的新类型名。

    原有类型名   新类型名
    int   INTEGER

(3) 加上 typedef，如"typedef int INTEGER;"。
(4) 自定义结束，然后就可以用新类型名定义变量，如"INTEGER i;"。

例如：定义数组的语句"int a[10];"可简化为"NUM a;"，步骤如下。
(1) 写出"int a[10];"的替换新标识"int NUM[10];"。
(2) 加上 typdef 为"typedef int NUM[10];"。
(3) 用新类型名定义变量"NUM a;"等价于"int a[10];"。

2. 文件类型指针

文件缓冲区是内存中用于数据存储的数据块，在文件处理过程中，程序需要访问该缓冲区实现数据的存取。因此，如何定位其中的具体数据，是文件操作类程序要解决的首要问题。然而，文件缓冲区由系统自动分配，并不像数组那样可以通过数组名加下标来定位。为此，C 语言引进 FILE 文件结构，其成员指针指向文件的缓冲区，通过移动指针实现对文件的操作。除此以外，在文件操作中还需用到文件的名字、状态、位置等信息。

C 语言中的文件操作都是通过调用标准函数来完成的。由于结构指针的参数传递效率更高，因此 C 语言文件操作统一以文件指针方式实现。定义文件类型指针的格式为：

    `FILE *fp;`

其中 FILE 是文件类型定义符，fp 是文件类型的指针变量。

文件指针是特殊指针，指向的是文件类型结构，它是多项信息的综合体。每一个文件都有自己的 FILE 结构和文件缓冲区，FILE 结构中有一个 curp 成员，通过 fp->curp 可以指示文件缓冲区中数据存取的位置。但对一般编程者来说，不必关心 FILE 结构内部的具体内容，这些内容由系统在文件打开时填入和使用，C 程序只使用文件指针 fp，用 fp 代表文件整体。

    ☞ 文件指针不像以前普通指针那样能进行 fp++ 或 *fp 等操作，fp++ 将意味着指向下一个 FILE 结构(如果存在)。

文件操作具有顺序性的特点，前一个数据取出后，下一次将顺序取后一个数据，fp->curp 会发生改变，但改变是隐含在(12.2.3 小节将介绍)文件读写操作中的，而不需要在编程时写上 fp->curp++，类似这样的操作将由操作系统在文件读写时自动完成。这一点在学习文件时务必注意。

*12.1.6　文件控制块

为了能够更清楚的理解 C 语言文件操作原理，介绍一下文件控制块。已知文件缓冲区与磁盘文件之间的处理是由操作系统自动完成的，那么操作系统具体又是如何处理的呢？答案是通过操作文件控制块 FCB(File Control Block)实现的。文件控制块包括文件属性、文件名、驱动器号、扩展名、文件长度以及文件记录状态等信息。

如图 12.3，操作系统为了控制管理文件，采用文件表来管理文件，它给每个文件顺序编号，并对应一个不同的 FCB。程序要访问文件时，用一个 FILE 指针指向文件缓冲区，此时操作系统会把文件缓冲区与 FCB 相关联，FCB 又直接对应于磁盘。因此不管有多少文件，操作系统都能有效地控制管理。如果程序想要对某个文件进行操作，只要告诉缓冲文件系统"要访问哪个文件(文件名)"，操作系统会根据"文件表"立即在磁盘中找到该文件，并把相应的 FCB 编号与文件缓冲区相关联，进而与程序建立了关联。具体的操作过程见图 12.3 中的 4 个步骤。

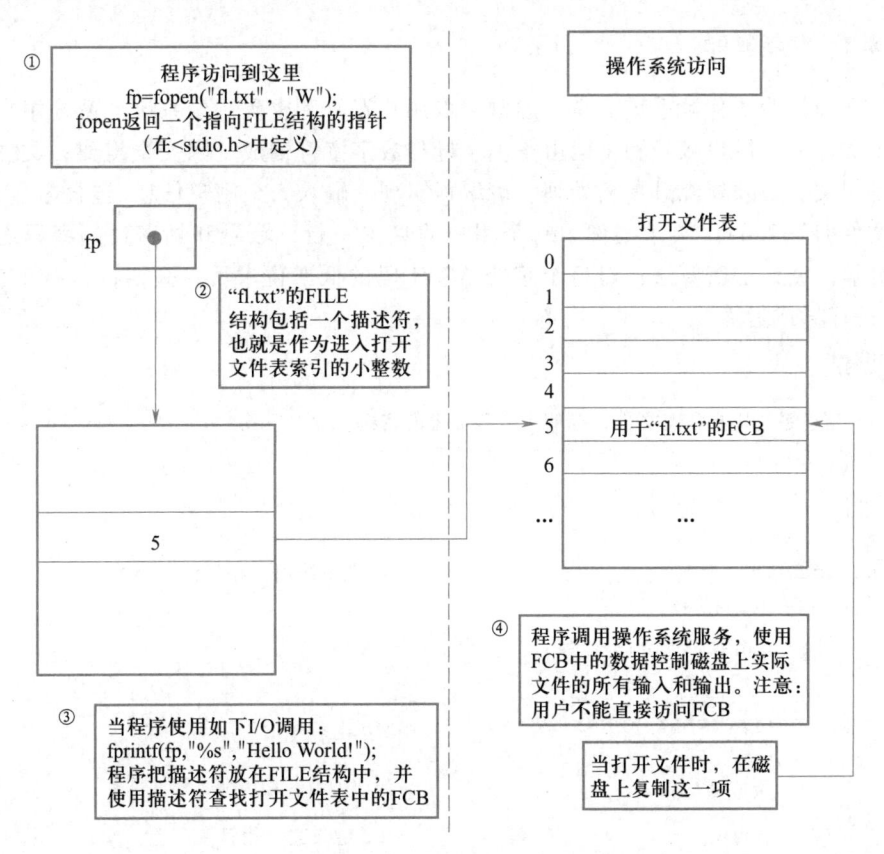

图 12.3　FILE 指针、FILE 结构和 FCB 之间的关系

12.1.7 文件处理步骤

C 语言对文件的处理需要严格遵循步骤进行，与现实中处理文件的步骤相似。举个例子，假如面前摆着一批文件等待处理，那应该怎么做呢？一定是先"打开"文件，然后对文件的内容进行编辑和更新处理，最后关上（关闭）这个文件，处理结束。实际上，用 C 语言编写文件操作的程序也要遵循如下步骤：

(1) 定义文件指针；
(2) 打开文件：文件指针指向磁盘文件缓冲区；
(3) 文件处理：文件读写操作；
(4) 关闭文件。

从例 12-1 程序中看出，基本操作过程正是如此。

【练习 12-1】什么是文件缓冲区？在 C 程序中，文件类型指针主要的功能是什么？

12.2 用户信息加密和校验

12.2.1 程序解析

【例 12-2】为了保障系统安全，通常采取用户账号和密码登录系统。系统用户信息存放在一个文件中，用户账号和密码由若干字母与数字字符构成，因安全需要，文件中的密码不能是明文，必须要经过加密处理。请编程实现：输入 5 个用户信息（包含账号和密码）并写入文件 f12-2.dat。要求文件中每个用户信息占一行，账号和加密过的密码之间用一个空格分隔。密码加密算法：对每个字符 ASCII 码的低四位求反，高四位保持不变（即将其与 15 进行异或运算）。

源程序

```
/*创建系统用户信息文件，存储账号和加密的密码*/
#include <stdio.h>
#include <string.h>
#include <stdlib.h>
struct sysuser{                          /*定义系统用户账号信息结构*/
    char username[20];
    char password[8];
};
void encrypt(char *pwd);
int main(void)
{
    FILE *fp;                            /*1.定义文件指针*/
    int i;
    struct sysuser su;
```

```c
                                        /*2.打开文件,进行写入操作*/
  if((fp=fopen("f12-2.txt","w"))==NULL){
         printf("File open error!\n");
    exit(0);
  }
                                        /*3.将5位用户账号信息写入文件*/
  for(i=1; i<=5; i++){
      printf("Enter %d th sysuser(name password):", i);
      scanf("%s%s", su.username, su.password);  /*输入账号和密码*/
      encrypt(su.password);                      /*进行加密处理*/
      fprintf(fp,"%s %s \n", su.username, su.password); /*写入文件*/
  }
  if(fclose(fp)){                               /*4.关闭文件*/
         printf("Can not close the file!\n");
         exit(0);
  }
  return 0;
}
/*加密算法*/
void encrypt(char *pwd)
{
  int i;
/*与15(二进制码是00001111)异或,实现低四位取反,高四位保持不变*/
  for(i=0; i<strlen(pwd); i++)
  pwd[i]=pwd[i]^15;
}
```

运行结果

```
Enter 1 th sysuser(name password): zhangwen zw123
Enter 2 th sysuser(name password): chenhui ch123
Enter 3 th sysuser(name password): wangwei ww123
Enter 4 th sysuser(name password): gaopeng gp123
Enter 5 th sysuser(name password): chentao ct123
```

在程序所在目录下产生了文件 f12-2.txt,查看文件内容,如图 12.4 所示。

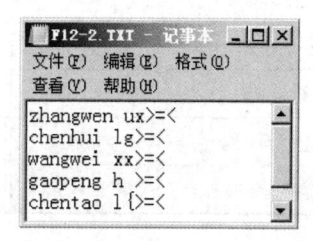

图 12.4 查看运行结果文件内容

程序中 fprintf( )函数将字符串 username、password 写入了文件，且 password 已经进行了加密处理。

在 C 语言中，基本的文件操作有两个：从磁盘文件中读信息（读操作）和把信息存放到磁盘文件中（写操作）。为了实现读写操作，首先要定义文件指针，然后打开文件即请求系统分配文件缓冲区，接着进行文件读写操作，文件操作完成后要关闭文件。在文件操作中，通过调用系统函数来实现文件的所有操作。

【练习 12-2】改写例 12-2，加密规则改为例 7-12 中的恺撒密码。

12.2.2 打开文件和关闭文件

1. 打开文件

打开文件功能用于建立系统与要操作的某个文件之间的关联，指定这个文件名并请求系统分配相应的文件缓冲区内存单元。打开文件由标准函数 fopen( )实现，其一般调用形式为：

```
fopen("文件名","文件打开方式");
```

说明：

（1）该函数有返回值。如果执行成功，函数将返回包含文件缓冲区等信息的 FILE 结构地址，赋给文件指针 fp。否则，返回一个 NULL（空值）的 FILE 指针。

（2）括号内包括两个参数："文件名"和"文件打开方式"。两个参数都是字符串。"文件名"指出要对哪个具体文件进行操作，一般要指定文件的路径，如果不写出路径，则默认与应用程序的当前路径相同。文件路径若包含绝对完整路径，则定位子目录用的斜杆"\"需要用双斜杆"\\"，如"c:\\abc.txt"，因为 C 语言认为"\"是转义符，双斜杆"\\"表示了实际的"\"。

文件打开方式用来确定对所打开的文件将进行什么操作。表 12.1 列出了 C 语言所有的文件打开方式。

表 12.1 文件打开方式

文本文件（ASCII）		二进制文件	
使用方式	含 义	使用方式	含 义
"r"	打开文本文件进行只读	"rb"	打开二进制文件进行只读
"w"	建立新文本文件进行只写	"wb"	建立二进制文件进行只写
"a"	打开文本文件进行追加	"ab"	打开二进制文件进行写/追加
"r+"	打开文本文件进行读/写	"rb+"	打开二进制文件进行读/写
"w+"	建立新文本文件进行读/写	"wb+"	建立二进制新文件进行读/写
"a+"	打开文本文件进行读/写/追加	"ab+"	打开二进制文件进行读/写/追加

从表 12.1 可知，比如用 r 表示打开一个文本文件并进行读数据操作，w 表示建立一个新的文本文件，并向该文件进行写数据操作。二进制文件操作与文本文件操作一样，只不

过打开方式的表示多加了个字符"b"做后缀。

下面两种方法都以只读的方式打开 abc.txt 文件：

```
fp=fopen("abc.txt","r");        /*用字符串常量表示文件*/
```

或：

```
char *p="abc.txt";              /*用字符指针表示文件*/
fp=fopen(p,"r");
```

（3）执行标准函数 fopen()，计算机将完成下述步骤的工作。

① 在磁盘中找到指定文件。

② 在内存中分配保存一个 FILE 类型结构的单元(16B)。

③ 在内存中分配文件缓冲区单元(512B)。

④ 返回 FILE 结构地址(回送给 fp)。

（4）文件打开的实质是把磁盘文件与文件缓冲区对应起来，这样后面的文件读写操作只需使用文件指针即可。如果 fopen()返回 NULL(空值)，表明文件 abc.txt 无法正常打开，其原因可能是 abc.txt 不存在、路径不对或是文件已经被别的程序打开，也可能是文件存储有问题。为保证文件操作的可靠性，调用 fopen()函数时最好做一个判断，以确保文件正常打开后再进行读写。其形式为：

```
if((fp=fopen("abc.txt","r"))==NULL){
    printf("File open error!\n");
    exit(0);
}
```

其中 exit(0)是系统标准函数，作用是关闭所有打开的文件，并终止程序的执行。参数 0 表示程序正常结束，非 0 参数通常表示不正常的程序结束。

（5）一旦文件经 fopen()正常打开，对该文件的操作方式就被确定，并且直至文件关闭都不变，即若一个文件按 r 方式打开，则只能对该文件进行读操作，而不能进行写入数据操作。

一般进行文件读写操作时，常用到如下规则：

```
if 读文件
    指定的文件必须存在，否则出错；
if 写文件(指定的文件可以存在，也可以不存在)
    if 以"w"方式写
        if 该文件已经存在
            原文件将被删去然后重新建立；
        else
            按指定的名字新建一个文件；
    if 以"a"方式写
        if 该文件已经存在
            写入的数据将被添加到指定文件原有数据的后面，不会删去原来的内容；
        else
```

按指定的名字新建一个文件(与"w"相同);

if 文件同时读和写

使用"r+"、"w+"或"a+"打开文件;

(6) C 语言允许同时打开多个文件,不同文件采用不同文件指针指示,但不允许同一个文件在关闭前被再次打开。

2. 关闭文件

当文件操作完成后,应及时关闭它以防止不正常的操作。前面已经介绍,对于缓冲文件系统来说,文件的操作是通过缓冲区进行的。如果把数据写入文件,首先是写到文件缓冲区里,只有当写满 512 B,才会由系统真正写入磁盘扇区。如果写的数据不到 512 B,发生程序异常终止,那么这些缓冲区中的数据将会被丢失。当文件操作结束时,即使未写满 512 B,通过文件关闭,能强制把缓冲区中的数据写入磁盘扇区,确保写文件的正常完成。

关闭文件通过调用标准函数 fclose() 实现,其一般格式为:

fclose(文件指针);

该函数将返回一个整数,若该数为 0 表示正常关闭文件,否则表示无法正常关闭文件,所以关闭文件也应使用条件判断:

```
if(fclose(fp)){
    printf("Can not close the file!\n");
    exit(0);
}
```

关闭文件操作除了强制把缓冲区中的数据写入磁盘外,还将释放文件缓冲区单元和 FILE 结构,使文件指针与具体文件脱钩。

读者在编写程序时应养成文件使用结束后及时关闭文件的习惯,一则确保数据完整写入文件,二则及时释放不用的文件缓冲区单元。

12.2.3 文件读写

C 语言标准库 stdio.h 中提供了一系列文件的读写操作函数,常用的函数如下。

- 字符方式文件读写函数:fgetc() 和 fputc();
- 字符串方式文件读写函数:fputs() 和 fgets();
- 格式化方式文件读写函数:fscanf() 和 fprintf();
- 数据块方式文件读写函数:fread() 和 fwrite()。

1. 字符方式文件读写函数 fgetc() 和 fputc()

对于文本文件,存取的数据都是 ASCII 码字符文本,使用这两个函数读写文件时,逐个字符地进行文件读写。

fgetc() 函数实现从 fp 所指示的磁盘文件读入一个字符到 ch。函数调用格式:

ch=fgetc(fp);

该函数与 getchar() 函数功能类似,getchar() 从键盘上读入一个字符。

fputc() 函数把一个字符 ch 写到 fp 所指示的磁盘文件上。函数调用格式:

```
        fputc(ch, fp);
```

函数返回值若写文件成功为 ch，若写文件失败则为 EOF。

该函数同 putchar( )函数类似，putchar(ch)把 ch 显示在屏幕上。EOF 是符号常量，其值为-1，在头文件 stdio.h 中有说明。

【例 12-3】 复制用户信息文件。将例 12-2 的用户信息文件 f12-2.txt 文件备份一份，取名为文件 f12-3.txt。说明：将文件 f12-2.txt 与源程序放在同一目录下，执行程序。

源程序

```
/*复制用户信息文件，将 f12-2.txt 文件备份保存为 f12-3.txt 文件*/
#include <stdio.h>
#include <stdlib.h>
int main(void)
{
    FILE *fp1, *fp2;
    char ch;
        /*打开文件，读出数据*/
    if((fp1=fopen("f12-2.txt","r"))==NULL){
        printf("File open error!\n");
        exit(0);
    }
        /*打开文件，写入数据*/
    if((fp2=fopen("f12-3.txt","w"))==NULL){
        printf("File open error!\n");
        exit(0);
    }
    /*复制数据，从文件1读取，写入文件2*/
    while(!feof(fp1)){
        ch=fgetc(fp1);                    /*从 fp1 所指示的文件中读取一个字符*/
        if(ch!=EOF)fputc(ch, fp2);        /*将字符 ch 写入 fp2 指示的文件*/
    }
    /*关闭文件 f12-2.txt */
    if(fclose(fp1)){
        printf("Can not close the file!\n");
        exit(0);
    }
    /*关闭文件 f12-3.txt */
    if(fclose(fp2)){
        printf("Can not close the file!\n");
        exit(0);
    }
    return 0;
}
```

运行该程序后，在源程序所在目录下产生了文件 f12-3.txt，用记事本打开查看内容，如图 12.5 所示，可以看到它与 f12-2.txt 的内容完全相同。

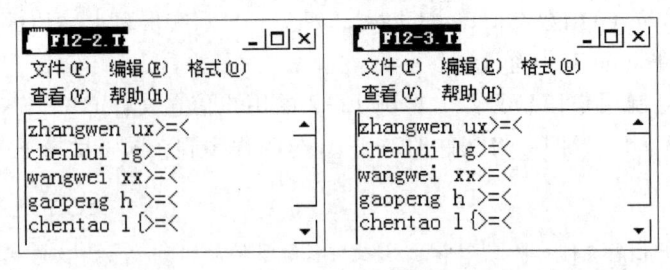

图 12.5　复制后两个文件的内容相同

本程序实现了复制文件功能，涉及对两个文件的操作，所以程序定义两个 FILE 结构类型指针，并分别指向文件所打开的文件 f12-2.txt 和 f12-3.txt。

在 while 循环语句所在的程序段

```
while(!feof(fp1)){
    ch=fgetc(fp1);
    if(ch!=EOF)fputc(ch,fp2);
}
```

中，调用函数 feof( ) 来检测 fp1 所指示文件的位置是否到了文件末尾，该函数在 12.2.4 小节中有介绍。打开文件时 fp1 指针指向文件首部，每次调用 fgetc( ) 函数成功执行后，fp1 会自动向后移动一个位置。只要 !feof(fp1) 为真，就说明 fp1 指针还没有指向文件末尾，程序会反复从文件 f12-2.txt 中读入字符，并将该字符写入文件 f12-3.txt，最终完成文件复制。

最后调用 fclose( ) 函数关闭文件，结束文件操作。

fgetc( ) 函数在读到有效字符时，会向后移动指针，若读到文件末尾，则会读到一个无效的字符，返回 EOF。

在文件的读写过程中，fgetc( ) 和 fputc( ) 实际上是对文件缓冲区进行读写，其工作过程与字符数组的操作相似，存取单元由 fp->curp 指示。但文件操作中很重要的一点是 fp->curp 会随 fgetc( ) 和 fputc( ) 的执行而自动改变，即语句：

```
fputc(ch,fp);
```

等价于下面两条语句：

```
{*(fp->curp)=ch;
 fp->curp++;}
```

☞　切记不要在程序中使用 fp++ 来改变文件缓冲区的位置，fp 指向的是文件结构。

文件的特点之一是文件数据长度可以不确定，只要外存空间足够，数据可以不受限制地写入文件中。当读一个文件全部数据时，如何确定文件的数据量，从而确定读的循环次数呢？仿照字符串处理方式（串结束符 '\0'），文件中设置了文件结束符 EOF（End of File），它不是常规的 ASCII 码，而是一个值为 -1 的常量，以区别于文件中的字符内容。读文件时通过判断从文件中读入的字符是否为 EOF 来决定循环是否继续。

【练习 12-3】例 12-3 中，为什么在执行 fputc(ch, fp2)前要判断 ch 的值是否等于 EOF？改写例 12-3 的程序，在复制用户信息文件后，再统计被复制文件中字符的数量。

2. 字符串方式文件读写函数 fgets( )和 fputs( )

这两个函数以字符串的方式来对文本文件进行读写。读写文件时一次读取或写入的是字符串。

(1) fputs( )函数

fputs( )用来向指定的文本文件写入一个字符串，调用格式为：

```
fputs(s, fp);
```

其中，s 是要写入的字符串，可以是字符数组名、字符型指针变量或字符串常量，fp 是文件指针。该函数把 s 写入文件时，字符串 s 的结束符 '\0' 不写入文件。若函数执行成功，则函数返回所写的最后一个字符；否则，函数返回 EOF。

(2) fgets( )函数

fgets( )用来从文本文件中读取字符串，调用格式为：

```
fgets(s, n, fp);
```

其中，s 可以是字符数组名或字符指针(指向字符串的指针)，n 是指定读入的字符个数，fp 是文件指针。函数被调用时，最多读取 n-1 个字符，并将读入的字符串存入指针 s 所指向内存地址开始的 n-1 个连续的内存单元中。当函数读取的字符达到指定的个数，或接收到换行符，或接收到文件结束标志 EOF 时，将在读取的字符后面自动添加一个 '\0' 字符；若有换行符，则将换行符保留(换行符在 '\0' 字符之前)；若有 EOF，则不保留 EOF。该函数如果执行成功，返回读取的字符串；如果失败，则返回空指针，这时，s 的内容不确定。

【例 12-4】例 12-2 的 f12-2.txt 文件保存着系统用户信息，编写一个函数 checkUser-Valid( )用于登录系统时校验用户的合法性。检查方法是在程序运行时输入用户名和密码，然后在文件中查找该用户信息，如果用户名和密码在文件中找到，则表示用户合法，返回 1，否则返回 0。程序运行时，输入一个用户名和密码，调用 checkUser Valid( )函数，如果返回 1，则提示 "Valid user!"，否则输出 "Invalid user!"。

源程序

```
/*用户合法性校验*/
#include <stdio.h>
#include <stdlib.h>
#include <string.h>
struct sysuser{                              /*定义系统用户信息结构*/
    char username[20];
    char password[8];
};
void encrypt(char *pwd);
int checkUserValid(struct sysuser *psu);
```

```c
int main(void)
{   struct sysuser su;
    printf("Enter username: "); scanf("%s", su.username);
                                            /*输入待校验的用户名*/
    printf("Enter password: "); scanf("%s", su.password);
                                            /*输入待校验的密码*/
    if(checkUserValid(&su)==1)              /*调用函数进行校验*/
        printf("Valid user!\n");            /*成功则输出Valid user!*/
    else
        printf("Invalid user!\n");          /*失败则输出Invalid user!*/
    return 0;
}
/*加密算法*/
void encrypt(char *pwd)
{
    int i;
    /*与15异或,实现低四位取反,高四位保持不变*/
    for(i=0; i<strlen(pwd); i++)
        pwd[i]=pwd[i]^15;
}

/*校验用户信息的合法性,成功则返回1,否则返回0*/
int checkUserValid(struct sysuser *psu)
{
    FILE *fp;
    char usr[30], usr1[30], pwd[10];
    int check=0;                            /*检查结果变量,初始化为0*/
    /*连接生成待校验字符串*/
    strcpy(usr, psu->username);             /*复制psu->username到usr1*/
    strcpy(pwd, psu->password);             /*复制psu->password到pwd*/
    encrypt(pwd);
    /*连接usr、空格、pwd和\n构成新字符串usr,用于在文件中检查匹配*/
    strcat(usr," "); strcat(usr, pwd); strcat(usr,"\n");
    /*打开文件"f12-2.txt"读入*/
    if((fp=fopen("f12-2.txt","r"))==NULL){
        printf("File open error!\n");
        exit(0);
    }
    /*从文件读入用户信息数据,遍历判断是否存在*/
    while(!feof(fp)){
        fgets(usr1, 30, fp);                /*读入一行用户信息字符串到usr1*/
        if(strcmp(usr, usr1)==0){           /*比较判断usr与usr1是否相同*/
            check=1; break;
```

```c
        }
    }
    /*关闭文件*/
    if(fclose(fp)){
        printf("Can not close the file!\n");
        exit(0);
    }
    return check;
}
```

运行结果 1

> Enter username: *zhangwen*
> Enter password: *zw123*
> Valid user!

运行结果 2

> Enter username: *zhangwen*
> Enter password: *abc 123*
> Invalid user!

在用户信息文件中，每行存储一个用户的信息，格式为"用户名+空格+密码"，视为一个字符串，程序中调用函数 fgets( )读入；并将输入的用户名、空格、加密后的密码和回车也连接为一个字符串，与文件中读出的用户信息进行匹配比较，以校验当前输入用户的合法性。

3. 格式化方式文件读写函数 fscanf( )和 fprintf( )

前面章节学过函数 scanf( )和函数 printf( )，分别用来从键盘上读入和向屏幕上输出数据。fscanf( )用于从文件中按照给定的控制格式读取数据，而 fprintf( )用于按照给定的控制格式向文件中写入数据。如果是读文件，会从文件中按给定的控制格式读取数据保存到变量；若是写文件，则按格式写入数据到文件。函数调用格式为：

    fscanf(文件指针，格式字符串，输入表);
    fprintf(文件指针，格式字符串，输出表);

例如：

```c
FILE *fp; int n;
float x;
fp=fopen("a.txt","r");
fscanf(fp,"%d%f", &n, &x);
```

表示从文件 a.txt 分别读入整型数到变量 n、浮点数到变量 x。

```c
int n; float x; FILE *fp;
fp=fopen("b.txt","w");
fprintf(fp,"%d%f", n, x);
```

表示把变量 n 和 x 的数值写入文件 b.txt。

也许读者已经注意到文件 a.txt 和 b.txt 是以文本方式打开的，但读写操作的数据并不是字符类型，变量 n 和 x 的数据在内存中是以二进制形式存储的。两者间的不一致由系统自动处理。文本文件本身存储的是字符，当使用 fscanf( ) 进行输入时，系统会自动根据规定的格式，把输入的代表数值的字符串转换成数值。同样使用 fprintf( ) 输出，系统会自动根据规定的格式，把输出的二进制数值转换成字符串写到文件中。文件中数据之间的分隔符由读写格式决定，可以是空格也可以是逗号，其意义与函数 scanf( ) 和 printf( ) 相同。

关于这两个函数的应用实例，可参考例 12-1 和例 12-2。

*4. 数据块方式文件读写函数 fread( ) 和 fwrite( )

fread( ) 和 fwrite( ) 用于读写数据块（指定字节数量），可用来读写一组数据，如一个数组元素、一个结构变量的值等。这两个函数多用于读写二进制文件。二进制文件中的数据流是非字符的，它包含的是数据在计算机内部的二进制形式。如表 12.1，C 程序对二进制文件的处理程序与文本文件相似，只在文件打开的方式上有所不同，分别用 "rb"、"wb" 和 "ab" 表示二进制文件的读、写和添加。

函数 fread( ) 用于从二进制文件中读入一个数据块到变量。函数 fwrite( ) 用于向二进制文件中写入一个数据块。这两个函数的调用格式为：

```
fread(buffer, size, count, fp);
fwrite(buffer, size, count, fp);
```

其中 buffer 是一个指针，在函数 fread( ) 中，它表示存放输入数据的首地址；在函数 fwrite( ) 中，它表示存放输出数据的首地址。size 表示数据块的字节数。count 表示要读写的数据块数。fp 表示文件指针。

例如：

```
fread(fa, 4, 5, fp);
```

其意义是从 fp 所指的文件中，每次读 4 个字节（一个实数）送入实数组 fa 中，连续读 5 次，即读 5 个实数到 fa 中。

有一点需要注意，程序中用于输入的二进制文件无法用 "记事本" 等工具建立，它一般是其他程序或软件的处理结果。同样，作为程序结果的二进制文件也无法用 "记事本" 等工具查看。

二进制文件的读写效率比文本文件要高，因为它不必把数据与字符做转换。另外，二进制文件更安全，例 12-2 中的用户信息文件是文本文件，用户用 "记事本" 可以直接查看，这不利于安全性。

【例 12-5】编程实现以二进制方式读写用户信息文件 f12-5.dat，将 5 位用户信息（用户名和密码，密码要求经过例 12-2 的 encrypt( ) 函数加密）写入文件，然后读出所有用户信息并显示到屏幕。

源程序

```
#include <stdio.h>
#include <string.h>
#include <stdlib.h>
```

```c
#define SIZE 5                    /* 用户个数 */
struct sysuser{                   /* 用户信息结构 */
    char username[20];
    char password[8];
};
void encrypt(char *pwd);
int main(void)
{
    FILE *fp;      /* 1.定义文件指针 */
    int i;
    struct sysuser u[SIZE], su[SIZE], *pu=u, *psu=su;

    /* 2.打开文件，建立二进制文件进行读/写方式 */
    if((fp=fopen("f12-5.dat","wb+"))==NULL){
        printf("File open error!\n");
        exit(0);
    }
    /* 3.输入 SIZE 个用户信息，并对密码加密，保存到结构数组 u */
    for(i=0; i<SIZE; i++, pu++){
        printf("Enter %d th sysuser(name password):", i);
        scanf("%s%s", pu->username, pu->password);  /* 输入用户名和密码 */
        encrypt(pu->password);         /* 调用加密算法对密码进行加密处理 */
    }
    pu=u;
    fwrite(pu, sizeof(struct sysuser), SIZE, fp);  /* 写入二进制文件 */
    rewind(fp);                              /* 将指针重新定位到文件首 */
    fread(psu, sizeof(struct sysuser), SIZE, fp);
                         /* 读取 SIZE 条数据到 psu 指向的结构数组 */
    for(i=0; i<SIZE; i++, psu++)
        printf("%-10s%s\n", psu->username, psu->password);
    /* 关闭文件 */
    if(fclose(fp)){
        printf("Can not close the file!\n");
        exit(0);
    }
    return 0;
}
/* 加密函数，对 pwd 进行加密处理 */
void encrypt(char *pwd)
{   int i;
    /* 与 15 异或，实现低四位取反，高四位保持不变 */
    for(i=0; i<strlen(pwd); i++)
        pwd[i]=pwd[i]^15;
}
```

运行结果

```
Enter 0 th sysuser(name password): zhangsan zs123
Enter 1 th sysuser(name password): wangxiao wx123
Enter 2 th sysuser(name password): liusi ls123
Enter 3 th sysuser(name password): minggo mg123
Enter 4 th sysuser(name password): wengtao wt123
zhangsan    u|>=<
wangxiao    xw>=<
liusi       c|>=<
minggo      bh>=<
wengtao     x|>=<
```

程序中定义了一个结构类型 struct sysuser，定义了两个结构数组 u 和 su 以及两个结构指针变量 pu 和 psu。pu 指向 u，psu 指向 su。程序中的 fopen( )语句以读写方式打开二进制文件 f12-5.dat，输入 SIZE 个用户信息数据之后，写入该文件中，然后把文件内部位置指针重新定位移动到文件首，读入 SIZE 块用户信息数据后，在屏幕上显示。rewind( )函数用来重新定位文件指针到文件首。

12.2.4 其他相关函数

在文件读写的整个过程中，每一次成功的操作都将改变文件指针的位置，依次完成文件数据的访问与处理。除了基本的文件读写函数外，C 语言标准库中也提供了一系列与文件指针的位置和状态有关的函数，其中与文件定位有关的函数主要有：rewind( )、fseek( )和 ftell( )；检测文件指针状态的函数主要有：feof( )、ferror( )和 clearerr( )。

（1）重定位文件首函数 rewind( )

定位文件读写位置指针，使其指向读写文件的首地址，即打开文件时文件读写位置指针所指向的位置。当访问某个文件，进行了文件读写，使指针指向了文件中间或末尾，又想回到文件的首地址重新进行读写时，可使用该函数。其调用格式为：

```
rewind( FILE *fp );
```

fp 是文件指针，指向所打开的文件。

（2）指针移动控制函数 fseek( )

fseek( )是 C 语言用来控制指针移动的函数。函数的调用格式为：

```
fseek(fp, offset, from);
```

其中，fp 是文件指针，offset 表示移动偏移量，它应是 long 型数据，使用常量时，应加上后缀"L"；offset 可为负值，表示按相反方向计算偏移量，即为正时表示从当前位置向后计算，为负时从当前位置向前计算。from 表示从哪个位置开始计算偏移量，位置可取 3 种值：文件首部、当前位置和文件尾部，实际表示时分别对应值 0、1、2，或常量 SEEK_SET、SEEK_CUR、SEEK_END。

例如：

```
fseek(fp, 20L, 0);
```

表示将文件位置指针移动到离文件首 20 字节处。fseek(fp, -20L, SEEK_END)表示将文件位置指针移动到离文件尾部前 20 字节处。

(3) 获取指针当前位置函数 ftell()

ftell()函数用来获取当前文件读写位置指针的位置，即相对于文件开头的位移量(字节数)。调用形式为：

```
ftell(文件指针);
```

文件指针是已经定义过的。此函数出错时，返回-1L。

(4) 文件末尾检测函数 feof()

用于判断 fp 指针是否已经到文件末尾，即读文件是否读到了文件结束的位置。其调用格式为：

```
feof(fp);
```

该函数成功返回 1 表示已经到了文件结束位置，0 表示文件未结束。

例 12-3 和例 12-4 中，!feof(fp1)作为循环条件，用于判断文件是否已经结束。

(5) 读写错误检查函数 ferror()

ferror()函数用来检查文件在用各种输入输出函数进行读写时是否出错，若返回值为 0，表示未出错，否则表示有错。调用格式为：

```
ferror(文件指针);
```

其中文件指针必须是已经定义过的。

(6) 出错标记清除函数 clearerr()

clearerr()函数用来清除出错标志和文件结束标志，使它们为 0 值。调用格式为：

```
clearer(文件指针);
```

其中文件指针必须是已经定义过的。

【练习 12-4】字母转换并统计行数：读取一个指定的文本文件，显示在屏幕上，如果有大写字母，则改成小写字母再输出，并根据回车符统计行数。试编写相应程序。

【练习 12-5】写字符并验证：从键盘输入一行字符，写入到文件 f3.txt 中，并重新读出，最终在屏幕上显示验证。程序输入以读到回车符"\n"为结束，读文件时要用 EOF 来控制循环。试编写相应程序。

【练习 12-6】实数取整写入文件：文件 f1.txt 中有若干个实数，请分别读出，将每个实数按四舍五入取整后存入文件 f2.txt 中。试编写相应程序。

12.3 文件综合应用：资金账户管理

12.3.1 顺序文件和随机文件

按照 C 程序对文件访问的特点来分，文件可分为顺序访问文件和随机访问文件，分别简称为顺序文件和随机文件。前面介绍的所有例子都是顺序访问，通过使用函数 fprintf()或 fputs()创建的数据记录长度并不是完全一致的，这种记录长度不确定的文件访问称为顺序访问。而随机访问文件要求文件中单个记录的长度固定，可直接访问，这样速度快，并且无需通过其他记录即可查找特定记录。因此随机文件适合银行系统、航空售票系统、销售点系统和其他需要快速访问特定数据的事务处理系统。

随机访问文件中的每条记录通常具有相同的长度，可以调用一个用记录关键字做参数的函数计算出某个记录相对于文件开头的位置，这对于直接访问特定的记录很有帮助。

下面将通过一个综合例子来理解随机文件的应用。

12.3.2 个人资金账户管理

每个人都可以有自己的资金账户，买东西时会花费资金，这是支出，获得奖学金、父母寄的生活费、压岁钱或打工赚的钱等，这是收入。资金账户中的资金会不断变化，需要对其进行管理。下面介绍一个资金账户管理程序，用来记录每次的收支及最终余额信息，并提供查询功能。

【例 12-6】编程实现资金账户的管理，具体要求如下。

（1）资金账户的信息统一放在随机文件中，该随机文件的数据项包括：记录 ID、发生日期、发生事件、发生金额（正的表示收入，负的表示支出）和余额。每发生一笔收支，文件要增加一条记录，并计算一次余额。

（2）程序实现 3 个功能，包括：① 创建资金账户文件并添加收入或支出记录；② 输出所有记录，显示资金账户的明细收支流水信息；③ 查询最后一条记录，获知账户余额。账户文件命名为 cashbox.dat，文件的部分内容如下：

LogID	CreateDate	Note	Charge	Balance
1	2006-06-01	allowance	500.00	500.00
2	2006-06-08	shopping	-300.00	200.00
3	2006-06-15	shopping	-60.00	140.00
4	2006-06-20	workingpay	200.00	340.00
5	2006-08-01	scholarship	1 000.00	1 340.00
……				

源程序

```
/*cashbox.dat 是随机文件，记录资金账户消费流水信息*/
/*程序的功能：添加新流水记录，查询资金账户最后余额*/
#include "stdio.h"
#include "stdlib.h"
#include "process.h"
long size;                          /*用来保存 sizeof(struct LogData)*/
struct LogData{                     /*记录的结构*/
    long logid;                     /*记录 ID*/
    char logdate[11];               /*记录发生日期*/
```

```c
    char lognote[15];           /* 记录事件说明 */
    double charge;              /* 发生费用：正表示收入，负表示支出 */
    double balance;             /* 余额 */
};

int inputchoice()               /* 选择操作参数 */
{
    int mychoice;
    printf("\nEnter your choice:\n");
    printf("1-Add a new cash LOG.\n2-List All Cash LOG.\n");
    printf("3-Query Last Cash LOG.\n0-End program.\n");
    scanf("%d", &mychoice);
    return mychoice;
}


long getLogcount(FILE *cfptr)   /* 获取文件记录总数 */
{
    long begin, end, logcount;
    fseek(cfptr, 0L, SEEK_SET);
    begin = ftell(cfptr);
    fseek(cfptr, size, SEEK_END);
    end = ftell(cfptr);
    logcount = (end-begin)/size;
    return logcount;
}


void ListAllLog(FILE *cfptr)    /* 列出所有收支流水记录 */
{
    struct LogData log;
    fseek(cfptr, 0L, SEEK_SET);     /* 定位指针到文件开始位置 */
    fread(&log, size, 1, cfptr);
    printf("logid   logdate lognote charge balance\n");
    while(!feof(cfptr)){
        printf("%6ld %-11s %-15s %10.2lf %10.2lf\n",
            log.logid, log.logdate, log.lognote, log.charge, log.balance);
        fread(&log, size, 1, cfptr);
    }
}


void QueryLastLog(FILE *cfptr)  /* 查询显示最后一条记录 */
{
    struct LogData log;
    long logcount;
    logcount = getLogcount(cfptr);
    if(logcount>0)                  /* 表示有记录存在 */
```

```c
    }
        fseek(cfptr, size*(logcount-1), SEEK_SET);       /*定位最后记录*/
        fread(&log, size, 1, cfptr);                     /*读取最后记录*/
        printf("The last log is:\n");
        printf("logid:%-6ld\nlogdate:%-11s \nlognote:%-15s \n",
             log.logid, log.logdate, log.lognote);
        printf("charge:%-10.2lf\nbalance:%-10.2lf\n",
             log.charge, log.balance);                   /*显示最后记录内容*/
    }
    else  printf("no logs in file!\n");
}


void AddNewLog(FILE *cfptr)                              /*添加新记录*/
{
    struct LogData log, lastlog;
    long logcount;
    printf("Input logdate(format: 2006-01-01):");
    scanf("%s", log.logdate);
    printf("Input lognote:"); scanf("%s", log.lognote);
    printf("Input Charge: Income+and expend-:");
    scanf("%lf", &log.charge);
    logcount=getLogcount(cfptr);                         /*获取记录数*/

    if(logcount>0){
        fseek(cfptr, size*(logcount-1), SEEK_SET);
        fread(&lastlog, size, 1, cfptr);                 /*读入最后记录*/
        log.logid=lastlog.logid+1;          /*记录号按顺序是上次的号+1*/
        log.balance=log.charge+lastlog.balance;
    }
    else{                              /*如果文件是初始状态,记录数为0*/
        log.logid=1;
        log.balance=log.charge;
    }
    rewind(cfptr);
    printf("logid=%ld\n", log.logid);
    fwrite(&log, sizeof(struct LogData), 1, cfptr);      /*写入记录*/
}

int main(void)
{
    FILE *fp; int choice;

    if((fp=fopen("cashbox.dat", openmode))==NULL){
```

```
            printf("can not open file cashbox.dat!\n");
            exit(0);
    }
    size=sizeof(struct LogData);
    while((choice=inputchoice())!=0){
        switch(choice){
            case 1:                          /*添加新记录*/
                AddNewLog(fp); break;
            case 2:                          /*列出所有收支流水记录*/
                ListAllLog(fp); break;
            case 3:                          /*查询最后的余额*/
                QueryLastLog(fp); break;
            default:
                printf("Input Error."); break;
        }
    }

    if(fclose(fp)){
        printf("Can not close the file!\n");
        exit(0);
    }


    return 0;
}
```

【练习 12-7】修改例 12-6，增加修改资金账户的功能。输入一个记录 ID，如果文件中已存在该记录，则输入新的记录信息并更新资金账户文件中相应记录的信息。要求定义和调用函数 UpdateLog( )，其功能是修改资金账户记录。

习题 12

一、选择题

1. 以下语句的输出结果是_____。

   `printf("%d,%d,%d", NULL, '\0', EOF);`

   A. 0, 0, -1　　　　B. 0, 0, -1　　　C. NULL,　, EOF　　　D. 1, 0, EOF

2. 缓冲文件系统的文件缓冲区位于_____。

   A. 磁盘缓冲区中　　　　　　B. 磁盘文件中
   C. 内存数据区中　　　　　　D. 程序文件中

3. 定义 FILE *fp; 则文件指针 fp 指向的是_____。

A. 文件在磁盘上的读写位置　　　　B. 文件在缓冲区上的读写位置
C. 整个磁盘文件　　　　　　　　　D. 文件类型结构

4. 若以"a+"方式打开一个已存在的文件，则以下叙述正确的是_____。
   A. 文件打开时，原有文件内容不被删除，位置指针移到文件末尾，可执行添加和读操作
   B. 文件打开时，原有文件内容不被删除，位置指针移到文件开头，可执行重写和读操作
   C. 文件打开时，原有文件内容被删除，只可执行写操作
   D. 以上各种说法都不正确

5. 以下可作为函数 fopen( ) 中第一个参数的正确格式是_____。
   A. c：\user\text.txt　　　　　　B. c:\user\text.txt
   C. "c:\user\text.txt"　　　　　　D. "c:\\user\\text.txt"

二、填空题

1. 文件的三大特征是_____、数据长度不定和数据按顺序存取。
2. 根据数据存储的编码形式，C 语言中处理的数据文件通常为_____文件和_____文件两种。
3. 判断文件指针是否已经到了文件尾部的函数是_____。
4. 统计文本文件的字符数量。统计文本文件"letter.txt"中字符的个数。请填空。

```
#include <stdio.h>
int main(void)
{
    FILE *fp;
    int count = 0;
    fp = fopen("letter.txt", _____);
    while(!feof(fp)){
        _____;
        count++;
    }
    printf("count=%d\n", count);
    fclose(fp);
    return 0;
}
```

5. 以下程序段实现的功能是_____。

```
char infile[10], outfile[10];
FILE *fpa, *fpb;
gets(infile);
gets(outfile);
fpa = fopen(infile,"r");
fpb = fopen(outfile,"w");
while(!feof(fpa)){
```

```
            fputc(fgetc(fpa), fpb);
    }
    fclose(fpa);
    fclose(fpb);
```

三、程序设计题

1. 统计文本文件中各类字符个数：分别统计一个文本文件中字母、数字及其他字符的个数。试编写相应程序。

2. 将实数写入文件：从键盘输入若干实数（以特殊数值-1结束），分别写到一个文本文件中。试编写相应程序。

3. 比较两个文本文件是否相等：比较两个文本文件的内容是否相同，并输出两个文件中第一次出现不同字符内容的行号及列值。试编写相应程序。

4. 将文件中的数据求和并写入文本文件尾：文件 Int_Data.dat 中存放了若干整数，将文件中所有数据相加，并把累加和写入该文件的最后。试编写相应程序。

5. 输出含 for 的行：将文本文件 test.txt 中所有包含字符串"for"的行输出。试编写相应程序。

6. 删除文件中的注释：将 C 语言源程序(hello.c)文件中的所有注释去掉后存入另一个文件(new_hello.c)。试编写相应程序。

7. （选做）账户余额管理：创建一个随机文件，用来存储银行账户和余额信息，程序要求能够查询某个账户的余额，当客户发生交易额时（正表示存入，负表示取出）能够更新余额。账户信息包括账号、账号名和余额三个数据项。试编写相应程序。

文件部分内容如下：

AcctNo	AcctName	Balance
1	zhangsan	1 000.00
2	lisi	1 300.00
3	wangwu	-100.00
……		

附录A C语言基本语法

附录A分类描述了C语言语法方面的主要特性,以备读者速查。

1. 关键字
C语言中总共有32个关键字:

auto	break	case	char	const
continue	default	do	double	else
enum	extern	float	for	goto
if	int	long	register	return
short	signed	sizeof	static	struct
switch	typedef	union	unsigned	void
volatile	while			

2. 标识符
C语言的标识符由字母、数字和下划线组成,其中第一个字符必须是字母或下划线。例如,_name是一个合法的标识符,而left&right就是非法的。

在C语言中,标识符中英文字母的大小写是有区别的,例如,sum和Sum是不同的标识符。

3. 常量
常量是程序里直接写出的数据,包括各种整数、浮点数、字符和字符串。

(1) 整数常量

整数常量由一串数字组成,数字前面可以有表示正的符号+或负的符号-。

① 如果第一个数字是0,那么该常量被看作八进制数,所有的数字都应该属于0~7。

② 如果是以0x(或者0X)开头,该常量被看做十六进制数,所有的数字应该属于0~9和a~f(或者A~F)。

③ 如果在常量后面加上符号l或者L,那么该常量被当做long int类型。

④ 如果在常量后面加上符号u或者U,那么该常量被当作一个unsigned int类型。

(2) 浮点数常量

浮点数由一组数字、一个小数点和另外一组数字组成,前面可以有表示正负的符号。

如果在浮点常数后面跟上字母e或者E,然后再跟上一个有符号的整数,那么该浮点数常量采用的是科学计数法。该浮点常量的值是10的指数部分(整数)次方再乘以前面的小数部分。例如,1.5e-2代表1.5×0.01。

(3) 字符常量

字符常量指单个字符,用一对单引号及其所括起的字符来表示。例如:'A'、'a'、'9'、'$'是字符常量。

一些特殊字符的表示可以通过转义符"\"来实现。常见特殊字符见表 A.1。

表 A.1 常见特殊字符及其含义

字　符	含　义
\a	声音警铃
\b	退格
\f	表单
\n	换行
\r	回车
\t	水平制表
\v	垂直制表
\\	反斜线
\"	双引号
\'	单引号
\?	问号

（4）字符串常量

字符串常量由一对双引号括起来的 0 个或者多个字符序列组成。双引号中可以包含任何字符，包括前面列出的转义字符。编译器自动在字符串后面加上结束的空字符 '\0'。

如果将字符串常量用作 sizeof 操作符的参数、& 操作符的参数或者用于初始化字符数组，该常量被当做字符数组类型。

引用字符串常量时将返回一个指向该字符序列第一个字符的指针。

程序中不能修改字符串常量。

4. 运算符与表达式

（1）运算符的优先级及结合方式

运算符的优先级及结合方式见表 A.2。

表 A.2 运算符的优先级及结合方式

优先级	运　算　符	名　称	特　征	结合方向
1	() [ ] -> .	圆括号 下标 指针引用结构体成员 取结构体变量成员	初等运算符	从左到右
2	! ~ + -	逻辑非 按位取反 正号 负号	单目运算 （只有一个操作数）	从右到左

续表

优先级	运算符	名称	特征	结合方向
2	（类型名） * & ++ -- sizeof	类型强制转换 取指针内容 取地址 自增 自减 长度运算符	单目运算 （只有一个操作数）	从右到左
3	* / %	相乘 相除 取两整数相除的余数	算术运算	从左到右
4	+ -	相加 相减		
5	<< >>	左移 右移	移位运算	
6	> < >= <=	大于 小于 大于或等于 小于或等于	关系运算	从左到右
7	== !=	等于 不等于		
8	&	按位"与"	位逻辑运算	从左到右
9	^	按位"异或"		
10	|	按位"或"		
11	&&	逻辑"与"	逻辑运算	
12	||	逻辑"或"		
13	?:	条件运算	三目运算	从右到左
14	= += -= *= /= %= &= ^= |= >>= <<=	赋值运算		从右到左
15	,	逗号运算		从左到右

说明：

① 优先级 1 最高，优先级 15 最低。运算时，运算符优先级高的运算先执行。

② 运算符的优先级可以根据表中的"特征"列按大类记忆。

（2）算术表达式

如果 a、b 是除了 void 类型外的任何基本数据类型，i、j 是整数数据类型，那么：

① -a：a 的负数。

② +a：a。

③ a+b：a 与 b 的和。

④ a-b：a 与 b 的差。

⑤ a*b：a 与 b 的乘积。

⑥ a/b：a 除以 b 的值。

⑦ i%j：i 除以 j 所得到的余数。

在每一个表达式中，运算时都要对操作数进行算术转换。

如果除法的两个操作数都是整数，那么所得的结果将被取整。如果两个操作数中有一个是负数，那么取整的方向是不确定的（比如-3/2，在某些计算机上可能得到-1，在某些计算机上可能得到-2）。

（3）自增和自减表达式

如果 v 是一个可修改的变量，那么：

① ++v：先把 v 的值加 1，然后将 v 的值作为表达式的值。

② v++：先把 v 的值作为表达式的值，然后将 v 的值加 1。

③ --v：先把 v 的值减 1，然后将 v 的值作为表达式的值。

④ v--：先把 v 的值作为表达式的值，然后将 v 的值减 1。

（4）逻辑表达式

如果 a、b 是除了 void 类型外的任何基本数据类型，或者两者都是指针类型，那么：

① a && b：当 a 和 b 的值都不是 0 时结果为 1，否则结果为 0（只有 a 不等于 0 时才对 b 求值）。

② a ‖ b：当 a 和 b 中有一个不为 0 时结果为 1，否则结果为 0（只有 a 等于 0 时才对 b 求值）。

③ !a：当 a 等于 0 时结果为 1，否则结果为 0。

（5）关系表达式

如果 a、b 是除了 void 类型外的任何基本数据类型，或者两者都是指针类型，那么：

① a<b：当 a 小于 b 时结果为 1，否则结果为 0。

② a<=b：当 a 小于等于 b 时结果为 1，否则结果为 0。

③ a>b：当 a 大于 b 时结果为 1，否则结果为 0。

④ a>=b：当 a 大于等于 b 时结果为 1，否则结果为 0。

⑤ a==b：当 a 等于 b 时结果为 1，否则结果为 0。

⑥ a!=b：当 a 不等于 b 时结果为 1，否则结果为 0。

如果 a 和 b 都是指针，那么只有当 a 和 b 指向同一个数组或者同一个结构或联合的成员时，这些操作才有意义。

（6）字位表达式

如果 i、j、n 都是整型表达式，那么：

① i&j：i 和 j 执行按位与操作。

② i｜j：i 和 j 执行按位或操作。

③ i^j：i 和 j 执行按位异或操作。

④ ~i：i 的补数。

⑤ i<<n：i 左移 n 位。

⑥ i>>n：i 右移 n 位。

(7) 强制类型转换表达式

如果 type 是一种数据类型，a 是一个表达式，那么：

(type)a：将 a 转换为指定的类型。

(8) 逗号表达式

如果 a 和 b 分别是两个表达式，那么：

a, b：表示编译器先对 a 求值，然后再对 b 求值，整个表达式的结果和类型等于表达式 b 的结果和类型。

(9) 赋值表达式

如果 v 是一个可以修改的变量，op 是一个有对应赋值操作符的操作符，a 是一个表达式，那么：

① v=a：表示把 a 的值保存到 v 中。

② v op=a：表示把 op 代表的操作作用于 v 和 a，然后将结果保存在 v 中，相当于 v= v op a。

(10) 条件表达式

如果 a、b、c 是表达式，那么：

a? b: c 表示当 a 的值不为 0 的时候，表达式等于 b，否则的话等于 c。

注意：整个过程只对 b 或者 c 中的一个求值。

(11) sizeof 运算符

如果 type 是一种数据类型，a 是一个表达式，那么：

① sizeof(type)：表达式的值等于容纳指定数据类型的值所需要的内存字节数。

② sizeof(a)：表达式的值等于保存表达式 a 的结果所需要的内存字节数。

(12) 数组的基本操作

如果 a 为含有 n 个元素的数组；i 为整型数的表达式；v 为表达式；那么：

① a[0]：数组 a 的第一个元素。

② a[n-1]：数组 a 的最后一个元素。

③ a[i]：数据 a 的第 i+1 个元素（第 i 号元素）。

④ a[i]=v：把表达式 v 的结果值保存到 a[i]中。

上面表达式的类型要等于数据 a 中所保存元素的类型。

(13) 结构的基本操作

如果：

① x：是一个可以修改的变量，其类型为 struct s。

② y：是一个类型为 struct s 的表达式。

③ m：是类型 struct s 的一个成员变量的名字。

④ v：是一个表达式。

那么：

① x：引用整个结构，其类型为 struct s。

② y.m：引用结构变量 y 的成员变量 m，其类型为 m 的类型。
③ x.m=v：将表达式 v 的值保存到结构变量 x 的成员变量 m 中，其类型为 m 的类型。
④ x=y：将 y 的值赋给 x，结果的类型为 struct s。
⑤ f(y)：调用函数 f() 并将结构变量 y 的内容作为参数传递给该函数。在函数 f() 内部，形式参数的类型必须是 struct s。
⑥ return y：返回结构变量 y 的内容，函数的返回值必须被声明为 struct s 类型。
（14）指针的基本操作
如果：
① x：是一个类型为 t 的变量。
② pt：是一个指向 t 类型变量的指针变量。
③ v：是一个表达式。
那么：
① &x：生成一个指向 x 的指针，表达式的类型为指向 t 的指针。
② pt=&x：使得指针 pt 指向 x，表达式的类型为指向 t 类型变量的指针。
③ pt=NULL：将指针 pt 设置为空指针（也可以用 0 表示空）。
④ pt= =NULL：判断 pt 是否为空指针。
⑤ *pt：取得指针 pt 指向的值，表达式的类型为 t。
⑥ *pt=v：将表达式 v 的值保存在 pt 所指向的位置中，表达式的类型为 t。
（15）指向数组的指针
如果：
① a：是一个数组，其元素类型为 t。
② pa1：是一个指向 t 的指针变量，指向数组 a 中的某个元素。
③ pa2：是一个指向 t 的指针变量。
④ v：是一个表达式。
⑤ n：是一个整型表达式。
那么：
① a，&a[0]：产生一个指向数组第一个元素的指针。
② &a[n]：产生一个指向数组第 n 号元素的指针，类型为指向 t 的指针。
③ *pa1：引用 pa1 指向的元素，类型为 t。
④ *pa1=v：将表达式 v 的值保存在 pa1 指向的位置，表达式的类型为 t。
⑤ ++pa1：将 pa1 指向数组 a 的下一个元素，表达式类型为指向 t 的指针。
⑥ --pa1：将 pa1 指向数组 a 的前一个元素，表达式类型为指向 t 的指针。
⑦ *++pa1：将 pa1 指向数组 a 的下一个元素，然后引用该元素，表达式的类型为 t。
⑧ *pa1++：引用 pt 所指向的元素，表达式的类型为 t；然后将 pa1 指向数组 a 的下一个元素。
⑨ pa1+n：生成一个指针，该指针指向数组 a 中 pa1 所指向元素后面的第 n 个元素。
⑩ pa1-n：生成一个指针，该指针指向数组 a 中 pa1 所指向元素前面的第 n 个元素。
⑪ *(pa1+n)=v：将表达式 v 的值保存在 pa1+n 所指向的位置，表达式的类型为 t。
⑫ pa1<pa2：判断 pa1 指向的元素在数组中的位置是否在 pa2 所指的元素的前面，表

达式的类型为整数(所有的关系操作符都可以用于指针比较)。

⑬ pa2-pa1：数组 a 中 pa1 所指向的元素和 pa2 所指向的元素之间的元素个数(假设 pa2 所指向的元素在 pa1 后面)，表达式的类型为整数。

⑭ a+n：生成一个指针指向数组 a 的第 n 号元素，表达式的类型为指向 t 的指针，该表达式与 &a[n]完全等价。

⑮ *(a+n)：获取数组 a 的第 n 号元素的值，表达式的类型为 t，该表达式与 a[n]等价。

(16) 指向结构的指针

如果：

① x：是类型 struct s 的一个变量。

② ps：是一个其类型为指向 struct s 的指针变量。

③ m：是类型 struct s 的成员变量，其类型为 t。

④ v：是一个表达式。

那么：

① &x：产生一个指向 x 的指针，该指针的类型为"指向 struct s 的指针"。

② ps=&x：将指针 ps 指向 x，表达式的类型为"指向 struct s 的指针"。

③ ps->m：引用 ps 所指向的结构的成员变量 m，表达式的类型为 t。

④ (*ps).m：同样引用 ps 所指向的结构的成员变量 m，与 ps->m 完全等价。

⑤ ps->m=v：将表达式 v 的值保存在 ps 所指向的结构的成员变量 m 中，表达式的类型为 t。

5. 语句

(1) 空语句

空语句的一般形式如下：

　　；

空语句的执行不会产生任何效果。空语句通常被用作为 for、do、while 语句的一个组成部分用以满足 C 语言的语法要求。

(2) 注释语句

在程序中有两种插入注释的方法。

注释一行的一般形式如下：

　　//注释内容

使用//可以用来开始一个单行注释，在该行上所有位于//后面的字符都将被编译器忽略。

注释多行的一般形式如下：

　　/*
　　　　注释内容
　　*/

多行注释以"/*"开始，"*/"结束。在"/*"和"*/"之间可以放任何内容，这些内容可以跨越多行。

多行注释不允许嵌套使用。也就是说，即使前面有多个"/*"，第一个遇到的"*/"就表示注释结束了。

在程序中任何可以插入空白的地方都可以插入注释。

（3）复合语句

复合语句的一般形式如下：

```
{
    语句1;
    语句2;
     ...
    语句n;
}
```

包含在一对大括号之间的一组语句被称为一条复合语句。在程序中任何可以使用单条语句的地方都可以使用复合语句。

在复合语句内可以定义局部变量，该局部变量将覆盖在该复合语句外定义的同名变量。这些局部变量的作用域限制在定义它们的复合语句的内部。

（4）表达式语句

参见"4. 运算符与表达式"。

（5）控制语句

参见"6. 基本控制结构"。

（6）函数调用语句

参见"8. 函数定义、调用和原型"。

6. 基本控制结构

下面列出 C 语言的各种控制结构，并给出简短的解释。

（1）break 语句

break 语句的一般形式如下：

```
break;
```

break 语句只能用于 for、while、do 或者 switch 语句内部，在遇到 break 语句之后，这些语句将立即结束执行，计算机将接着执行这些语句后面的语句。

（2）continue 语句

continue 语句的一般形式如下：

```
continue;
```

continue 语句只能用于循环语句内部。当遇到 continue 语句之后，循环体中 continue 语句后面的语句将被跳过，计算机将接着开始执行下一次循环。

（3）goto 语句

goto 语句的一般形式如下：

```
goto   标号;
```

执行 goto 语句将使得程序的执行流程直接转到标号对应的那条语句。该标号的语句必须和 goto 语句位于同一个函数中。

一般不提倡使用 goto 语句。

（4）return 语句

return 语句的一种常见形式如下：

```
return;
```

执行 return 语句将使得程序的执行流程立刻回到调用者。这种形式的 return 语句只能用在那些无返回值的函数中。

return 语句的第二种常见形式如下：

```
return 表达式;
```

这个语句将表达式的值作为函数返回值返回给调用者。

如果计算机执行到函数的最后一条语句，但是还没有遇到 return 语句，执行流程仍将返回调用者，就好像已经执行了 return 语句一样。在这种情况下，函数将不返回值。

（5）if 语句

if 语句的一种常见形式如下：

```
if(表达式)
    语句 1;
```

如果表达式的值不为 0，那么语句 1 将被执行，否则的话该语句将被跳过。

另一种 if 语句的常用形式如下：

```
if(表达式)
    语句 1;
else
    语句 2;
```

首先对表达式求值，若得到的值非 0 就执行语句 1 部分；若得到的值为 0，则执行语句 2。如果语句 2 本身也是一个 if 语句，那么实际上就组成了一个 if-else-if 语句链，如下所示：

```
if(表达式 1)
    语句 1;
else if(表达式 2)
    语句 2;
    ...
else
    语句 n;
```

在这种情况下，else 子句总和最后一个没有 else 子句的 if 语句配对。利用大括号可以改变这种关联性。

（6）while 语句

while 语句的一种形式是：

```
while(表达式)
```

循环体语句；

只要表达式的值不等于 0，那么计算机将一直执行循环体语句。因为表达式的求值在循环体执行前进行，因此可能一次也不执行语句。

while 语句的另外一种形式是：

```
do{
    循环体语句；
}while(表达式)
```

在这种形式下，如果表达式的值不为 0，那么计算机将不断地执行循环体语句。因为表达式在循环体执行后才被求值，所以采用 do-while 语句时循环体至少会执行一次。

（7）for 语句

for 语句的一般形式如下：

```
for(初值表达式；条件表达式；步长表达式)
    循环体语句；
```

在循环开始执行的时候将对初值表达式求值；接下来，将对条件表达式求值，如果求值结果不为 0，那么计算机将执行循环体语句，然后对步长表达式求值。只要条件表达式的结果不为 0，那么计算机将一直执行循环体语句并对步长表达式求值。需要注意的是，因为条件表达式的求值在循环体语句的执行之前，因此如果一开始条件表达式的值就是 0 的话，计算机将一次也不执行循环体。

for 语句的初值表达式中可以声明只在该循环内部起作用的局部变量。如下例：

```
for( int i = 0; i<100; i++)
    …
```

上面的语句申明了整型变量 i，并在开始循环的时候将其初始化为 0。循环内的任何语句都可以访问该变量，但是在循环结束后，该变量将不可访问。

（8）switch 语句

switch 语句的一般形式如下：

```
switch(条件表达式){
    case 常量表达式 1：语句段 1；break；
    case 常量表达式 2：语句段 2；break；
        …
    case 常量表达式 n：语句段 n；break；
    default：        语句段 n+1；break；
}
```

计算机将首先对条件表达式求值，然后将结果与 case 语句后面的常量表达式 1、常量表达式 2……常量表达式 n 进行比较。如果该表达式的值与某个常量表达式相匹配，计算机将执行该 case 语句后面的语句。如果一个都不匹配，计算机将执行 default 语句后面的语句。如果没有 default 语句，那么计算机将不执行 switch 语句中的任何语句。

常量表达式的类型必须是整型，而且任意两个 case 语句中的常量表达式值不应该相等。如果在某个 case 语句后面没有 break 语句的话,那么计算机将接着执行下面 case 语句中的语句。

7. 变量定义与声明

(1)声明

当处理结构、联合、枚举数据类型定义和 typedef 语句的时候,编译程序并不分配任何存储空间。这些语句只是告诉编译程序要定义某个特定类型的结构,并给该结构命名。这些数据类型既可以在函数内部定义,也可以在函数外部定义。如果是前者,那么该类型只在函数内部起作用;如果是后者,那么该类型在整个编译单元中都起作用。

当声明了某个数据类型之后,可以声明该数据类型的变量。声明某个数据类型的变量将使得编译程序为该变量分配内存空间(如果所声明的变量是一个外部变量,则编译程序将根据具体情况决定是否为其分配内存空间)。

在定义某个结构、联合或者枚举类型数据类型时,如果在结尾的分号前面列出变量的名字,那么编译程序也将为这些变量分配内存空间。

(2)简单变量定义及初始化

表 A.3 列出了 C 语言的基本数据类型。

表 A.3 C 语言的基本数据类型

类 型	意 义
int	整型数
short int	短整型数
long int	长整型数
long long int	长长整型数
unsigned int	无符号整型数
float	浮点数,可以带有小数点
double	双精度浮点数
long double	扩展双精度浮点数
char	字符类型
void	无类型,用于表明某个函数没有返回值,或者用于丢弃某个表达式的结果,也可以用于通用类型指针(void *)
_bool	布尔类型,可以用来保存 0 和 1(false 和 ture)

使用如下格式的语句即可声明基本数据类型的变量:

　　类型名　变量名表;

例如:

```
int celsius, fahr;    /*定义两个整型变量 celsius 和 fahr,用于存放整数*/
float x;              /*定义一个单精度浮点型变量 x,用于存放实数*/
```

在声明变量的时候也可以同时初始化该变量：

  类型名 变量名=初始值；

例如：

  `int celsius=37;`

使用下面的形式可以在一条语句中同时声明和初始化多个变量：

  类型名 变量名1=初始值1，变量名2=初始值2，…；

头文件 stdbool.h 可以让程序中更加方便地使用布尔类型。该文件中定义了宏 BOOL、TRUE、FALSE。

（3）数组定义及初始化

数组中可以包含任何基本数据类型或者导出数据类型。

一维数组声明采用如下的形式：

  类型名 数组名[数组长度]；

类型名指定数组中每个元素的类型；数组名是数组变量的名称，是一个合法的标识符；数组长度是一个整型常量表达式，确定数组的大小。

在定义数组的同时可以进行初始化，采用如下形式：

  类型名 数组名[数组长度]={初始化表达式，初始化表达式…}；

数组长度表达式代表了数组中所能够容纳的元素个数，如果给出了数组的初始值列表，那么可以省略数组长度。在没有指定数组长度的情况下，编译程序根据初始化列表中元素的个数或者指定的最大下标来决定数组的长度。

在定义全局数据的时候，每一个初始化表达式都必须是常量表达式。初始值列表中的元素个数可以小于数组的长度，但是不能大于该长度。如果给出的元素个数小于数组的长度，那么编译程序将只初始化给定数目的数组元素，其他的数组元素将被设置为 0。

字符数组的初始化是一个特例。C 语言允许使用字符串常量来初始化字符数组，如下所示：

  `char today[]="Monday";`

上面的语句定义了一个字符数组 today，该数组的初始化值为：'M'、'o'、'n'、'd'、'a'、'y'和'\0'。

二维数组的一般声明形式如下：

  类型名 数组名[行长度][列长度]；

在定义二维数组时，也可以对数组元素赋初值，二维数组的初始化方法有两种。

① 分行赋初值一般形式为：

  类型名 数组名[行长度][列长度]={{初值表0}，…，{初值表k}…}；

把初值表 k 中的数据依次赋给第 k 行的元素。例如：

  `int a[3][3]={{1,2,3},{4,5,6},{7,8,9}};`

② 顺序赋初值一般形式为：

  类型名 数组名[行长度][列长度]={初值表};

根据数组元素在内存中的存放顺序，把初值表中的数据依次赋给数组元素。例如：

  int a[3][3]={1,2,3,4,5,6,7,8,9};

等价于

  int a[3][3]={{1,2,3},{4,5,6},{7,8,9}};

  二维数组初始化时，如果对全部元素都赋了初值，或分行赋初值时，在初值表中列出了全部行，就可以省略行长度，例如：

  int a[ ][3]={1,2,3,4,5,6,7,8,9};

等价于：

  int a[3][3]={1,2,3,4,5,6,7,8,9};

  多维数组的一般声明形式如下：

  类型名 数组名[维度1长度][维度2长度]…[维度n长度];

  (4) 指针变量定义及初始化

定义指针变量的一般形式为：

  类型名 *指针变量名

类型名指定指针变量所指向变量的类型，必须是有效的数据类型，既可以是基本数据类型，也可以是扩展数据类型。指针变量名是指针变量的名称，和C语言定义一般变量的规则一样，必须是一个合法的标识符。例如：

  int *pt;

上面的语句声明了一个指向int类型变量的指针pt，而下面的语句：

  struct point *pt;

声明了一个指向point结构类型的指针pt。

  指向数组的指针被声明为指向该数组所容纳元素类型的指针。例如，上面声明的指针pt也可以用来指向一个整数数组。

  char *pt[100];

上面的语句声明了一个包含有100个字符指针元素的数组。而下面的声明语句：

  struct point(*fnPrt)(int);

声明了一个指向返回值类型为struct point的函数的指针，该函数接受一个整数参数。

  void *是通用的指针类型，C语言保证任何类型的指针都可以保存到void *类型中，并且随后将其从void *类型的指针中取出而不改变原来的值。

  除了上面的特例之外，C语言不允许不同类型指针之间的转换。

  (5) 结构变量定义及初始化

结构的一般声明形式如下：

```
struct 结构名{
    类型名 结构成员名1;
    类型名 结构成员名2;
    ...
    类型名 结构成员名n;
}变量列表;
```

结构中包含所有声明的成员变量。每个成员变量声明由一个类型名加上一个或者多个成员变量名组成。

如果要声明结构变量,可以在结构定义的时候,在结束的分号之前加上这些变量的名字,也可以在定义结构之后使用如下形式的语句声明结构变量:

```
struct   结构名   变量列表;
```

如果在定义结构类型的时候没有指定名字的话,就不能使用上述形式。在这种情况下,必须在定义结构类型的时候声明该类型的所有变量。

结构变量初始化的方式与数组初始化很类似,可以使用一对大括号将结构成员变量的初始值列表包围起来。在声明全局结构变量的时候,每一个成员变量的初始化表达式都必须是常量表达式。

C语言允许使用一个同类型的结构变量初始化另外一个结构变量,如下所示:

```
struct date tomorrow=today;
```

(6) 联合变量定义和初始化

联合的一般声明形式如下所示:

```
union 联合名
{
    成员声明
    成员声明
    ...
}变量列表;
```

上面的形式可以用来定义名为"联合名"的联合,该联合包含所有列出的成员变量。联合中的所有成员共享同一块内存空间,C语言编译程序保证分配给联合的内存能够容纳其最大的成员变量。

如果要声明联合变量,可以在联合定义的时候,在结束的分号之前加上这些变量的名字,也可以在定义联合之后使用如下形式的语句声明联合变量:

```
union   联合名   变量列表;
```

编程者应该保证访问联合变量时采用的成员变量和最后一次向其中存入值时采用的成员变量相同。在声明联合变量的时候,可以使用大括号括起来的值初始化联合的一个成员变量,如果联合变量是一个全局变量,那么初始化表达式必须是一个常量表达式。如下面的例子:

```
union shared
```

```
        }
            long long int i;
            long int w[2];
        }swap={0xffffffff};
```

上面的语句声明了一个名为 swap 的联合,并将其成员 i 初始化为十六进制值 0xffffffff。如果要初始化其他的成员变量,可以在初始化的时候给出该成员变量的名字,如下列语句:

```
union shared swap2={.w[0]=1,.w[1]=2;}
```

同类型的联合变量可以用于初始化另外一个联合变量,如:

```
union shared swap2=swap;
```

(7) 枚举变量定义和初始化

定义枚举数据类型的一般格式如下所示:

```
enum 枚举名{枚举值1,枚举值2,…}变量列表;
```

上面的语句形式定义了名为枚举名枚举类型,其枚举值分别为枚举值1、枚举值2等。每一个枚举值应该是一个合法的标识符,或者是一个标识符后面跟上一个等号,再加上一个常量表达式。变量列表本身是可选的,它代表一组该类型的变量(也可以同时初始化)。

编译程序将从 0 开始逐个给枚举值赋值。如果某个枚举值标识符后面跟有等号和常量表达式,那么编译程序就将该常量表达式的值作为该枚举值的值。该枚举值后面的枚举值从这个枚举值开始逐个加 1,重新编号。编译程序将枚举值当作常量。

如果要声明一个枚举变量(假定该枚举类型已经在前面定义过),可以采用如下方式:

```
enum 枚举名 变量列表;
```

某个枚举变量的值只能是定义时列出的枚举值之一。

(8) 存储类型及作用域

存储类型用于描述编译程序为变量分配内存的方式,该术语也可以用于描述某个特定函数的使用范围。

C 语言一共有 4 种存储类型:auto、static、extern 和 register。

在声明的时候可以省略存储类型,这时编译程序将使用默认的存储类型。

作用域用于描述某个特定的标识符在程序中的可见范围。

定义在任何函数或者语句块外面的标识符可以在同一个文件中随后的任意地方被引用。

定义在某个语句块内的标识符只能在该语句块内被引用,因此在该语句块外可以定义同名的标识符。

标号和形式参数在整个语句块中都可以引用。

标号名、结构名和结构成员名、联合与枚举类型的名字以及变量名和函数名只要求在同类中唯一。

(9) 函数

当为函数指定存储类型的时候,只能使用关键字 static 或者 extern。

声明为 static 的函数只能在定义该函数的文件内使用。

声明为 extern(如果不指定存储类型，默认为 extern)的函数可以在其他文件中使用。
(10) 变量
可用于变量声明的存储类型关键字以及各类变量的作用域和初始化方法见表 A.4。

表 A.4 变量的存储类型、声明方式、引用方法、初始化及说明

存储类型	声明方式	引用方法	初始化	说明
static	语句块外部	任何位置	常量表达式	变量在程序开始运行的时候初始化
static	语句块内部	语句块内部	常量表达式	变量的值在多次运行进入语句块时保持；变量的初始值为 0；
extern	语句块外部	文件的任何位置	常量表达式	变量必须在某处声明时不使用 extern 关键字，或者某处使用 extern 但是进行了初始化
extern	语句块内部	语句块内部	常量表达式	变量必须在某处声明时不使用 extern 关键字，或者某处使用 extern 但是进行了初始化
auto	语句块内部	语句块内部	任何表达式	当执行流程进入该语句块的时候执行初始化操作，没有默认值
register	语句块内部	语句块内部	任何表达式	不一定确保放在寄存器中；根据实现不同，对于能够声明的变量类型有各种限制；不能取该类型变量的地址；当执行流程进入该语句块的时候执行初始化操作，没有默认值
没有指定	语句块外部	本文件的任何位置，如果包含了恰当的声明，也可以从其他文件中引用	常量表达式	声明只能出现一次，程序开始执行的时候进行初始化，默认值为 0
没有指定	语句块内部	语句块内部	任何表达式	当执行流程进入该语句块的时候执行初始化操作，没有默认值

(11) typedef 语句
typedef 语句用于给基本数据类型和导出数据类型定义一个新的名字。这个语句本身并不创造新的数据类型，而只是给已经存在的数据类型起一个新的名字。因此，编译程序对使用新名字声明的变量按照使用原来名字声明的变量同样的方式对待。
使用 typedef 语句的一般形式如下：

    typedef 老的变量类型名　新的变量类型名；

如下面的例子：

```
typedef struct
{
    float x;
    float y;
}POINT;
```

上面的语句给一个结构类型赋予名字 POINT，该结构类型包含两个分别名为 x 和 y 的浮点数成员变量。随后可以使用 point 来声明新的变量，如下所示：

```
POINT origin={0.0, 0.0};
```

8. 函数定义、调用和原型

（1）函数定义

函数定义的一般形式如下：

```
类型名 函数名(类型名 1 形参 1，类型名 2 形参 2，…)
{
    变量申明；
    语句；
    语句；
    …
    return 表达式；
}
```

上面的定义形式中，函数的名字为"函数名"，"类型名"即该函数的返回值类型，函数的形式参数是"形参 1"、"形参 2"等，其类型分别为"类型名 1"、"类型名 2"等。

通常在函数开始的地方声明内部使用的局部变量。但是 C 语言规范并不要求这一点。局部变量可以在函数的任何地方声明，只要这些声明语句出现在使用它们的那些语句之前即可。

① 如果函数没有返回值，那么返回类型名为 void。
② 如果在参数列表的括号中指定 void，那么函数不接收参数。
③ 如果函数的参数类型为一维数组，那么在参数列表中不需要说明该数组的长度。
④ 如果将多位数组作为参数，那么第一个维度上的长度不需要指定。

在函数定义的前面可以加上关键字 inline。该关键字指示编译程序将函数的实际代码插到适当的位置，而不是去调用函数，这样可以获得更快的执行速度。

（2）函数调用

函数调用的一般形式如下：

```
函数名( 实参 1，实参 2，…)
```

上面的语句形式调用名为"函数名"的函数，并将值"实参 1"、"实参 2"等作为参数传递给该函数。如果函数不需要参数的话，应该在后面跟上一对空的小括号。

函数的参数传递按照值引用的方式进行，也就是说，在函数内部不能修改实际的参数。如果给函数传递一个指针参数，函数内部可以对该指针指向的位置进行修改，但是不能对实际的指针进行修改。

(3) 函数原型

如果程序中的函数调用语句出现在函数定义之前，或者调用另外一个文件的函数，那么应该写出函数的原型声明。函数原型声明的一般形式如下：

  类型名 函数名(类型名 1 形参 1, 类型名 2 形参 2, …);

原型声明语句告诉编译程序该函数的返回值类型、接收的参数个数以及每个参数的类型。下面是一个函数原型的声明例子：

```
double mypower( double x, int n);
```

该语句告诉编译程序 mypower 是一个函数的名字，该函数的返回值类型为 double。mypower( ) 函数接收两个参数，第一个参数的类型为 double，第二个参数的类型为 int。原型声明语句中的参数名称没有实际用途，可以省略，如下所示：

```
double mypower(double, int);
```

在遇到函数调用语句后，如果前面编译程序已经看到过函数的定义或者原型声明，那么调用语句中每个参数将被自动转化为函数所期望的类型(如果符合转换条件)。

9. 预处理指令

预处理器在编译程序编译代码之前对其进行处理。预处理器一般完成如下几类工作：

① 将所有以反斜线 '\' 结尾的行与后面一行合并为同一行。
② 将程序分解为记号流。
③ 删除所有的注释，并用单个空格替换它们。
④ 处理预处理指令并展开所有的宏。

所有的预处理指令都必须以#开始，在#后可以有一个或者多个空格和 tab 字符。

(1) #define 指令

#define 指令的一般形式如下：

```
#define   宏名   宏定义字符串
```

上面的语句定义了一个名为"宏名"的宏，并将该宏与其名字后的第一个空格后直到该行结束的字符串等价起来。C 语言预处理器将用这个字符串替换随后程序中任何位置出现的宏名。

#define 指令的另外一种常见形式如下：

```
#define 宏名(参数 1, 参数 2, …, 参数 n)宏定义字符串
```

上面的语句定义了一个名为宏名的宏，该宏接收一组参数，在随后的程序中任何出现宏名的地方，预处理器将使用后面的宏定义字符串替换该宏名，并使用实际的参数替换宏定义字符串中的参数。

(2) #if 指令

#if 指令的一种常用形式如下所示：

```
#if 常量表达式
    程序段
#endif
```

预处理器将对常量表达式求值，如果结果为非 0，那么#if 和#endif 之间的语句将被处

理。否则，预处理器和编译程序都不会处理这些语句。

#if 指令后面也可以有#elif 指令和#else 指令，一般形式如下：

```
#if 常量表达式 1
    程序段 1
#elif 常量表达式 2
    程序段 2
    …
#else
    程序段 n
#endif
```

（3）#ifdef 指令

#ifdef 语句的一般使用形式如下：

```
#ifdef 标识符
    程序段
#endif
```

如果标识符代表的宏已经被定义过了（可能是通过#define 语句，也可能是通过命令行上的-D 选项），#ifdef 和#endif 之间的语句将被编译，否则，这些语句将被忽略。如同#if 指令一样，#ifdef 指令后面也可以有#elif 指令和#else 指令。

与#ifdef 相对应的还有#ifndef 指令，意义正好和#ifdef 相反。

（4）#include 指令

#include 语句的一般使用形式如下：

```
#include "文件名"
```

预处理器将在某些特定的目录中寻找指定的文件。一般预处理器将在当前源程序所在的目录中寻找该文件。如果在当前目录中没有找到该文件，那么编译器将在标准目录（某些特定的目录，由编译器实现厂商决定）中寻找该文件。在找到该文件后，文件的内容将被插入到#include 指令所在的位置。随后，预处理器将对这些内容进行分析。所以一个被#include 指令引入的文件中，还可以包含另外一个#include 指令。

#include 语句的另外一个常见形式如下：

```
#include <文件名>
```

这时，预处理器将在标准目录中寻找这些文件。

C 语言的预处理指令还有#line、#error 和#progma。这些命令主要用于构造 C 程序。

10. 常用标准库函数

C 语言程序设计中，大量的功能实现需要库函数的支持，包括最基本的 scanf( )、printf( )函数。虽然库函数不是 C 语言的一部分，但每一个实用的 C 语言系统都会根据 ANSI C 提出的标准库函数，提供这些标准库函数的实现。因此对编程者来说，标准库函数已成为 C 语言中不可缺少的组成部分。实用的 C 语言系统一般还会根据其自身特点提供大量相关的库函数，包括图形图像处理函数、输入输出通信函数、计算机系统功能调用函数等，不同的语言系统会有不同的库函数。限于篇幅,附录 A 只提供了 ANSI C 的一些常用的标准库函数,读者若对其他语言系统的库函数感兴趣,可查阅相关 C 语言系统的使用手册。

下面各表中所列函数名前的类型说明是函数返回结果的类型,程序中调用这些库函数时不必书写类型。

(1) 数学函数

数学函数中除求整型数绝对值函数 abs()外,均在头文件 math.h 中说明,包括对浮点数求绝对值函数 fabs()。对应的编译预处理命令为:

```
#include <math.h>
```

常见的数学函数见表 A.5。

表 A.5 常见的数学函数

函数名	函数定义格式	函数功能	返 回 值	说 明
abs	int abs(int x)	求整型数 x 的绝对值	计算结果	函数说明在 stdlib.h 中
fabs	double fabs(double x)	求 x 的绝对值	计算结果	
sqrt	double sqrt(double x)	计算 x 的平方根	计算结果	要求 $x \geq 0$
exp	double exp(double x)	计算 e^x	计算结果	e 为 2.718…
pow	double pow(double x, double y)	计算 x^y	计算结果	
log	double log(double x)	求 $\ln x$	计算结果	自然对数
log10	double log10(double x)	求 $\log_{10} x$	计算结果	
ceil	double ceil(double x)	求不大于 x 的最小整数	double 类型	
floor	double floor(double x)	求小于 x 的最大整数		
fmod	double fmod(double x, double y)	求 x/y 的余数		
modf	double modf(double x, double *ptr)	把 x 分解,整数部分存入 *ptr	x 的小数部分	
sin	double sin(double x)	计算 $\sin(x)$	[-1, 1]	x 为弧度值
cos	double cos(double x)	计算 $\cos(x)$	[-1, 1]	x 为弧度值
tan	double tan(double x)	计算 $\tan(x)$	计算结果	
asin	double asin(double x)	计算 $\sin^{-1}(x)$	[0, π]	$x \in [-1, 1]$
acos	double acos(double x)	计算 $\cos^{-1}(x)$	[0, π]	$x \in [-1, 1]$
atan	double atan(double x)	计算 $\tan^{-1}(x)$	[-π/2, π/2]	
atan2	double atan(double x, double y)	计算 $\tan^{-1}(x/y)$		
sinh	double sinh(double x)	计算 $\sinh(x)$		
cosh	double cosh(double x)	计算 $\cosh(x)$	计算结果	x 为弧度值
tanh	double tanh(double x)	计算 $\tanh(x)$		

(2) 输入输出函数

下列输入输出函数在头文件 stdio.h 中说明。对应的编译预处理命令为：

```
#include <stdio.h>
```

① 格式化输入输出函数见表 A.6。

表 A.6 格式化输入输出函数

函数名	函数定义格式	函数功能	返回值
printf	int printf(char *format, 输出表)	按串 format 给定输出格式，把输出表各表达式的值，输出到标准输出文件	成功：输出字符数 失败：EOF
scanf	int scanf(char *format, 输入项地址列表)	按串 format 给定输入格式，从标准输入文件读入数据，存入各输入项地址列表指定的存储单元中	成功：输入数据的个数 失败：EOF
sprintf	int sprintf(char *s, char *format, 输出表)	功能类似 printf() 函数，但输出目标为字符串 s	成功：输出字符数 失败：EOF
sscanf	int sscanf(char *s, char *format, 输入项地址表)	功能类似 scanf() 函数，但输入源为字符串 s	成功：输入数据的个数 失败：EOF

② 字符(串)输入输出函数见表 A.7。

表 A.7 字符(串)输入输出函数

函数名	函数定义格式	函数功能	返回值
getchar	int getchar()	从标准输入文件读入一个字符	字符 ASCII 值或 EOF
putchar	int putchar(char ch)	向标准输出文件输出字符 ch	成功：ch 失败：EOF
gets	char *gets(char *s)	从标准输入文件读入一个字符串到字符数组 s，输入字符串以回车结束	成功：s 失败：NULL
puts	int puts(char *s)	把字符串 s 输出到标准输出文件，'\0' 转换为 '\n' 输出	成功：换行符 失败：EOF
fgetc	int fgetc(FILE *fp)	从 fp 所指文件中读取一个字符	成功：所取字符 失败：EOF
fputc	int fputc(char ch, FILE *fp)	将字符 ch 输出到 fp 所指向的文件	成功：ch 失败：EOF
fgets	char *fgets(char *s, int n, FILE *fp)	从 fp 所指文件最多读 n-1 个字符（遇 '\n'、^z 终止）到字符串 s 中	成功：s 失败：NULL
fputs	int *fputs(char *s, FILE *fp)	将字符串 s 输出到 fp 所指向文件	成功：s 的末字符 失败：0

③ 文件操作函数见表 A.8。

表 A.8 文件操作函数

函数名	函数定义格式	函数功能	返 回 值
fopen	FILE *fopen(char *fname, char *mode)	以 mode 方式打开文件 fname	成功：文件指针 失败：NULL
fclose	int fclose(FILE *fp)	关闭 fp 所指文件	成功：0 失败：非 0
feof	int feof(FILE *fp)	检查 fp 所指文件是否结束	是：非 0 失败：0
fread	int fread(T *a, long sizeof(T), unsigned int n, FILE *fp)	从 fp 所指文件复制 n*sizeof(T) 个字节，到 T 类型指针变量 a 所指内存区域	成功：n 失败：0
fwrite	int fwrite(T *a, long sizeof(T), unsigned int n, FILE *fp)	从 T 类型指针变量 a 所指处起复制 n*sizeof(T) 个字节的数据，到 fp 所指向文件	成功：n 失败：0
rewind	void rewind(FILE *fp)	移动 fp 所指文件读写位置到文件头	
fseek	int fseek(FILE *fp, long n, unsigned int posi)	移动 fp 所指文件读写位置，n 为位移量，posi 决定起点位置	成功：0 失败：非 0
ftell	long ftell(FILE *fp)	求当前读写位置到文件头的字节数	成功：所求字节数 失败：EOF
remove	int remove(char *fname)	删除名为 fname 的文件	成功：0 失败：EOF
rename	int rename(char *oldfname, char *newfname)	改文件名 oldfname 为 newfname	成功：0 失败：EOF

说明：fread()和 fwrite()中的类型 T 可以是任一合法定义的类型。

(3) 字符判别函数

如表 A.9 所列的字符判别函数在头文件 ctype.h 中说明。对应的编译预处理命令为：

```
#include <ctype.h>
```

表 A.9　常见的字符判别函数

函数名	函数定义格式	函数功能	返回值
isalpha	int isalpha(char c)	判别 c 是否字母字符	是：返回非 0 否：返回 0
islower	int islower(char c)	判别 c 是否为小写字母	
isupper	int isupper(char c)	判别 c 是否为大写字母	
isdigit	int isdigit(char c)	判别 c 是否为数字字符	
isalnum	int isalnum(char c)	判别 c 是否字母、数字字符	
isspace	int isspace(char c)	判别 c 是否为空格字符	
iscntrl	int iscntrl(char c)	判别 c 是否为控制字符	
isprint	int isprint(char c)	判别 c 是否可打印字符	
ispunct	int ispunct(char c)	判别 c 是否为标点符号	
isgraph	int isgraph(char c)	判别 c 是否是除字母、数字、空格外的可打印字符	
tolower	char tolower(char c)	将大写字母 c 转换为小写字母	c 对应的小写字母
toupper	char toupper(char c)	将小写字母 c 转换为大写字母	

（4）字符串操作函数

如表 A.10 所列字符串操作函数在头文件 string.h 中说明。对应的编译预处理命令为：

```
#include <string.h>
```

表 A.10　常见的字符串操作函数

函数名	函数定义格式	函数功能	返回值
strcat	char *strcat(char *s, char *t)	把字符串 t 连接到 s，使 s 成为包含 s 和 t 的结果串	字符串 s
strcmp	int strcmp(char *s, char *t)	逐个比较字符串 s 和 t 中的对应字符，直到对应字符不等或比较到串尾	相等：0 不等：不相等字符的差值
strcpy	char *strcpy(char *s, char *t)	把字符串 t 复制到 s 中	字符串 s
strlen	unsigned int strlen(char *s)	计算字符串 s 的长度（不包括 '\0'）	字符串长度
strchr	char *strchr(char *s, char c)	在字符串 s 中查找字符 c 首次出现的地址	找到：相应地址 找不到：NULL
strstr	char *strstr(char *s, char *t)	在字符串 s 中查找字符串 t 首次出现的地址	

(5) 数值转换函数

这里提供了把内容为数值的字符串转换成相应数值的函数。它们在头文件 stdlib.h 中说明。对应的编译预处理命令为：

```
#include <stdlib.h>
```

常见的数值转换函数见表 A.11。

表 A.11 常见的数值转换函数

函数名	函数定义格式	函 数 功 能	返 回 值
abs	int abs(int x)	求整型数 x 的绝对值	运算结果
atof	double atof(char *s)	把字符串 s 转换成双精度浮点数	
atoi	int atoi(char *s)	把字符串 s 转换成整型数	
atol	long atol(char *s)	把字符串 s 转换成长整型数	
rand	int rand()	产生一个伪随机的无符号整数	伪随机数
srand	void srand(unsigned int seed)	以 seed 为种子（初始值）计算产生一个无符号的随机整数	随机数

(6) 动态内存分配函数

ANSI C 的动态内存分配函数共 4 个，在头文件 stdlib.h 中说明。对应的编译预处理命令为：

```
#include <stdlib.h>
```

常见的动态内存分配函数见表 A.12。

表 A.12 常见的动态内存分配函数

函数名	函数定义格式	函 数 功 能	返 回 值
colloc	void * colloc(unsigned int n, unsigned int size)	分配 n 个连续存储单元（每个单元包含 size 字节）	成功：分配单元首地址 失败：NULL
malloc	void *malloc(unsigned int size)	分配 size 个字节的存储单元块	成功：分配单元首地址 失败：NULL
free	void free(void *p)	释放 p 所指存储单元块（必须是由动态内存分配函数一次性分配的全部单元）	无
realloc	void * realloc(void *p, unsigned int size)	将 p 所指的已分配存储单元块的大小改为 size	成功：单元块首地址 失败：NULL

说明：colloc()和 malloc()函数需强制类型转换成所需单元类型的指针。

(7) 过程控制函数

过程控制函数在头文件 process.h 中说明。对应的编译预处理命令为：

```
#include <process.h>
```

过程控制函数见表 A.13。

表 A.13 过程控制函数

函数名	函数定义格式	函数功能	返回值
exit	void exit(int status)	使程序执行立刻终止，并清除和关闭所有打开的文件。status=0 表示程序正常结束；status 非 0 则表示程序存在错误执行	无

附录 B　ASCII 码集

符号(解释)	十进制	八进制	十六进制	符号(解释)	十进制	八进制	十六进制
空操作	0	0	0	记录分隔符	30	36	1e
标题开始	1	1	1	单元分隔符	31	37	1f
正文开始	2	2	2	空格	32	40	20
正文结束	3	3	3	!	33	41	21
传输结束	4	4	4	"	34	42	22
请求	5	5	5	#	35	43	23
收到通知	6	6	6	$	36	44	24
响铃	7	7	7	%	37	45	25
退格	8	10	8	&	38	46	26
水平制表符	9	11	9	'	39	47	27
换行	10	12	a	(	40	50	28
垂直制表符	11	13	b	)	41	51	29
换页	12	14	c	*	42	52	2a
回车	13	15	d	+	43	53	2b
不用切换	14	16	e	,	44	54	2c
启用切换	15	17	f	-	45	55	2d
数据链路转义	16	20	10	.	46	56	2e
设备控制1	17	21	11	/	47	57	2f
设备控制2	18	22	12	0	48	60	30
设备控制3	19	23	13	1	49	61	31
设备控制4	20	24	14	2	50	62	32
拒绝接收	21	25	15	3	51	63	33
同步空闲	22	26	16	4	52	64	34
结束传输块	23	27	17	5	53	65	35
取消	24	30	18	6	54	66	36
媒介结束	25	31	19	7	55	67	37
代替	26	32	1a	8	56	70	38
换码(溢出)	27	33	1b	9	57	71	39
文件分隔符	28	34	1c	:	58	72	3a
分组符	29	35	1d	;	59	73	3b

续表

符号(解释)	十进制	八进制	十六进制	符号(解释)	十进制	八进制	十六进制
<	60	74	3c	^	94	136	5e
=	61	75	3d	_	95	137	5f
>	62	76	3e	`	96	140	60
?	63	77	3f	a	97	141	61
@	64	100	40	b	98	142	62
A	65	101	41	c	99	143	63
B	66	102	42	d	100	144	64
C	67	103	43	e	101	145	65
D	68	104	44	f	102	146	66
E	69	105	45	g	103	147	67
F	70	106	46	h	104	150	68
G	71	107	47	i	105	151	69
H	72	110	48	j	106	152	6a
I	73	111	49	k	107	153	6b
J	74	112	4a	l	108	154	6c
K	75	113	4b	m	109	155	6d
L	76	114	4c	n	110	156	6e
M	77	115	4d	o	111	157	6f
N	78	116	4e	p	112	160	70
O	79	117	4f	q	113	161	71
P	80	120	50	r	114	162	72
Q	81	121	51	s	115	163	73
R	82	122	52	t	116	164	74
S	83	123	53	u	117	165	75
T	84	124	54	v	118	166	76
U	85	125	55	w	119	167	77
V	86	126	56	x	120	170	78
W	87	127	57	y	121	171	79
X	88	130	58	z	122	172	7a
Y	89	131	59	{	123	173	7b
Z	90	132	5a			124	174	7c
[	91	133	5b	}	125	175	7d
\	92	134	5c	~	126	176	7e
]	93	135	5d	△	127	177	7f

附录 C PTA 使用说明

本书练习和习题中的程序设计题目都可以在 PAT(Programming Ability Test，计算机程序设计能力考试)的配套练习平台 PTA(Programming Teaching Assistant，"拼题 A")上进行练习。

1. PAT 与 PTA

什么是 PAT

PAT 旨在通过统一组织的在线考试及自动评测方法客观地评判考生的算法设计与程序设计实现能力，科学地评价计算机程序设计人才，为企业选拔人才提供参考标准。目前 PAT 已成为 IT 界的标准化能力测试，得到包括 Google、Microsoft、网易、百度、腾讯等在内的近两百家大中小型企业的认可和支持，他们纷纷开辟了求职绿色通道，主动为 PAT 成绩符合其要求的考生安排面试，免除计算机程序设计方面的笔试环节。同时，浙江大学计算机学院硕士研究生推免及招生考试上机复试成绩都可用 PAT 成绩替代。

PAT 在每年的春季(2、3 月间)、秋季(8、9 月间)和冬季(11、12 月间)组织 3 场统一考试。考试为 3 小时、闭卷、上机编程测试，总分为 100 分。考试分为 3 个不同的难度级别：顶级(Top Level)、甲级(Advanced Level)、乙级(Basic Level)。顶级考试 3 题，题目描述语言为英文；甲级考试 4 题，题目描述语言为英文；乙级考试 5 题，题目描述语言为中文。

PAT 不设合格标准，凡参加考试且获得非零分者皆有成绩，可获得统一颁发的证书。证书中包含"考试分数/满分"和"排名/考生总数"两个指标。PAT 提供官方证书查验功能，在官网相应位置输入证书编号即可查验真伪。

什么是 PTA

PTA 是 PAT 的配套练习平台，支持更丰富的题目类型，其编程类题目具有与 PAT 相同的判题环境，配有方便的辅助教学工具，并由全国高校程序设计与算法类课程群的教师们共同建设内容丰富的题库。本书的题目集就部署在 PTA 上(见图 C.1)，读者进入题目集后，单击右侧"我是读者"按钮并输入验证码，即可进行练习(见图 C.2)。

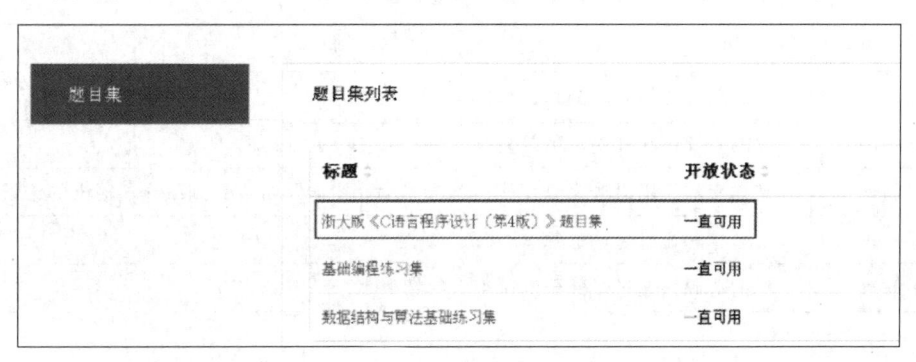

图 C.1 从 PTA 首页进入系统后，可查看"浙大版《C 语言程序设计(第 4 版)》题目集"

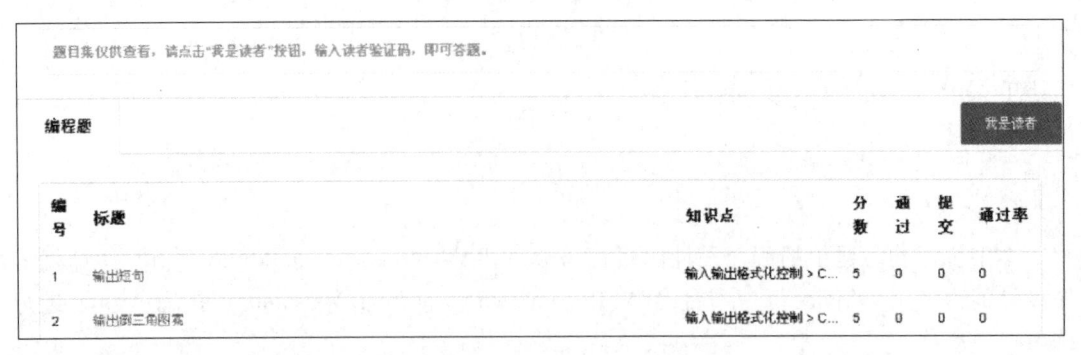

图 C.2　读者单击"我是读者"按钮并输入验证码，即可进行练习

2. PTA 工作机制

PTA 系统中，提交的程序代码由服务器自动判断正确与否，判断的方法如下。

（1）服务器收到提交的源代码后，将源代码保存、编译、运行。

（2）运行的时候会先判断程序的返回是否为 0，如果不是 0，表明程序错误。

（3）运行的时候用预先设计的数据作为程序的输入，然后将程序的输出与预先设定的输出做逐个字符的比较。

（4）如果每个字符都相同，表明程序正确，否则表明程序错误。

（5）每一题的测试数据会有多组，每通过一组将获得相应得分。

PTA 的服务器采用 64 位的 Linux 操作系统，C 语言编译器采用 gcc，版本是 6.5.0。gcc 使用的编译参数中含有：-fno-tree-ch-O2-Wall-std=c99。

如果没有特别说明，程序应该从标准输入（stdin，传统意义上的"键盘"）读入，并输出到标准输出（stdout，传统意义上的"屏幕"）。也就是说，用 scanf 做输入，用 printf 做输出就可以了；不要使用文件做输入输出。

在服务器上的测试数据有多组，但提交的程序只要处理一组输入数据的情况，不需要考虑多组数据循环读入的问题。

3. PTA 可能的反馈信息

程序在每一次提交后，都会即时得到由 PTA 的评分系统给出的得分以及反馈信息，可能的反馈信息见表 C.1。

表 C.1　PTA 可能的反馈信息

结　　果	说　　明
等待评测	评测系统还没有评测到这个提交，请稍候
正在评测	评测系统正在评测，稍候会有结果
编译错误	您提交的代码无法完成编译，单击"编译错误"可以看到编译器输出的错误信息
答案正确	恭喜！您通过了这道题
部分正确	您的代码只通过了部分测试点，继续努力！

续表

结　果	说　明
格式错误	您的程序输出的格式不符合要求（比如空格和换行与要求不一致）
答案错误	您的程序未能对评测系统的数据返回正确的结果
运行超时	您的程序未能在规定时间内运行结束
内存超限	您的程序使用了超过限制的内存
异常退出	您的程序运行时发生了错误
返回非零	您的程序结束时返回值非 0，如果使用 C 或 C++语言要保证 int main 函数最终 return 0
浮点错误	您的程序运行时发生浮点错误，比如遇到了除以 0 的情况
段错误	您的程序发生段错误，可能是数组越界、堆栈溢出（比如，递归调用层数太多）等情况引起
多种错误	您的程序对不同的测试点出现不同的错误
内部错误	评测系统发生内部错误，无法评测。工作人员会努力排查此种错误

4. 程序常见问题

（1）main 的问题

错误的例子：

```
void main()
{
    printf("hello\n");
}
```

函数 main() 的返回类型必须是 int，在 main() 里一定要有语句

```
return 0;
```

用来返回 0。

很多教材基于 Windows 的 C 编译器，还在使用语句 void main()，这是无法接受的。main() 的返回值是有意义的，如果返回的不是 0，就表示程序运行过程中错误了，那么服务器上的判题程序也会给出错误的结论。

另外，某些 IDE 需要在 main() 的最后加上一句：

```
system("pause");
```

或

```
getch();
```

来形成暂停。在上传程序时一定要把这个语句删除，不然会产生超时错误。

（2）多余的输出问题

错误的例子：

```c
int main()
{
    int a, b;
    printf("请输入两个整数:");
    scanf("%d %d", &a, &b);
    ...
    printf("%d 和%d 的最大公约数是%d\n", a, b, c);
    return 0;
}
```

程序的输出不要添加任何提示性信息，必须严格采用题目规定的输出格式。

读者可以运行自己的程序，采用题目提供的输入样例，如果得到的输出和输出样例完全相同，一个字符也不多，一个字符也不少，那么这样的格式就是对的。

(3) 汉字问题

程序中不要出现任何汉字，即使在注释中也不能出现。服务器上使用的文字编码未必和读者的电脑相同，读者认为无害的汉字会被编译器认为是奇怪的东西。

(4) 输出格式问题

仔细阅读题目中对于输出格式的要求。因为服务器是严格按照预设的输出格式来比对程序输出的。需要注意的输出格式问题包括：

- 行末要求不带空格(或带空格)
- 输出要求分行(或不分行)
- 有空格没空格要看仔细
- 输出中的标点符号要看清楚，尤其是绝对不能用中文全角的标点符号，另外单引号(')和一撇(')要分清楚
- 当输出浮点数时，因为浮点数会涉及输出的精度问题，题目中通常会对输出格式做明确要求，一定要严格遵守
- 当输出浮点数时，有可能出现输出-0.0的情况，需要在程序中编写代码判断，确保不出现-0.0

(5) 不能用的库函数

某些库函数(itoa 和 gets)因为存在安全隐患是不能用的。

(6) 过时的写法问题

某些教材上提供的过时写法也会在编译时产生错误，例如：

```c
int f()
 int a;
{
}
```

参考文献

［1］KOCHAN S G. C语言编程［M］. 3版. 张小潘，译. 北京：电子工业出版社，2006.
［2］KELLEY A，POHL I. C语言教程［M］. 4版. 徐波，译. 北京：机械工业出版社，2007.
［3］BRONSON G J. 标准C语言基础教程［M］. 4版. 单先余，等译. 北京：电子工业出版社，2006.
［4］DEITEL H M，DEITEL P J. C程序设计教程［M］. 薛万鹏，等译. 北京：机械工业出版社，2005.
［5］KERNIGHAN B W，RITCHIE D M. C程序设计语言［M］. 徐宝文，等译. 北京：机械工业出版社，2006.
［6］何钦铭，颜晖. C语言程序设计［M］. 杭州：浙江科技出版社，2004.
［7］张引. C程序设计基础课程设计［M］. 杭州：浙江大学出版社，2007.

郑重声明

高等教育出版社依法对本书享有专有出版权。任何未经许可的复制、销售行为均违反《中华人民共和国著作权法》，其行为人将承担相应的民事责任和行政责任；构成犯罪的，将被依法追究刑事责任。为了维护市场秩序，保护读者的合法权益，避免读者误用盗版书造成不良后果，我社将配合行政执法部门和司法机关对违法犯罪的单位和个人进行严厉打击。社会各界人士如发现上述侵权行为，希望及时举报，本社将奖励举报有功人员。

反盗版举报电话　（010）58581999　58582371　58582488
反盗版举报传真　（010）82086060
反盗版举报邮箱　dd@hep.com.cn
通信地址　　　　北京市西城区德外大街4号
　　　　　　　　高等教育出版社法律事务与版权管理部
邮政编码　　　　100120

防伪查询说明

用户购书后刮开封底防伪涂层，利用手机微信等软件扫描二维码，会跳转至防伪查询网页，获得所购图书详细信息。也可将防伪二维码下的20位密码按从左到右、从上到下的顺序发送短信至106695881280，免费查询所购图书真伪。

反盗版短信举报
编辑短信"JB,图书名称,出版社,购买地点"发送至10669588128
防伪客服电话
（010）58582300